海洋工程波浪力学

王树青　梁丙臣　编著

中国海洋大学出版社
·青岛·

图书在版编目（CIP）数据

海洋工程波浪力学 / 王树青，梁丙臣编著．—青岛：中国海洋大学出版社，(2021.6 重印)

ISBN 978-7-5670-0235-7

Ⅰ．①海… Ⅱ．①王… ②梁… Ⅲ．①海洋工程—波浪—海洋动力学 Ⅳ．① P731. 22

中国版本图书馆 CIP 数据核字（2013）第 037728 号

出版发行	中国海洋大学出版社		
社　　址	青岛市香港东路 23 号	邮政编码	266071
出 版 人	杨立敏		
网　　址	http://www. ouc-press. com		
电子信箱	hpjiao@hotmail.com		
订购电话	0532－82032573（传真）		
责任编辑	矫恒鹏	电　　话	0532－85902349
印　　制	日照日报印务中心		
版　　次	2013 年 3 月第 1 版		
印　　次	2021 年 6 月第 3 次印刷		
成品尺寸	170 mm × 230 mm		
印　　张	14. 625		
字　　数	265 千字		
定　　价	36. 00 元		

Preface 前言

《海洋工程波浪力学》是海岸工程、船舶工程、海洋工程等相关专业的一门重要的专业基础课，是研究各种波浪理论及波浪对海洋工程结构物作用力的分析和计算方法的一门科学。

本书主要包括以下内容：(1)波动方程；(2)线性波理论；(3)非线性波浪理论；(4)波浪的传播与变形；(5)随机波浪理论；(6)作用在小尺度结构物上的波浪力；(7)作用在大尺度结构物上的波浪力；(8)附录。

相比于现有教材，本书具有以下特色。

1. 增加了一些新的章节内容，融入了一些新的理论知识，如波浪在近岸区的传播与变形、波浪的绕射与辐射、二阶波浪力等，以适应浅海与深海不同开发技术的需要。

2. 结合编程语言来巩固和增强学生对知识的掌握能力。书中附加一些利用 Matlab 程序求解波浪力学问题的算例供学生学习，以增强学生对相关知识的理解和掌握。

3. 增加了例题和思考题；设置了附录，收录了同流体力学、波浪理论相关的基础知识，便于读者查阅。

4. 增加了部分专业英语词汇，使学生在学习相关理论知识的同时，掌握相关英语词汇，以提高学生的英文专业文献阅读能力。

5. 充分借鉴国内外同类教材的优点，重视结合工程实际问题来阐述理论的应用。

本书第 1～3 章及 5～7 章由王树青执笔，第 4 章由梁丙臣执笔。全书由王树青统稿、定稿。在成书过程中，作者参阅了许多学者的论著，已列入书后的参考文献，在此对他们表示感谢。同时还要感谢海岸工程专业综合改革试点项目、山东省研究生教育创新计划(SDYY12151)及教育部新世纪优秀人才支持计划(NCET-10-0762)对本书出版给与的资助。

本书可作为船舶、海洋、海岸、水利等专业硕士研究生及高年级本科生的教材,亦可作为相关专业科研人员和工程技术人员的参考书。

由于海洋工程波浪力学发展迅速,新的理论、方法不断涌现,鉴于作者从事该领域研究时间较短、水平有限,书中难免存在不妥之处,敬请读者指正。

作　者

2013年1月

Contents 目 录

第 1 章　波动方程

波浪运动是流体运动的一种形式，因此波浪运动必须满足流体运动的基本方程，包括连续方程和运动方程。本章首先简单介绍流体力学的基本方程，然后给出描述波浪运动的定解方程，包括基本方程和定解条件。

1.1　流体力学基本方程

1.1.1　连续方程

质量守恒是任何物质运动时必须遵循的一个法则。对于流场中任意选定的固定几何空间，单位时间内含于此空间内的流体质量的增加量必然等于同时间内通过此空间边界净流入其内部的流体质量。

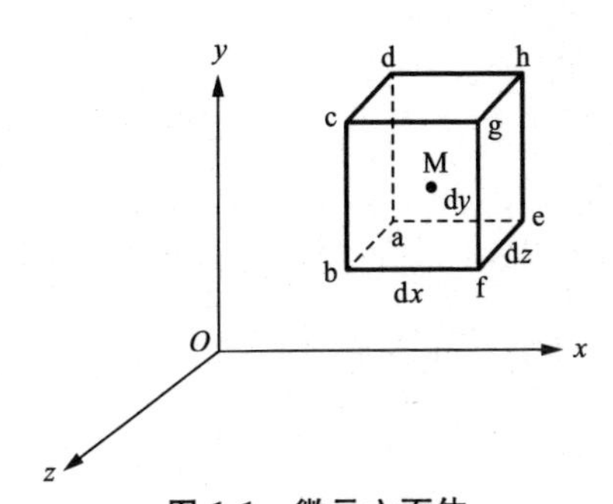

图 1-1　微元六面体

从流场中取出一个微元六面体，如图 1-1 所示。六面体的边长分别为 $\mathrm{d}x,\mathrm{d}y,\mathrm{d}z$。先看 x 方向的流动情况，单位时间内从左边界面（abcd 面）流入的流体质量为 $\rho u_x\mathrm{d}y\mathrm{d}z$，从右边界面（efgh 面）流出的流体质量是 $\left[\rho u_x+\frac{\partial(\rho u_x)}{\partial x}\mathrm{d}x\right]\mathrm{d}y\mathrm{d}z$。故在单位时间内在 x 方向从微元六面体中净流出的质量应为

$$\left[\rho u_x+\frac{\partial(\rho u_x)}{\partial x}\mathrm{d}x\right]\mathrm{d}y\mathrm{d}z-\rho u_x\mathrm{d}y\mathrm{d}z=\frac{\partial(\rho u_x)}{\partial x}\mathrm{d}x\mathrm{d}y\mathrm{d}z \tag{1-1}$$

同理，在 y 方向和 z 方向上从微元六面体中净流出的质量分别为

$$\frac{\partial(\rho u_y)}{\partial y}\mathrm{d}x\mathrm{d}y\mathrm{d}z\ (y\text{ 方向净流出质量}) \tag{1-2}$$

$$\frac{\partial(\rho u_z)}{\partial z}\mathrm{d}x\mathrm{d}y\mathrm{d}z\ (z\text{ 方向净流出质量}) \tag{1-3}$$

上式中，u_x,u_y,u_z 分别为流体在 x,y,z 方向上的流体速度分量，ρ 为流体的密度。三部分质量相加，于是得到单位时间内微元六面体中所减少的流体质量为

$$\left[\frac{\partial(\rho u_x)}{\partial x}+\frac{\partial(\rho u_y)}{\partial y}+\frac{\partial(\rho u_z)}{\partial z}\right]\mathrm{d}x\mathrm{d}y\mathrm{d}z \tag{1-4}$$

当 $\frac{\partial\rho}{\partial t}<0$ 时,反映了密度在下降。由于密度的降低,在单位时间内六面体中流体质量的减少量为

$$-\frac{\partial\rho}{\partial t}\mathrm{d}x\mathrm{d}y\mathrm{d}z \tag{1-5}$$

根据质量守恒原理,式(1-4)与式(1-5)应完全相等,故有

$$\frac{\partial(\rho u_x)}{\partial x}+\frac{\partial(\rho u_y)}{\partial y}+\frac{\partial(\rho u_z)}{\partial z}+\frac{\partial\rho}{\partial t}=0 \tag{1-6}$$

式(1-6)就是直角坐标系下三维流动的连续性微分方程式,适用于可压缩流体的非恒定流动。其矢量形式为

$$\frac{\partial\rho}{\partial t}+\nabla\cdot(\rho\mathbf{u})=0 \tag{1-7}$$

或

$$\frac{\mathrm{d}\rho}{\mathrm{d}t}+\rho\nabla\cdot\mathbf{u}=0 \tag{1-8}$$

式中,$\mathbf{u}$ 为速度矢量,即 $\mathbf{u}=u_x\mathbf{i}+u_y\mathbf{j}+u_z\mathbf{k}$;$\nabla=\frac{\partial}{\partial x}\mathbf{i}+\frac{\partial}{\partial y}\mathbf{j}+\frac{\partial}{\partial z}\mathbf{k}$ 为哈密尔顿算子。对于不可压缩流体,$\rho=\mathrm{const}$。上述连续方程式可以简化为

$$\frac{\partial u_x}{\partial x}+\frac{\partial u_y}{\partial y}+\frac{\partial u_z}{\partial z}=0 \tag{1-9}$$

或

$$\nabla\cdot\mathbf{u}=0 \tag{1-10}$$

式(1-10)对定常或非定常流动都适用。

空间各点的流动速度分布必须满足连续性方程式,若不满足,则流体内部将产生不连续现象,它是判断流体质量是否连续分布的条件。

1.1.2 运动方程

流体运动时,必须遵循的另一规律为动量守恒定理(牛顿第二运动定理)。在研究液体波浪运动时,一般认为流体是无黏性的理想流体,此时可以忽略流体的黏性效应,只考虑压强而不必考虑切向应力。取图 1-1 所示的六面体,对其进行受力分析(以 x 向为例)。

(1) 表面力:设六面体中心处 M 点的压强为 $p(x,y,z)$,则微元体左面(abcd

面)上压强为

$$p\left(x-\frac{1}{2}\mathrm{d}x,y,z\right)=p(x,y,z)-\frac{\partial p}{\partial x}\frac{\mathrm{d}x}{2}$$

微元体右面(efgh 面)压强为

$$p\left(x+\frac{1}{2}\mathrm{d}x,y,z\right)=p(x,y,z)+\frac{\partial p}{\partial x}\frac{\mathrm{d}x}{2}$$

于是 x 向表面力的合力(理想流体,无切应力)为

$$-\frac{\partial p}{\partial x}\mathrm{d}x\mathrm{d}y\mathrm{d}z$$

(2) 质量力:单位质量力分量用为 X,Y,Z 来表示,则 x 方向质量力为

$$\rho X\mathrm{d}x\mathrm{d}y\mathrm{d}z$$

(3) 微元体的质量为 $\rho\mathrm{d}x\mathrm{d}y\mathrm{d}z$

(4) 微元体 x 方向的加速度为

$$a_x=\frac{\partial u_x}{\partial t}+u_x\frac{\partial u_x}{\partial x}+u_y\frac{\partial u_x}{\partial y}+u_z\frac{\partial u_x}{\partial z}$$

利用牛顿第二定理,于是可以得到 x 方向的运动方程如(1-11a)所示,同理得 y,z 方向的运动方程。

$$\frac{\partial u_x}{\partial t}+u_x\frac{\partial u_x}{\partial x}+u_y\frac{\partial u_x}{\partial y}+u_z\frac{\partial u_x}{\partial z}=X-\frac{1}{\rho}\frac{\partial p}{\partial x}\tag{1-11a}$$

$$\frac{\partial u_y}{\partial t}+u_x\frac{\partial u_y}{\partial x}+u_y\frac{\partial u_y}{\partial y}+u_z\frac{\partial u_y}{\partial z}=Y-\frac{1}{\rho}\frac{\partial p}{\partial y}\tag{1-11b}$$

$$\frac{\partial u_z}{\partial t}+u_x\frac{\partial u_z}{\partial x}+u_y\frac{\partial u_z}{\partial y}+u_z\frac{\partial u_z}{\partial z}=Z-\frac{1}{\rho}\frac{\partial p}{\partial z}\tag{1-11c}$$

运动方程(1-11)的矢量形式为

$$\frac{\mathrm{d}\mathbf{u}}{\mathrm{d}t}=\mathbf{f}-\frac{1}{\rho}\nabla p\tag{1-12}$$

式中,单位质量力 $\mathbf{f}=X\mathbf{i}+Y\mathbf{j}+Z\mathbf{k}$。式(1-12)即为理想流体的欧拉运动微分方程式。欧拉运动方程共有三个方程式,再加上连续方程式,共计四个方程。如果给定所提问题的边界条件和初始条件,可以求解四个未知函数 u_x,u_y,u_z 和 p。需要说明的是,在重力场中,单位质量力为:$X=Y=0,Z=-g$(z 轴向上为正)。

1.1.3　理想流体非定常无旋运动的拉格朗日积分

运动方程有许多不同的积分形式,在讨论波浪运动时,应用积分形式的方程往往要比运动方程本身方便。因为后文讨论的波浪运动是一种理想流体的无旋运动，所以此处仅考虑理想流体无旋运动的积分形式，此时流体的连续方程和运动方程具有非常简洁的形式。

假设：

(1) 流体为理想不可压缩流体：$\rho = \text{const}$，则

$$\frac{1}{\rho}\frac{\partial p}{\partial x} = \frac{\partial}{\partial x}\left(\frac{p}{\rho}\right) \tag{1-13}$$

(2) 质量力为有势力，即具有势函数 $U(x,y,z)$，满足

$$X = \frac{\partial U}{\partial x}, Y = \frac{\partial U}{\partial y}, Z = \frac{\partial U}{\partial z} \tag{1-14}$$

(3) 运动是无旋的，存在速度势函数 $\Phi(x,y,z,t)$ 且满足

$$\mathbf{u} = \nabla\Phi \tag{1-15a}$$

或者

$$u_x = \frac{\partial \Phi}{\partial x}, u_y = \frac{\partial \Phi}{\partial y}, u_z = \frac{\partial \Phi}{\partial z} \tag{1-15b}$$

由此可得

$$\frac{\partial u_x}{\partial t} = \frac{\partial}{\partial t}\left(\frac{\partial \Phi}{\partial x}\right) = \frac{\partial}{\partial x}\left(\frac{\partial \Phi}{\partial t}\right) \tag{1-16}$$

$$\frac{\partial u_x}{\partial y} = \frac{\partial}{\partial y}\left(\frac{\partial \Phi}{\partial x}\right) = \frac{\partial}{\partial x}\left(\frac{\partial \Phi}{\partial y}\right) = \frac{\partial u_y}{\partial x} \tag{1-17}$$

$$\frac{\partial u_x}{\partial z} = \frac{\partial}{\partial z}\left(\frac{\partial \Phi}{\partial x}\right) = \frac{\partial}{\partial x}\left(\frac{\partial \Phi}{\partial z}\right) = \frac{\partial u_z}{\partial x} \tag{1-18}$$

代入(1-11a)中，可得

$$\begin{aligned}\frac{\partial U}{\partial x} - \frac{\partial}{\partial x}\left(\frac{p}{\rho}\right) &= \frac{\partial}{\partial x}\left(\frac{\partial \Phi}{\partial t}\right) + u_x\frac{\partial u_x}{\partial x} + u_y\frac{\partial u_y}{\partial x} + u_z\frac{\partial u_z}{\partial x} \\ &= \frac{\partial}{\partial x}\left[\frac{\partial \Phi}{\partial t} + \frac{1}{2}(u_x^2 + u_y^2 + u_z^2)\right]\end{aligned}$$

即

$$\frac{\partial}{\partial x}\left[\frac{\partial \Phi}{\partial t} - U + \frac{p}{\rho} + \frac{1}{2}(u_x^2 + u_y^2 + u_z^2)\right] = 0 \tag{1-19a}$$

同理可得

$$\frac{\partial}{\partial y}\left[\frac{\partial \Phi}{\partial t} - U + \frac{p}{\rho} + \frac{1}{2}(u_x^2 + u_y^2 + u_z^2)\right] = 0 \tag{1-19b}$$

$$\frac{\partial}{\partial z}\left[\frac{\partial \Phi}{\partial t} - U + \frac{p}{\rho} + \frac{1}{2}(u_x^2 + u_y^2 + u_z^2)\right] = 0 \tag{1-19c}$$

即

$$\frac{\partial \Phi}{\partial t} - U + \frac{p}{\rho} + \frac{1}{2}(u_x^2 + u_y^2 + u_z^2) = C(t) \tag{1-20a}$$

或者

$$\frac{\partial \Phi}{\partial t} - U + \frac{p}{\rho} + \frac{1}{2}(\nabla\Phi \cdot \nabla\Phi) = C(t) \tag{1-20b}$$

当质量力仅有重力时，$U = -gz$，代入上式，可得积分形式的运动方程为

$$\frac{\partial \Phi}{\partial t} + \frac{1}{2}(\nabla\Phi \cdot \nabla\Phi) + gz + \frac{p}{\rho} = C(t) \tag{1-21}$$

上式中，$C(t)$ 为积分常数，通过重新定义速度势函数可以将之消去，因为速度势函数加减一个与空间坐标无关的数值并不影响其速度场。

定义 $\Phi'(x,y,z,t)$，使得$\frac{\partial \Phi'}{\partial t} = \frac{\partial \Phi}{\partial t} - C(t)$，由于$\nabla\Phi' = \nabla\Phi$，显然 $\Phi'(x,y,z,t)$ 与 $\Phi(x,y,z,t)$ 代表同一速度场。用 $\Phi'(x,y,z,t)$ 表示式(1-21)，得到

$$\frac{\partial \Phi'}{\partial t} + \frac{1}{2}(\nabla\Phi' \cdot \nabla\Phi') + gz + \frac{p}{\rho} = 0 \tag{1-22}$$

为了方便，仍然用 $\Phi(x,y,z,t)$ 表示上式，即

$$\frac{\partial \Phi}{\partial t} + \frac{1}{2}(\nabla\Phi \cdot \nabla\Phi) + gz + \frac{p}{\rho} = 0 \tag{1-23}$$

上式即为理想流体非定常无旋运动的积分方程。

1.2　波浪运动基本方程及定解条件

1.2.1　势波理论

由流体力学理论得知，在重力场中处于平衡的液体，其自由面是一平面。如果在某种外来扰动的作用下，液体自由表面的各个质点将离开其平衡位置，但失去平衡状态的各液体质点在重力(或其他恢复力)和惯性力的作用下，有恢复到初始平衡位置的趋势，于是形成了液体质点的振荡运动。这种振荡运动以波的形式在流体内传播，从而形成了波浪运动。

由此可见，一般波浪运动的产生需要两个条件，其一是使处于平衡状态的液体失去平衡的外界扰动力，其二为使其恢复平衡的恢复力。在恢复力中最重要的是重力，当自由液面受到扰动力而离开其平衡位置(静水面)时，重力就会使其恢复到原来的位置，由于重力是唯一的作用外力(恢复力)，所以称为重力波。重力波主要出现在液体表面上，它也影响到液体内部，但随着深度的增加，其影响便越来越小，

所以又称为液体表面波、表面重力波，简称重力波。

人们在研究波浪问题过程中曾经发现，海洋中的波浪可以传播到很远的地方；在实验室中也可以观察到，水槽中的波浪可以长距离的传播而不变形。这就说明，液体阻尼作用即黏滞性的影响在波浪传播过程中是比较小的，因而研究大多数波浪问题时，可以假定流体是无黏性不可压缩的均匀流体。如果在重力场中无黏性不可压缩的均匀流体在初始时刻作无旋运动，则这种情形在以后的任何时刻都将保持。也就是说，液体表面形成的波浪运动是一种在重力作用下的无旋运动，因而这种波浪运动也叫势波。

波动现象是自然界很常见的现象。投石入水，水面激起同心圆形波纹，由中心向四面八方传播开来，这是人们最熟悉的波动现象。另外，风吹水面形成的风浪，船舶航行形成的船行波，海水周期性的涨落形成的潮汐波，海底地震形成的海啸，都是波动现象。各种波浪的形成机制和典型周期不一样。本书主要讲述恢复力为重力时产生的波浪运动。

1.2.2 基本方程与定解条件

1. 基本方程

对于势波，其问题主要在于确定波动域内的速度势函数 $\Phi(x,y,z,t)$，从而进一步求得波动场中各点的速度场 $\mathbf{u}(x,y,z,t)$、压强场 $p(x,y,z,t)$ 以及其他相关的物理量。

在研究的海域 R 内(如图 1-2 所示)，流体满足连续方程(1-9)。对于无旋运动(有势运动)，存在速度势函数 $\Phi(x,y,z,t)$，根据流体速度和势函数的关系(1-15)，则下式成立。

$$\frac{\partial^2 \Phi}{\partial x^2}+\frac{\partial^2 \Phi}{\partial y^2}+\frac{\partial^2 \Phi}{\partial z^2}=0 \quad (1\text{-}24)$$

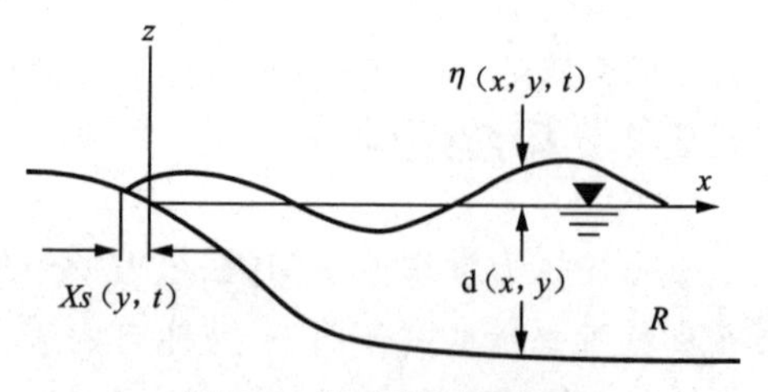

图 1-2 波动海域示意图

方程(1-24)为著名的拉普拉斯方程，也是势波运动的控制方程。求解该方程可以得到速度势函数 $\Phi(x,y,z,t)$ 并进而求得速度矢量 $\mathbf{u}(x,y,z,t)$，将之代入理想流体非定常无旋运动的积分方程(1-23)，从而可以得到流场内各点的压强分布。从数学上来说，方程(1-24)有无穷多解。为了使拉普拉斯方程具有唯一确定的解，需要相应的定解条件。定解条件包括初始条件和边界条件。

2. 边界条件

边界条件是指在流场中各边界(固体表面或自由液面)已知的速度值和压强值。所求的解在边界上必须等于这些已知值。边界条件分运动学边界条件和动力学边界条件。

(1) 海底边界条件(Boundary Condition at Seabed)

对固体边界,其运动学边界条件要求流体质点既不能穿过固体表面,也不能脱离固体表面,即流体对固体表面的相对速度只有切向速度,法向速度为零。这称为无渗透、可滑移条件。对波浪运动,海底是固定不动的,此时满足

$$\frac{\partial \Phi}{\partial n} = 0, \quad z = -d \tag{1-25}$$

式中,n 为海底的外法线方向。当海底为水平时,上式可以表示为

$$\frac{\partial \Phi}{\partial z} = 0, \quad z = -d \tag{1-26}$$

(2) 自由水面运动边界条件(Free Surface Kinematic Boundary Condition)

在自由水面处,其运动边界随时间变化。假设边界形状方程式为

$$F(x, y, z, t) = 0 \tag{1-27}$$

则边界面上流体质点的法向速度应该等于该边界面的法向变形速度。例如,t 时刻位于边界面上的流体质点经过 Δt 后,移动了距离 $\mathbf{u}\Delta t$,且仍在边界面上,此时满足

$$F(x + u_x \Delta t, y + u_y \Delta t, z + u_z \Delta t, t + \Delta t) = 0 \tag{1-28}$$

将上式进行泰勒级数展开,并取 $\Delta t \to 0$ 的极限,即

$$\frac{DF}{Dt} = \frac{\partial F}{\partial t} + u_x \frac{\partial F}{\partial x} + u_y \frac{\partial F}{\partial y} + u_z \frac{\partial F}{\partial z} = 0 \tag{1-29}$$

即边界面上的条件为 $\frac{DF}{Dt} = 0$ 。

假设波动的自由水面方程为 $z = \eta(x, y, t)$,则自由水面可以表示为

$$F = z - \eta(x, y, t) = 0 \tag{1-30}$$

于是

$$\frac{DF}{Dt} = \frac{D(z - \eta)}{Dt} = 0 \tag{1-31}$$

从而可以得到

$$\frac{Dz}{Dt} - \frac{\partial \eta}{\partial t} - \frac{\partial \eta}{\partial x}\frac{\mathrm{d}x}{\mathrm{d}t} - \frac{\partial \eta}{\partial y}\frac{\mathrm{d}y}{\mathrm{d}t} = 0 \tag{1-32a}$$

或

$$u_z - \frac{\partial \eta}{\partial t} - \frac{\partial \eta}{\partial x}u_x - \frac{\partial \eta}{\partial y}u_y = 0 \tag{1-32b}$$

用速度势来表示，式(1-32)为

$$\frac{\partial \Phi}{\partial z}-\frac{\partial \eta}{\partial t}-\frac{\partial \eta}{\partial x}\frac{\partial \Phi}{\partial x}-\frac{\partial \eta}{\partial y}\frac{\partial \Phi}{\partial y}=0, z=\eta \tag{1-33}$$

(3) 自由水面动力学边界条件(Free Surface Dynamic Boundary Condition)

所谓动力学边界条件，就是边界处流体的压力应由边界对流体的作用确定。固体边界上或流体分界面处流体的动压强应该等于固体边界或其他流体介质作用于流体上的压强。

在自由水面上，压强等于大气压($p=0$ ，相对压强)，代入非定常无旋运动的积分方程(1-23)，可得

$$\frac{\partial \Phi}{\partial t}+\frac{1}{2}|\nabla \Phi|^{2}+g\eta=0 \tag{1-34}$$

(4) 周期性边界条件(Periodic Boundary Condition)

对沿 x 轴正向传播的波浪，其周期性边界条件为

$$\Phi(x,t)=\Phi(x+L,t) \tag{1-35}$$

$$\Phi(x,t)=\Phi(x,t+T) \tag{1-36}$$

其中 L,T 分别为波长和周期

(5) 无穷远处边界条件(Boundary Condition at Infinity)

当存在自由液面时，由于波浪的产生和传播可使无穷远处存在向外传出去的波浪。这时无穷远处的边界条件称为辐射条件，其表示的物理意义是无穷远处有波外传。经常采用的辐射条件是 Sommerfeld 辐射条件，对二维问题为

$$\lim_{r\to\pm\infty}\left(\frac{\partial \Phi}{\partial t}\pm c\frac{\partial \Phi}{\partial x}\right)=0 \tag{1-37}$$

对三维问题为

$$\lim_{r\to\infty}\sqrt{r}\left(\frac{\partial \Phi}{\partial t}+c\frac{\partial \Phi}{\partial r}\right)=0 \tag{1-38}$$

式中 c 为波浪传播速度。

上述辐射条件表示局部扰动产生的波浪将离开扰动源向四方传播。在二维问题中，扰动引起的平面波向左右方向传播且波幅保持不变，以保持能量守恒；在三维问题中，扰动引起的柱面波向四周传播为保持能量守恒，波幅在较远处以 $1/\sqrt{r}$ 衰减。另外应该注意的是，上述辐射条件仅适用于线性水波问题。

3. 初始条件

初始时刻的波面位置和速度场决定了其以后时刻的运动情况。因此求解拉普拉斯方程，除了边界条件外，还需要初始条件，即

$$\eta(x,y,t)\big|_{t=0} = \eta(x,y) \tag{1-39}$$

$$\nabla\Phi(x,y,z,t)\big|_{t=0} = \mathbf{u}(x,y,z) \tag{1-40}$$

对于周期性的波浪运动,初始条件可以不予考虑。

综上所述,我们得到了液体表面波运动的基本方程和边界条件如下。

(1) 在整个流体运动域内,必须满足 Laplace 方程

$$\frac{\partial^2\Phi}{\partial x^2}+\frac{\partial^2\Phi}{\partial y^2}+\frac{\partial^2\Phi}{\partial z^2}=0 \tag{1-41}$$

(2) 海底边界条件

$$\frac{\partial\Phi}{\partial n}=0,\quad z=-d \tag{1-42}$$

(3) 自由水面运动学边界

$$\frac{\partial\Phi}{\partial z}=\frac{\partial\eta}{\partial t}+\frac{\partial\eta}{\partial x}\frac{\partial\Phi}{\partial x}+\frac{\partial\eta}{\partial y}\frac{\partial\Phi}{\partial y},\quad z=\eta \tag{1-43}$$

(4) 自由水面动力学边界

$$\frac{\partial\Phi}{\partial t}+\frac{1}{2}\left[\left(\frac{\partial\Phi}{\partial x}\right)^2+\left(\frac{\partial\Phi}{\partial y}\right)^2+\left(\frac{\partial\Phi}{\partial z}\right)^2\right]+g\eta=0 \tag{1-44}$$

方程(1-41)～(1-44)就是研究液体表面波的基本方程和边界条件,其中自由液面处的条件(1-43)和(1-44)都是非线性的。

尽管拉普拉斯方程本身是线性的,要精确求解上述定解问题,将遇到以下困难:

(1) 自由水面边界条件是非线性的。

(2) 自由水面位移(在边界上的值是未知的,即边界条件是不确定的(求解区域的可变性)。

要求得上述问题的解,最简单的方法是先将边界条件线性化,将问题化为线性问题求解。

思考题与习题

1. 什么是流体运动的连续方程?

2. 流体速度势函数的含义是什么? 流体的速度势函数必须满足什么方程?

3. 波动的水底边界条件是什么?

4. 波动的自由水面运动学边界条件的含义和公式表示。

5. 波动的自由水面动力学边界条件的含义和公式表示。

第 2 章　线性波理论

第 1 章中描述的波浪运动方程，其边界条件是非线性的，要想得到其解析解是非常困难的。在本章内，我们假设波浪运动的幅值是非常小的，这样我们就可以对边界条件进行线性化处理，从而引出线性化波浪理论，亦称之为小振幅波浪理论或微幅波理论(Small Amplitude Wave Theory)。

2.1　常深度小振幅波理论

小振幅波是一种简化了的最简单的波动，其水面呈现简谐形式的起伏，成余弦形式 $\eta = a\cos(kx - \omega t)$。水质点以固定的圆频率作简谐振动，同时波形以一定的速度 c(称为波速)向前传播，波浪中线(平分波高的中线)与静水面相重合。

图 2-1 表示一个在海底平坦、光滑、静水深度为 d 的海域向前传播的波浪。假定波浪在传播过程中保持其形态不变，不受下面的海流影响，其运动是二维的。设波浪传播方向为 x 轴正方向，垂直向上的方向为 z 轴正方向，坐标原点位于静水面上。

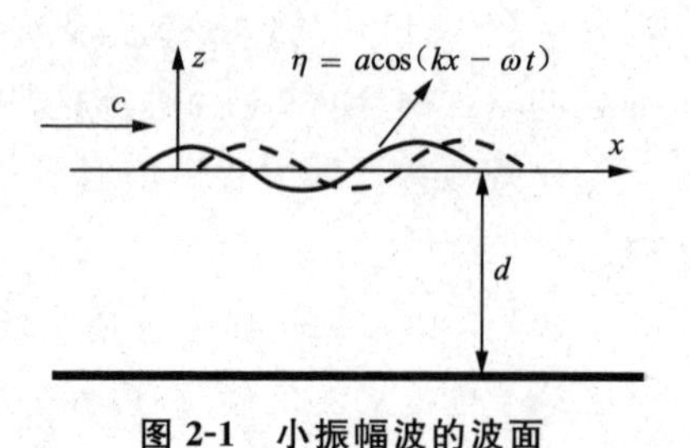

图 2-1　小振幅波的波面

在小振幅波理论中，基本假定如下。

(1) 流体是无黏性不可压缩的均匀流体。

(2) 流体作有势运动。

(3) 重力是唯一的外力。

(4) 流体自由表面上的压强 p 等于大气压强。

(5) 海底为水平的固体边界。

(6) 波幅或波高相对于波长是无限小，流体质点的运动速度是缓慢的。

如第 1 章所述，波浪理论中波浪速度势的求解存在两个困难：一是自由表面条件的非线性，表现在边界条件中所含的平方项和乘积项；二是这些条件仅在自由表面 $z = \eta$ 上满足，而 η 本身又是未知量，因此采用近似的方法求解。按第六个假定，波动的自由表面所引起的非线性影响可以忽略，即非线性的自由表面运动边界条

件和动力边界条件可以简化为线性的自由表面边界条件，在此假定条件下的波浪理论即为线性波理论（又称为微幅波理论或 Airy 波理论）。

2.1.1 边界条件的简化

下面通过量级分析来对边界条件进行简化。首先引入几个物理量。

(1) L——水平方向（x 方向）长度的度量（如波长，量级在 100 m）；

(2) T——时间度量（如周期，常见波浪周期在 3～15 s）；

(3) d——水深；

(4) A——波动幅值，则波面的量级为 $\eta = O(A)$；

(5) g——重力加速度。

对于 L,T,A,d,g 五个物理量，可以组成下述三个无量纲量

$$\pi_1 = \frac{A}{L} \ll 1$$

$$\pi_2 = \frac{L}{d}$$

$$\pi_3 = \frac{gT^2}{L} = O(1)$$

下面来分析边界条件中各项的量级。

1. 自由表面的运动边界条件

对自由表面的运动边界条件

$$u_z\big|_{z=\eta} = \frac{\partial \eta}{\partial t} + \frac{\partial \eta}{\partial x}\frac{\partial \Phi}{\partial x}\bigg|_{z=\eta} + \frac{\partial \eta}{\partial y}\frac{\partial \Phi}{\partial y}\bigg|_{z=\eta}$$

其中方程左侧与右侧第一项的量级为 $O(A/T)$，而右侧第二、三项的量级为 $O(A/T)\times O(A/L)$，即其量级远小于前者，因此可以忽略右侧第二、三项，则运动边界条件可以简化为

$$\frac{\partial \Phi}{\partial z}\bigg|_{z=\eta} = \frac{\partial \eta}{\partial t} \tag{2-1}$$

2. 自由表面的动力边界条件

对自由表面的动力学边界条件

$$\frac{\partial \Phi}{\partial t}\bigg|_{z=\eta} + \frac{1}{2}(\nabla\Phi\cdot\nabla\Phi)\bigg|_{z=\eta} + g\eta = 0$$

分析上式中各项的量级，可知

第一项的量级为：$O\left(\dfrac{AL}{T^2}\right)$

第二项的量级为：$O[(A/T)^2]=O\left(\frac{AL}{T^2}\right)O\left(\frac{A}{L}\right)$

第三项的量级为：$O\left(\frac{AL}{T^2}\right)$

比较可得动力边界条件为

$$\eta=-\frac{1}{g}\frac{\partial\Phi}{\partial t}\bigg|_{z=\eta} \tag{2-2}$$

上述边界条件尽管得到了简化，但值得注意的是公式(2-1)和公式(2-2)都是在自由液面 $z=\eta$ 处成立，而自由液面 η 也是未知的，从而造成求解的困难。

下面通过 Taylor 级数展开，把在波面($z=\eta$)成立的条件转化到在静水面($z=0$)处成立。某物理量的泰勒级数可以表示为

$$()\big|_{z=\eta}=()\big|_{z=0}+\eta\frac{\partial}{\partial z}()\bigg|_{z=0}+\cdots \tag{2-3}$$

对 $z=\eta$ 处的$\frac{\partial\Phi}{\partial z}$，$\frac{\partial\Phi}{\partial t}$ 应用式(2-3)，忽略零阶以上的高阶项，则

$$\frac{\partial\Phi}{\partial z}\bigg|_{z=\eta}=\frac{\partial\Phi}{\partial z}\bigg|_{z=0} \tag{2-4}$$

$$\frac{\partial\Phi}{\partial t}\bigg|_{z=\eta}=\frac{\partial\Phi}{\partial t}\bigg|_{z=0} \tag{2-5}$$

于是式(2-1)和(2-2)变为

$$\frac{\partial\Phi}{\partial z}\bigg|_{z=0}=\frac{\partial\eta}{\partial t} \tag{2-6}$$

$$\eta=-\frac{1}{g}\frac{\partial\Phi}{\partial t}\bigg|_{z=0} \tag{2-7}$$

线性化的自由液面运动学边界条件(2-6)和动力学边界条件(2-7)可以合并为

$$\left(\frac{\partial\Phi}{\partial z}+\frac{1}{g}\frac{\partial^2\Phi}{\partial t^2}\right)\bigg|_{z=0}=0 \tag{2-8}$$

最终得到二维线性波运动的基本方程和边界条件为

$$\nabla^2\Phi=\frac{\partial^2\Phi}{\partial x^2}+\frac{\partial^2\Phi}{\partial z^2}=0 \tag{2-9a}$$

$$u_z\big|_{z=-d}=\frac{\partial\Phi}{\partial z}\bigg|_{z=-d}=0 \tag{2-9b}$$

$$\eta=-\frac{1}{g}\frac{\partial\Phi}{\partial t}\bigg|_{z=0} \tag{2-9c}$$

$$\left(\frac{\partial\Phi}{\partial z}+\frac{1}{g}\frac{\partial^2\Phi}{\partial t^2}\right)\bigg|_{z=0}=0 \tag{2-9d}$$

方程式(2-9a)～(2-9d)构成了波动方程的定解问题，数学上把这种只给定边界

条件而不给定初始条件的方程定解问题称为边值问题(Boundary Value Problem),如图 2-2 所示。若求得边值问题的解,波浪场中的各运动要素便确定了。

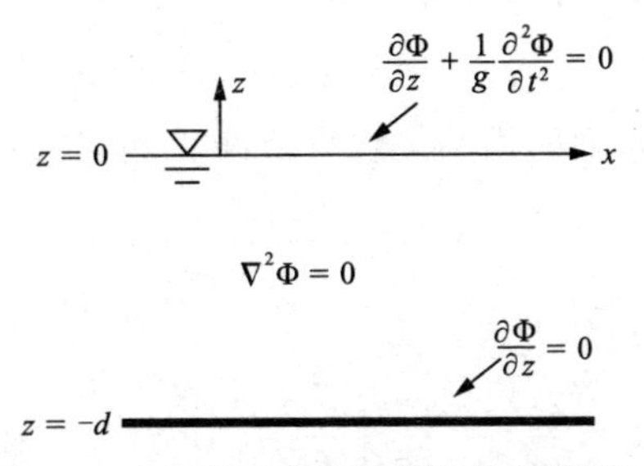

图 2-2　二维常深度波动方程的定解问题

2.1.2　基本方程的解

拉普拉斯方程的求解大致有两种方法:一种是先求波动方程的一般解,然后根据定解条件确定所需要的特解,这种方法称为正向问题;另外一种方法是给定一种波浪运动形式,使其正好适合定解条件,这种方法称为逆问题。一般采用后者。

小振幅波的波面方程为

$$\eta=a\cos(kx-\omega t)$$

该方程应该满足自由水面边界条件(2-9c),则

$$\Phi\big|_{z=0}=\frac{ga}{\omega}\sin(kx-\omega t)\tag{2-10}$$

一般情况下,波动的幅值随着深度而衰减,采用分离变量法,因此速度势函数的一般形式为

$$\Phi(x,z,t)=A(z)\sin(kx-\omega t)\tag{2-11}$$

式中 A 为幅值,仅与坐标 z 有关;k,ω 为待定参数。将(2-11)代入 Laplace 方程(2-9a)中,得到

$$A''(z)-k^2A(z)=0\tag{2-12}$$

求解得到其通解为

$$A(z)=A_1e^{kz}+A_2e^{-kz}\tag{2-13}$$

式中 A_1,A_2 为待定系数,需要由边界条件确定。于是波浪运动的速度势函数为

$$\Phi(x,z,t)=(A_1e^{kz}+A_2e^{-kz})\sin(kx-\omega t)\tag{2-14}$$

下面利用边界条件来确定系数 A_1,A_2。将方程(2-14)代入海底边界条件,可以得到

$$u_z\Big|_{z=-d} = \frac{\partial \Phi}{\partial z}\Big|_{z=-d} = 0 \rightarrow A_2 = A_1 e^{-2kd} \tag{2-15}$$

将之代入方程(2-14),则速度势函数变为

$$\Phi(x,z,t) = 2A_1 e^{-kd}\cosh k(z+d)\sin(kx-\omega t) \tag{2-16}$$

将方程(2-16)代入自由水面的运动学边界条件(2-9c)得到

$$A_1 = \frac{ga\,e^{kd}}{2\omega\cosh kd} \tag{2-17}$$

从而最终得到速度势函数的表达式为

$$\Phi = \frac{ga}{\omega}\frac{\cosh k(z+d)}{\cosh kd}\sin(kx-\omega t) \tag{2-18a}$$

或

$$\Phi = \frac{gH}{2\omega}\frac{\cosh k(z+d)}{\cosh kd}\sin(kx-\omega t) \tag{2-18b}$$

2.2 线性波的特性

2.2.1 波面方程

小振幅波(线性波)的波面方程为

$$\eta = a\cos(kx-\omega t)$$

式中,a 为振幅;对线性波,波浪中线(平分波高的中线)与静水面相重合,波高为振幅的两倍,即 $H=2a$;$\theta = kx-\omega t$ 为波浪的相位。该波面在时间-空间中都具有周期性。

1. 在某固定时刻(如 $t=0$),波面方程变为 $\eta = a\cos(kx)$,波面在传播方向上呈现周期性,其波长定义为 $L=2\pi/k$ (k 为波数—Wave Number)。如图 2-3 所示。

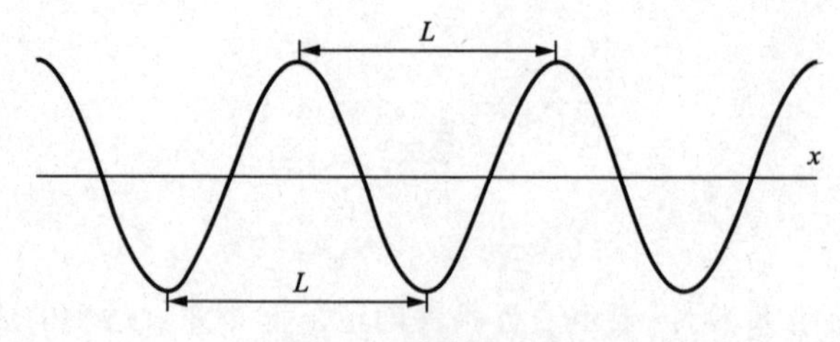

图 2-3 波浪的波长

2. 在某固定空间点处(如 $x=0$),波面方程变为 $\eta = a\cos(\omega t)$,波面在时间上呈现周期性,其周期定义为 $T=2\pi/\omega$ (ω 为圆频率)。如图 2-4 所示。

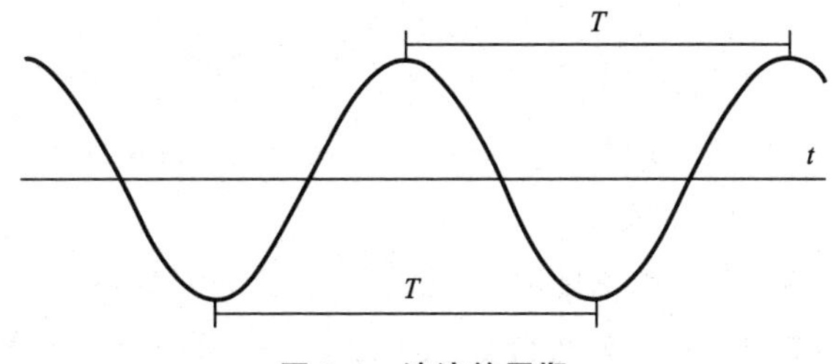

图 2-4 波浪的周期

3. $\eta = a\cos\left[k\left(x - \frac{\omega}{k}t\right)\right] = a\cos[k(x - ct)]$

以速度 $c = \frac{\omega}{k}$ 跟踪波面上的某点，会发现波形不变。c 为波浪的传播速度，简称波速，也称为相速度(Phase Velocity)。

$$c = \frac{\omega}{k} = \frac{L}{T} \tag{2-19}$$

2.2.2 弥散关系

迄今为止，我们还没有用到另一个边界条件(2-9d)，把速度势函数代入边界条件表达式(2-9d)，可以得到

$$\omega^2 = gk\tanh kd \tag{2-20}$$

或者是它的一些变形关系

$$c = \frac{gT}{2\pi}\tanh kd \tag{2-21}$$

$$L = \frac{gT^2}{2\pi}\tanh kd \tag{2-22}$$

我们称方程(2-20)或者其变形式(2-21)及式(2-22)为线性弥散关系(Linear Dispersion Relation)。弥散关系表达了波浪运动中角频率 ω、波数 k、水深 d 之间不是独立无关的，而是存在一定的制约关系。即当水深给定时，波的周期愈大，波长亦愈长，波速也将愈大，这样不同波长的波在传播过程中就会逐渐分离开来。这种不同波长(或周期)的波以不同的波速进行传播最终导致波分散的现象称为波的弥散(或色散)现象。弥散关系同时表明：波浪的传播与水深有关，水深变化，波长(波速)也随之变化。

关于弥散关系，作几点额外说明。

(1) 一般来说，随着周期 T 的增加，波长 L 也会增加。

(2) 相速度为：$c=\frac{L}{T}=\frac{\omega}{k}=\sqrt{\frac{g}{k}\tanh kd}$。因此随着 T 或 L 增加，相速度 c 也变大，即长波传播速度快；同时，由于 $c=c(k)$ 或 $c(\omega)$，意味这不同频率的波具有不同的相速度，此即频率的弥散。

(3) 水深的影响：随着水深的变化(变浅)，波长等参数也会发生变化。

(4) 弥散关系的求解：波浪的弥散关系是超越方程，难以直接求解，一般需要作图法或计算机编程迭代求解。例 2.1 给出了迭代法求解弥散关系的算例，matlab 程序见附录。

2.2.3 水质点的速度和加速度

根据速度和速度势函数的关系，我们可以得到波浪运动的速度场为

$$u_x=\frac{\partial\Phi}{\partial x}=\frac{gHk}{2\omega}\frac{\cosh k(z+d)}{\cosh kd}\cos(kx-\omega t) \tag{2-23}$$

$$u_z=\frac{\partial\Phi}{\partial z}=\frac{gHk}{2\omega}\frac{\sinh k(z+d)}{\cosh kd}\sin(kx-\omega t) \tag{2-24}$$

考虑到弥散关系式(2-20)，波浪运动的速度场也可以表示为

$$u_x=\frac{\pi H}{T}\frac{\cosh k(z+d)}{\sinh kd}\cos(kx-\omega t) \tag{2-25}$$

$$u_z=\frac{\pi H}{T}\frac{\sinh k(z+d)}{\sinh kd}\sin(kx-\omega t) \tag{2-26}$$

将式(2-25)除以波面方程，得到

$$\frac{u_x}{\eta}=\omega\frac{\cosh k(z+d)}{\sinh kd}>0 \tag{2-27}$$

即流体质点水平速度分量 u_x 与波面 η 符号相同，当 $\eta>0$ (波面在静水面以上)时，$u_x>0$，此时水质点运动方向与波浪传播方向相同；当 $\eta<0$(波面在静水面以下)时，$u_x<0$，此时水质点运动方向与波浪传播方向相反，如图 2-5 所示。水质点运动的速度(大小和方向)随着位置而改变，图 2-6 为一个波长范围内不同位置和不同水深处的水质点速度，可以看出运动速度随着其深度的增加而减小(参见图 2-8)。

水质点运动的加速度为

$$a_x=\frac{\partial u_x}{\partial t}=\frac{2\pi^2 H}{T^2}\frac{\cosh k(z+d)}{\sinh kd}\sin(kx-\omega t) \tag{2-28}$$

$$a_z=\frac{\partial u_z}{\partial t}=-\frac{2\pi^2 H}{T^2}\frac{\sinh k(z+d)}{\sinh kd}\cos(kx-\omega t) \tag{2-29}$$

一个周期内水质点运动的加速度如图 2-5 所示。

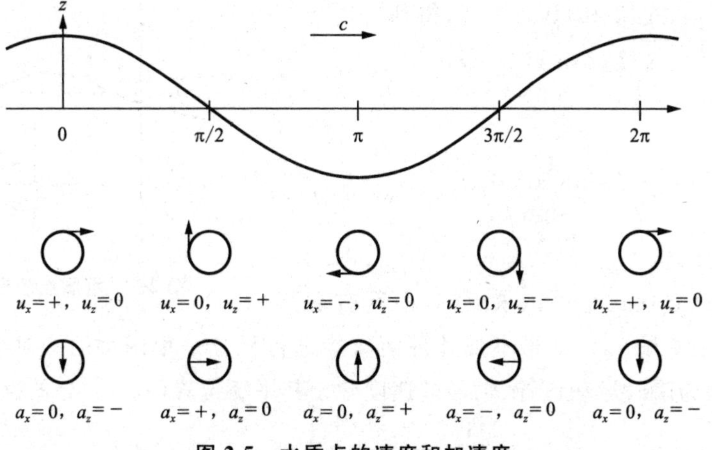

图 2-5　水质点的速度和加速度

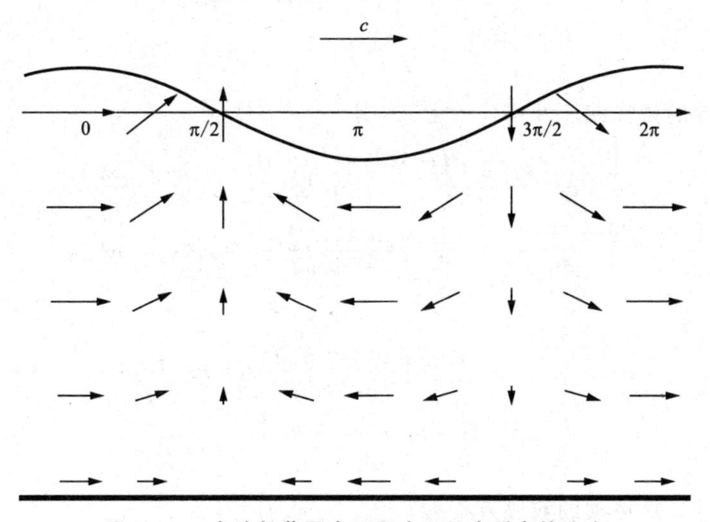

图 2-6　一个波长范围内不同水深处水质点的速度

2.2.4　水质点的运动轨迹

如图 2-7 所示，假设波浪到来之前静水中某水质点的坐标为(x_0, z_0)，由于波浪运动，该水质点移动到瞬时位置(x, z)处，其移动的位移为$(x - x_0, z - z_0)$，则流体质点的运动速度为

$$u_x = \frac{\mathrm{d}(x - x_0)}{\mathrm{d}t} \tag{2-30}$$

$$u_z = \frac{\mathrm{d}(z - z_0)}{\mathrm{d}t} \tag{2-31}$$

将式(2-25)和式(2-26)代入上式，得到

$$\frac{\mathrm{d}(x-x_0)}{\mathrm{d}t}=\frac{\pi H}{T}\frac{\cosh k(z+d)}{\sinh kd}\cos(kx-\omega t) \tag{2-32}$$

$$\frac{\mathrm{d}(z-z_0)}{\mathrm{d}t}=\frac{\pi H}{T}\frac{\sinh k(z+d)}{\sinh kd}\sin(kx-\omega t) \tag{2-33}$$

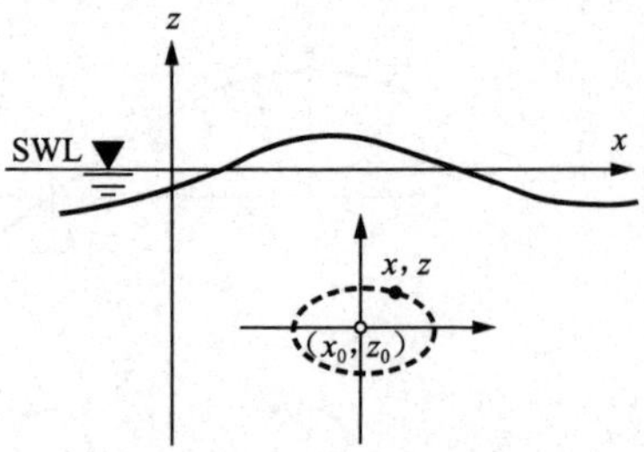

图 2-7 水质点的运动轨迹

该微分方程式是可以求解的，但其右端都同时包含了变量 x,z，如果不加处理而直接进行积分是很困难的。对小振幅波理论，近似认为瞬时运动位置(x,z)的速度等于其平衡位置(x_0,z_0)处的速度，即

$$\frac{\mathrm{d}(x-x_0)}{\mathrm{d}t}=u_x(x,z,t)=u_x(x_0,z_0,t) \tag{2-34}$$

$$\frac{\mathrm{d}(z-z_0)}{\mathrm{d}t}=u_z(x,z,t)=u_z(x_0,z_0,t) \tag{2-35}$$

将前面推导的微幅波速度场代入上式，则

$$\frac{\mathrm{d}(x-x_0)}{\mathrm{d}t}=\frac{\pi H}{T}\frac{\cosh k(z_0+d)}{\sinh kd}\cos(kx_0-\omega t) \tag{2-36}$$

$$\frac{\mathrm{d}(z-z_0)}{\mathrm{d}t}=\frac{\pi H}{T}\frac{\sinh k(z_0+d)}{\sinh kd}\sin(kx_0-\omega t) \tag{2-37}$$

积分得到

$$x-x_0=-\frac{H}{2}\frac{\cosh k(z_0+d)}{\sinh kd}\sin(kx_0-\omega t) \tag{2-38}$$

$$z-z_0=\frac{H}{2}\frac{\sinh k(z_0+d)}{\sinh kd}\cos(kx_0-\omega t) \tag{2-39}$$

从而得到水质点运动的轨迹方程为

$$\frac{(x-x_0)^2}{\alpha^2}+\frac{(z-z_0)^2}{\beta^2}=1 \tag{2-40}$$

式中

$$\alpha=\frac{H}{2}\frac{\cosh k(z_0+d)}{\sinh kd} \tag{2-41a}$$

$$\beta=\frac{H}{2}\frac{\sinh k(z_0+d)}{\sinh kd} \tag{2-41b}$$

由方程(2-40)可以看出，方程是一个封闭的椭圆方程，其水平长半轴为 α，垂直短半轴为 β。在水面处 $\beta=H/2$；而在水底处，$\beta=0$，说明水质点沿水底只作水平运动。运动轨迹随着深度的变化如图 2-8 所示。

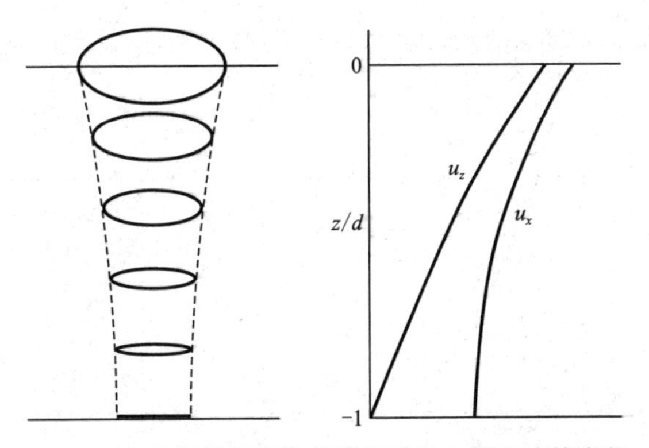

图 2-8　水质点的运动轨迹及运动速度随深度的变化

2.2.5　波动压强

波浪场中任一点的压强 p 可以通过线性化的 Bernoulli 方程求得

$$p = -\rho g z - \rho \frac{\partial \Phi}{\partial t} \tag{2-42}$$

将小振幅波的速度势表达式(2-18)代入上式，得到

$$p = -\rho g z + \rho g \frac{H}{2} \frac{\cosh k(z+d)}{\cosh kd} \cos(kx - \omega t) \tag{2-43}$$

上式表明，波浪压强由两部分组成，第一项为静水压力部分，第二项为动水压力部分，即

$$p_d = \rho g \frac{H}{2} \frac{\cosh k(z+d)}{\cosh kd} \cos(kx - \omega t) = \rho g \frac{\cosh k(z+d)}{\cosh kd} \eta \tag{2-44}$$

若令

$$K_z = \frac{\cosh k(z+d)}{\cosh kd} \tag{2-45}$$

K_z 称之为压力响应系数或压力灵敏度系数，随着质点位置离静水面的距离增加而减小。则

$$p = \rho g (\eta K_z - z) \tag{2-46}$$

在水面处，$p_d = \rho g \eta$，即动水压力部分同波面是同相位的，且其大小向海底是减小的。如图 2-9 所示。

当 $z > 0$ 时，前述推导是不成立的。可以假设其等同于静水压强分布，即 $p_d = \rho g (\eta - z)$。

在工程当中，有时需要根据测量的压力来推算波面，则根据公式(2-46)可以得到

$$\eta = N \frac{p + \rho g z}{\rho g K_z} \tag{2-47}$$

式中，z 为静水面以下测量压力 p 的深度；N 为修正系数，对线性波，$N=1$。

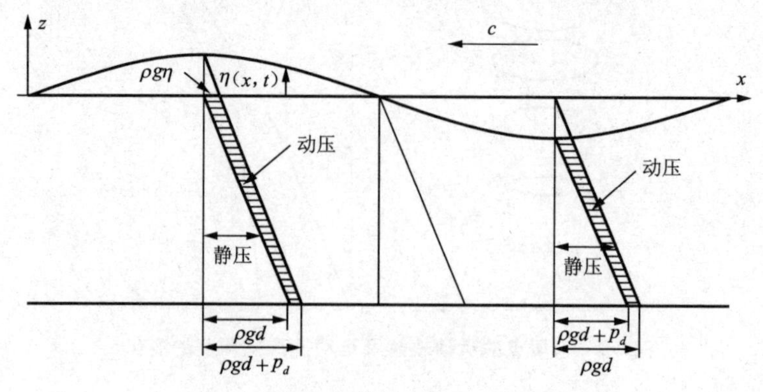

图 2-9 小振幅波的静压及动压分布

2.2.6 波动能量

波浪是某种外力对静止水体做功以后引起的一种水质点的运动形式，因此波浪本身具有能量。这种能量随着波浪的向前传播而传播。分析波能的特性不仅是研究波浪本身运动特性的一种途径，而且对于解决工程实际应用问题也非常重要，例如研究近岸泥沙的运动，常将其与波能流联系在一起。

波浪能量是指运动过程中所产生或具有的能量，包括波动中水质点运动动能和波面相对于平均水面的重力势能，它沿波浪传播方向不断向前传递。实际上，波浪的传播方向定义为波能的传播方向。

1. 动能

波浪的动能是由于水质点的运动而产生的，对如图 2-10 所示的小微元，其单位宽度波浪动能为 $\frac{1}{2}\rho(u_x^2+u_z^2)\mathrm{d}x\mathrm{d}z$，则一个波长范围内沿波峰线方向单位宽度的波浪动能可以表示为

$$E_k=\int_0^L\int_{-d}^{\eta}\frac{1}{2}\rho(u_x^2+u_z^2)\mathrm{d}x\mathrm{d}z \tag{2-48}$$

将小振幅波的水质点速度代入上式，积分得到

$$E_k=\frac{1}{16}\rho gH^2L \tag{2-49}$$

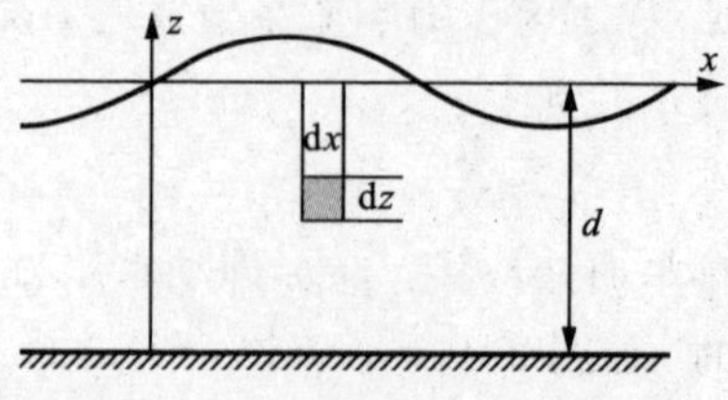

图 2-10 波浪动能分析示意图

2. 势能

波浪的势能是由于水质点偏离平衡位置所致。在一个波长范围内，波动水体的水质点在波动过程中相对平衡位置是不断发生变化的。如图 2-11 所示，取海底作为基准面，对宽度为 $\mathrm{d}x$ 的柱体(单位波峰线宽度)，其势能为

$$\rho g(d+\eta)\mathrm{d}x \cdot \frac{d+\eta}{2} = \frac{1}{2}\rho g(d+\eta)^2\mathrm{d}x \quad (2\text{-}50)$$

于是一个波长范围内单位波峰线宽度的势能可以表示为

$$E_{pt} = \int_0^L \frac{1}{2}\rho g(d+\eta)^2\mathrm{d}x \quad (2\text{-}51)$$

将小振幅波的波面方程代入上式，积分得到

$$E_{pt} = \frac{1}{2}\rho g d^2 L + \frac{1}{16}\rho g H^2 L \quad (2\text{-}52)$$

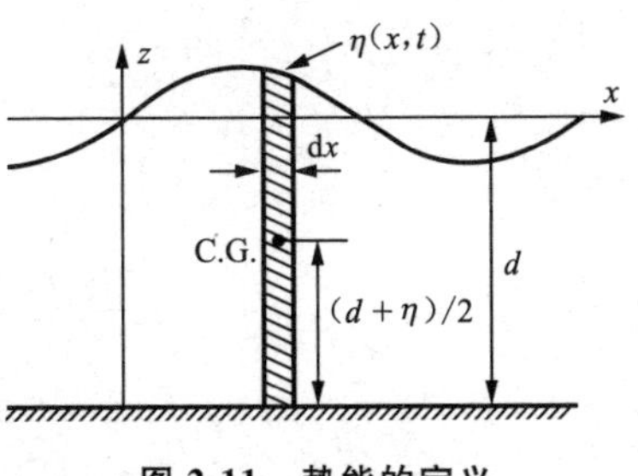

图 2-11　势能的定义

上式右端第一项表示没有波动时水体的势能。由于波浪的势能是波动水体的总势能与静止时水体势能的差值，则一个波长范围内的波浪势能为

$$E_p = E_{pt} - \frac{1}{2}\rho g d^2 L = \frac{1}{16}\rho g H^2 L \quad (2\text{-}53)$$

3. 总能量

由此可见，在一个波长、单位波峰线宽度内，波动的动能和势能相等，波动总能量 E 为

$$E = E_p + E_k = \frac{1}{8}\rho g H^2 L \quad (2\text{-}54)$$

故单位长度范围内铅直水柱的波浪能量为

$$E = \frac{1}{8}\rho g H^2 \quad (2\text{-}55)$$

式(2-49)和式(2-53)表明，小振幅波一个波长范围内，单位波峰线宽度的动能和势能是相等的，都等于总波能的一半。显然，波浪的总能量与波高的平方成正比，故通常以波高的平方作为波动能量的相对尺度。应当指出的是，这里的波动能量是其整个水深范围内的总能量，波动中不同水质点的能量是不断变化的。事实上，波幅随深度增加而按指数减小，因此波动总能量主要集中在水面附近。

4. 波能流(Energy Flux)

小振幅波传播过程中不会引起质量的输移，因为水质点运动轨迹是封闭的，但波动会产生能量的输送。取与波浪传播方向垂直的单位宽度铅直断面，单位时间沿波动传播方向跨过该铅直断面的能量称为波能流。对线性波，它等于动水压强在单位时间内所做的功，即等于该断面上动水压力对流体流量所做的功在一个波浪周期内的平均值，其计算公式为

$$\overline{F} = \frac{1}{T}\int_0^T\int_{-d}^{\eta} p_{\mathrm{d}} u_x \mathrm{d}z\mathrm{d}t \quad (2\text{-}56)$$

将小振幅波的结果代入上式，积分得到

$$\overline{F} = \frac{1}{8}\rho g H^2 \ \frac{\omega}{k} \ \frac{1}{2}\left(1 + \frac{2kd}{\sinh 2kd}\right) = Ecn = Ec_E \tag{2-57}$$

上式中，

$$n = \frac{1}{2}\left(1 + \frac{2kd}{\sinh 2kd}\right) \tag{2-58}$$

$$c_E = cn = \frac{1}{2}c\left(1 + \frac{2kd}{\sinh 2kd}\right) \tag{2-59}$$

c_E 称之为波能传播速度，n 为波能传递率；由于 $c_E \leqslant c$，即波能的传播速度要落后于波形的传播速度。另外 c_E 与波群的速度（群速度 c_g 见下节）在数值上是相等的。因此可以认为群速度是能量传播的速度。

例 2.1

在水深 10 m、波高 1.6 m 的海面上观察浮标每分钟上下运动 6 次，试求：

(1) 波浪运动的周期、波长及波速；

(2) 波面方程式。

解 (1) 首先求解波浪运动的周期、波长及波速

周期：$T = \frac{60}{6} = 10$ s

波长：据弥散关系 $L = \frac{gT^2}{2\pi}\tanh\frac{2\pi}{L}d$，需要迭代求解波长

$L_n = \frac{gT^2}{2\pi}\tanh\frac{2\pi}{L_{n-1}}d$，迭代逼近过程见表 2-1 所示。

表 2-1 迭代求解波长

迭代次数	L_n	$\lvert L_n - L_{n-1}\rvert$	迭代次数	L_n	$\lvert L_n - L_{n-1}\rvert$
$n=1$	59.646	96.485	$n=10$	94.943	5.933 9
$n=2$	122.27	62.624	$n=11$	90.486	4.457 8
$n=3$	73.844	48.427	$n=12$	93.802	3.316 8
$n=4$	107.97	34.125	$n=13$	91.316	2.485 9
$n=5$	81.825	26.144	$n=14$	93.170	1.853 2
$n=6$	100.81	18.989	$n=15$	91.782	1.387 1
$n=7$	86.401	14.413	$n=16$	92.818	1.035 2
$n=8$	97.013	10.613	$n=17$	92.043	0.774 25
$n=9$	89.009	8.0039	$n=18$	92.621	0.578 12

续表

迭代次数	L_n	$\lvert L_n - L_{n-1} \rvert$	迭代次数	L_n	$\lvert L_n - L_{n-1} \rvert$
$n = 19$	92.189	0.432 23	$n = 23$	92.316	0.134 73
$n = 20$	92.512	0.322 84	$n = 24$	92.417	0.100 66
$n = 21$	92.271	0.241 31	$n = 25$	92.342	0.075 225
$n = 22$	92.451	0.180 28			

最终计算得到波长为 $L = 92.3$ m。

波速 $c = L/T = 9.23$ m/s

(2) 波面方程式

波数 $k = 2\pi/L = 0.068$/m

圆频率 $\omega = 2\pi/T = 0.628$ rad/s

则波面方程为 $\eta = 0.8\cos(0.068x - 0.628t)$

例 2.2

已知水深 $d = 10$ m，自由水面上有一沿 x 轴正向传播的平面小振幅波，波长 $L = 30$ m。求：

(1) 波幅 $a = 0.1$ m 时的自由面形状；

(2) 波的传播速度；

(3) 波幅 $a = 0.1$ m 时在水平面以下 0.5 m 处流体质点的运动轨迹；

(4) 波峰通过时水平面以下 1 m 处流体的压强。

解 (1) 自由水面形状为 $\eta = a\cos(kx - \omega t)$

$$k = \frac{2\pi}{L} = \frac{2\pi}{30} \approx 0.209$$

$$\omega = \sqrt{gk\tanh kh} = \sqrt{9.8 \times 0.209 \times \tanh(0.209 \times 10)} = 1.381$$

$$\eta = 0.1 \times \cos(0.209x - 1.381t)$$

(2) 波的传播速度

$$c = \frac{\omega}{k} = \frac{1.381}{0.209} \approx 6.608 \text{ m/s}$$

(3) 流体质点的运动轨迹为 $\dfrac{(x - x_0)^2}{\alpha^2} + \dfrac{(z - z_0)^2}{\beta^2} = 1$

而 $\alpha = \dfrac{a\cosh k(z_0 + d)}{\sinh kd}$，$\beta = \dfrac{a\sinh(z_0 + d)}{\sinh kd}$；取 $z_0 = -0.5$ m，$a = 0.1$ m，$d =$

10 m,$k = 0.209$,代入上式可得 $\alpha^2 = 0.008\ 69$,$\beta^2 = 0.008\ 06$

(4) 波峰通过时水平面以下 1 m 处流体的压强

$$p = \rho g(\eta K_z - z), K_z = \frac{\cosh k(z+d)}{\cosh kd}$$

当波峰通过时,$\eta = a$。将 $a = 0.1$ m,$z = -1$ m,$d = 10$ m,$k = 0.209$ 代入上式,可以得到压强为 $1.081\ 8\rho g$。

例 2.3

在某水深处的海底设置压力式波高仪,测得周期 $T = 6$ s,最大压力 60 000 N/m^2(包括静水压力,但不包括大气压力),最小压力 50 000 N/m^2。问当地水深、波高是多少?

解 根据线性波的波压力公式 $p = -\rho g z + \rho g \dfrac{\cosh k(z+d)}{\cosh kd}\eta$,在海底处:$z = -d$,$p = \rho g d + \rho g \eta \dfrac{1}{\cosh kd}$;

当波峰通过时 ($z = H/2$),海底处的波压力最大,此时最大波压力为

$$p_{\max} = \rho g d + \rho g \frac{H}{2}\frac{1}{\cosh kd}$$

当波谷通过时 ($z = -H/2$),海底处的波压力最小,此时最小波压力为

$$p_{\min} = \rho g d - \rho g \frac{H}{2}\frac{1}{\cosh kd}$$

于是水深 d 为

$$d = (p_{\max} + p_{\min})/2\rho g = (60\ 000 + 50\ 000)/2/1\ 025/9.81 = 5.47 \text{ m}$$

波高 H 为

$$H = (p_{\max} - p_{\min})\cosh kd/\rho g = (60\ 000 - 50\ 000)1.403\ 9/1\ 025/9.81 = 1.396 \text{ m}$$

上式中,需要利用弥散关系迭代求解波长 $L = 39.45$ m。

2.3 线性波的两种极限情况

在 2.2 节中,我们推导了有限水深情况下波浪运动的速度势函数,并讨论了其运动特性。当水深极深或极浅时,波浪运动的速度势函数可以简化,从而得到线性波的两种极限情况——深水波与浅水波。

2.3.1　深水波

当水深与波长相比足够大时，即 $kd = 2\pi\dfrac{d}{L} \approx \infty$，此时海底不再影响波浪，有限水深情况下的波浪运动相关公式可以简化。理论上来说，下列公式仅在 kd 趋于无穷时才成立，但在 $kd > \pi$（即 $\dfrac{d}{L} > 0.5$）时也近似成立，即

$$\frac{\cosh k(z+d)}{\cosh kd} \approx \mathrm{e}^{kz} \tag{2-60}$$

$$\tanh kd \approx 1 \tag{2-61}$$

对深水波，一般用带下标“0”的变量来表示。深水波的各相关特性如下

1. 速度势函数

考虑到公式(2-60)，有限深度情况下速度势函数(2-18)可以简化，从而得到深水波的速度势函数为

$$\Phi = \frac{ga}{\omega}\mathrm{e}^{kz}\sin(kx - \omega t) \tag{2-62a}$$

或

$$\Phi = \frac{gH}{2\omega}\mathrm{e}^{kz}\sin(kx - \omega t) \tag{2-62b}$$

2. 波面方程

将速度势函数(2-62)代入自由液面运动边界条件中，得到波面方程为

$$\eta = a\cos(kx - \omega t) \tag{2-63a}$$

或

$$\eta = \frac{H}{2}\cos(kx - \omega t) \tag{2-63b}$$

3. 弥散关系

考虑到公式(2-61)，有限深度情况下弥散关系可以简化为

$$\omega^2 = gk \tag{2-64}$$

或者是它的一些变形关系

$$c_0 = \frac{gT}{2\pi} \tag{2-65}$$

$$L_0 = \frac{gT^2}{2\pi} \tag{2-66}$$

4. 水质点运动速度和加速度

依据水质点运动速度和速度势函数的关系，不难得到深水波的速度场为

$$u_x = a\omega e^{kz}\cos(kx - \omega t) \tag{2-67}$$

$$u_z = a\omega e^{kz}\sin(kx - \omega t) \tag{2-68}$$

由此可见,不同于有限水深情况下的速度场,深水波水质点运动的水平速度和垂直速度的幅值是相同的,且随着深度呈指数衰减,幅值随深度的变化如图 2-11 所示。加速度场为

$$a_x = a\omega^2 e^{kz}\sin(kx - \omega t) \tag{2-69}$$

$$a_z = -a\omega^2 e^{kz}\cos(kx - \omega t) \tag{2-70}$$

5. 水质点运动轨迹

对于深水小振幅波动,公式(2-41)退化为 $\alpha = \beta = ae^{kz_0}$,即平衡位置在$(x_0, z_0)$的水质点的运动轨迹为

$$(x - x_0)^2 + (z - z_0)^2 = a^2 e^{2kz_0} \tag{2-71}$$

式中 a 为水面处小振幅波动的振幅($= H/2$)。由此可见,深水小振幅波动时水质点轨迹为圆,其半径为 $r = ae^{kz_0}$。在海面时 $z_0 = 0$,则 $r = a$;海面以下 $z_0 < 0$,则 $r = ae^{-k|z_0|}$,即 r 随深度增加而呈指数衰减,如图 2-12 所示;当 $z_0 = -L/2$ 时,则 $r = ae^{-\pi} \approx 0.043a$,即该深度处水质点轨迹圆半径是海面处水质点的 4.3%。由此可见,小振幅波动在相当于半个波长的深度以下,其波形已可忽略,因此,当水深 $|z_0| \geqslant L/2$ 时,即可当作深水波来处理。

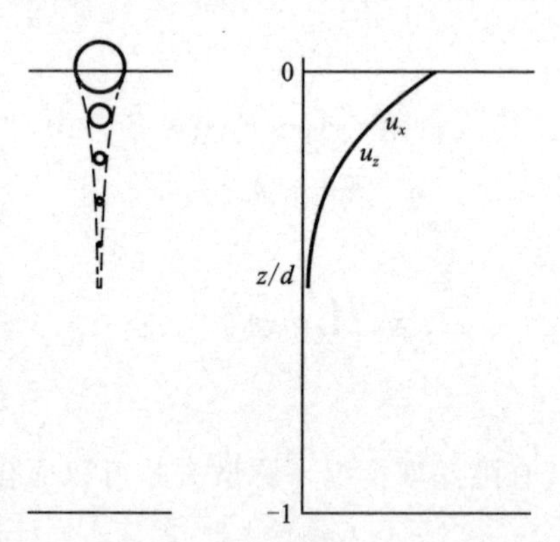

图 2-12 深水波的水质点运动轨迹及水质点速度随水深的变化

6. 波动压力

波浪场中任一点的压强 p 可以通过线性化的 Bernoulli 方程求得

$$p = -\rho gz + \rho g\frac{H}{2}e^{kz}\cos(kx - \omega t) \tag{2-72}$$

2.3.2 浅水波

当水深与波长相比较小时，即 $kd = 2\pi \dfrac{d}{L} \ll 1$（实际上当 $d/L < 0.05$），下式成立

$$\frac{\cosh k(z+d)}{\cosh kd} \approx 1 \tag{2-73}$$

$$\tanh kd \approx kd \tag{2-74}$$

利用以上两式对有限深度小振幅波进行简化，从而得到浅水波运动的相关公式。

1. 速度势函数

考虑到公式(2-73)，有限深度情况下速度势函数(2-18)可以简化为

$$\Phi = \frac{ga}{\omega}\sin(kx - \omega t) \tag{2-75a}$$

或

$$\Phi = \frac{gH}{2\omega}\sin(kx - \omega t) \tag{2-75b}$$

2. 波面方程

将速度势函数代入自由液面运动边界条件中，得到波面方程为

$$\eta = a\cos(kx - \omega t) \tag{2-76a}$$

或

$$\eta = \frac{H}{2}\cos(kx - \omega t) \tag{2-76b}$$

3. 弥散关系

利用公式(2-74)，有限水深情况下波浪弥散关系(2-20)变为

$$\omega^2 = gk^2 d \tag{2-77}$$

$$\omega = k\sqrt{gd} \tag{2-78}$$

波速和波长分别为

$$c = \sqrt{gd} \tag{2-79}$$

$$L = \sqrt{gd}\,T \tag{2-80}$$

可以看出，对浅水波，波速仅与水深有关，与波长（周期）是没有关系的，即浅水波不存在弥散。

4. 水质点速度

浅水波浪运动的速度场为

$$u_x = \frac{\omega H}{2kd}\cos(kx - \omega t) \tag{2-81}$$

$$u_z = \omega \frac{H}{2}\frac{z+d}{d}\sin(kx - \omega t) \tag{2-82}$$

由上述公式可以看出，浅水波浪运动中水质点的水平速度分量的幅值沿水深是不变的，而垂直速度分量的幅值沿水深是线性减小的。水质点速度沿水深的变化如图 2-13 所示。

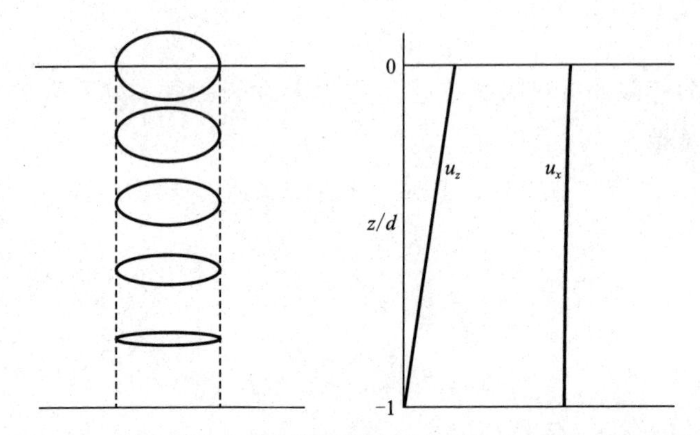

图 2-13　浅水波的水质点运动轨迹及水质点速度随水深的变化

5. 水质点运动轨迹

对于浅水小振幅波动，公式(2-41)退化为

$$\alpha = \frac{H}{2}\frac{\cosh k(z_0+d)}{\sinh kd} \approx \frac{H}{2kd} \tag{2-83}$$

$$\beta = \frac{H}{2}\frac{\sinh k(z_0+d)}{\sinh kd} \approx \frac{H}{2}\frac{z_0+d}{d} \tag{2-84}$$

水质点运动轨迹为椭圆，长轴不变，短轴随水深逐渐减小，底部为零，水质点只作水平往复运动，浅水波的水质点运动轨迹及水质点速度随水深的变化如图 2-13 所示。

6. 波动压力

将浅水的速度势函数代入伯努利方程，可以得到

$$p = -\rho g z + \rho g \frac{H}{2}\cos(kx - \omega t) = \rho g(\eta - z) \tag{2-85}$$

从公式(2-85)可以看出，浅水波的波压力符合静水压强分布。

2.3.3　三种波浪的汇总

将不同水深情况下的小振幅波的波要素进行汇总，如表 2-2 所示。

表 2-2　小振幅波理论基本公式

	深水	有限水深	浅水
d/L	$d/L > 0.5$	$0.5 > d/L > 0.05$	$d/L < 0.05$
速度势	$\Phi = \frac{gH}{2\omega} e^{kz} \sin(kx - \omega t)$	$\Phi = \frac{gH}{2\omega} \frac{\cosh k(z+d)}{\cosh kd} \sin(kx - \omega t)$	$\Phi = \frac{gH}{2\omega} \sin(kx - \omega t)$
波面	$\eta = \frac{H}{2} \cos(kx - \omega t)$	$\eta = \frac{H}{2} \cos(kx - \omega t)$	$\eta = \frac{H}{2} \cos(kx - \omega t)$
色散关系	$L_0 = \frac{gT^2}{2\pi}$	$L = \frac{gT^2}{2\pi} \tanh kd$	$c = \sqrt{gd}$
水平速度	$u_x = a\omega e^{kz} \cos(kx - \omega t)$	$u_x = \frac{\pi H}{T} \frac{\cosh k(z+d)}{\sinh kd} \cos(kx - \omega t)$	$u_x = \frac{\omega H}{2kd} \cos(kx - \omega t)$
垂直速度	$u_z = a\omega e^{kz} \sin(kx - \omega t)$	$u_z = \frac{\pi H}{T} \frac{\sinh k(z+d)}{\sinh kd} \sin(kx - \omega t)$	$u_z = \omega \frac{H}{2} \frac{z+d}{d} \sin(kx - \omega t)$
运动轨迹	$(x - x_0)^2 + (z - z_0)^2 = a^2 e^{2kz_0}$	$\frac{(x - x_0)^2}{\alpha^2} + \frac{(z - z_0)^2}{\beta^2} = 1$	$\frac{(x - x_0)^2}{\alpha^2} + \frac{(z - z_0)^2}{\beta^2} = 1$
波压强	$p = \rho g(\eta K_z - z)$	$p = \rho g(\eta K_z - z)$	$p = \rho g(\eta - z)$
群速度	$c_g = cn = \frac{1}{2} c$	$c_g = cn = \frac{1}{2} c \left(1 + \frac{2kd}{\sinh 2kd}\right)$	$c_g = c$

2.4　波浪的叠加

实际海浪是复杂的随机波动。根据势波叠加原理，复杂波动可看作由许多简单波动叠加而成。合成波的性质取决于叠加前简单波动的振幅、周期、波长及传播方向等。

根据势波理论，势波迭加后形成的新的波动仍然为有势运动，在复杂波动的研究过程中，波的迭加是一种非常重要的手段。最常见的合成波有驻波和波群。

2.4.1　驻波

当入射波遇到直立壁面时，会产生反射波。在完全反射时，入射波与反射波具有相同的波高、周期及波长，但传播方向相反。入射波与反射波迭加形成新的波动，这种波动不具有传播性质，水面仅随时间作周期性的升降，故称为驻波（或立波—Standing Wave）。

驻波的形成可以用图 2-14 来表示。

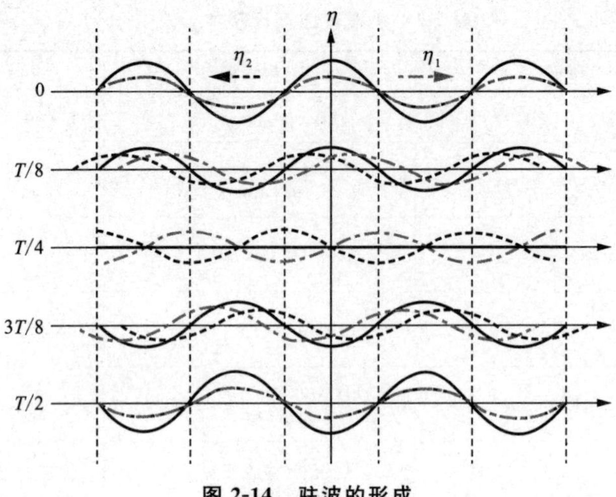

图 2-14　驻波的形成

1. 速度势函数

驻波可以由两列振幅、周期、波长相等，但传播方向相反的简谐波叠加而成。沿 x 轴正向传播的入射波(Incident Wave)的速度势函数为

$$\Phi_1 = \frac{ga}{\omega}\frac{\cosh k(z+d)}{\cosh kd}\sin(kx-\omega t) \tag{2-86}$$

反射波(reflected wave)的速度势函数为

$$\Phi_2 = \frac{ga}{\omega}\frac{\cosh k(z+d)}{\cosh kd}\sin(-kx-\omega t) \tag{2-87}$$

则入射波与反射波迭加形成驻波，驻波的速度势函数可以表示为

$$\Phi = \Phi_1 + \Phi_2 = -\frac{g2a}{\omega}\frac{\cosh k(z+d)}{\cosh kd}\cos kx\sin \omega t \tag{2-88}$$

2. 波面方程

根据 $\eta = -\frac{1}{g}\frac{\partial \Phi}{\partial t}\bigg|_{z=0}$ 可得

$$\eta = 2a\cos kx\cos \omega t \tag{2-89}$$

驻波的波面方程同时可以直接用入射波与反射波的波面迭加得到。沿 x 轴正向传播的入射波及反射波的波面方程分别为

$$\eta_1 = a\cos(kx-\omega t) \tag{2-90}$$

$$\eta_2 = a\cos(-kx-\omega t) \tag{2-91}$$

入射波与反射波迭加形成驻波，其波面方程为

$$\eta = \eta_1 + \eta_2 = 2a\cos kx\cos \omega t \tag{2-92}$$

由上式可以看出，任一时刻驻波的波面仍为余弦形式，但其幅值($2a\cos \omega t$)不

是常值，而是随着时间变化的。

下面观察不同位置处波面随时间的变化情况。首先可以看出，在不同位置处的振幅 $|2a\cos kx|$ 与位置 x 有关，大小按余弦规律变化。在 $kx=\frac{2n+1}{2}\pi(n=0,1,2,\cdots)$ 各点处，由于两列波引起的振动是恰好反相，振动抵消，因此波面在一个周期内恒为零，这些点称为波节(驻点—Node)。在 $kx=n\pi(n=0,1,2,\cdots)$ 处，波面随时间做周期性升降，而且在一个周期内具有最大的升降幅度($4a$)，这些点称为波腹(Anti-node)。而波腹与波节的位置是固定的，波形作周期性升降而不向前传播。驻波的波高(或振幅)是原来入射波的 2 倍，波长和周期与原来入射波相同。驻波的波面形状如图 2-15 所示。

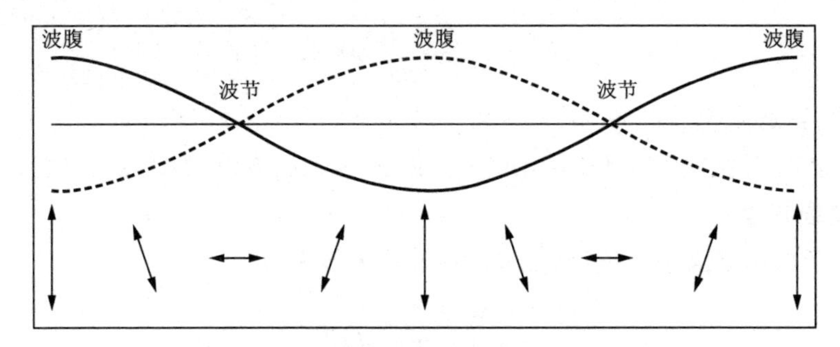

图 2-15　驻波的波面形状及水质点运动方向

3. 水质点速度

根据速度与速度势函数的关系，不难得到驻波的水质点速度场

$$u_x=\omega H\frac{\cosh k(z+d)}{\sinh kd}\sin kx\sin\omega t \tag{2-93}$$

$$u_z=-\omega H\frac{\sinh k(z+d)}{\sinh kd}\cos kx\sin\omega t \tag{2-94}$$

由上式可知，波腹处($kx=n\pi,n=0,1,2,\cdots$)水质点只有垂直速度分量，波节处($kx=\frac{2n+1}{2}\pi,n=0,1,2,\cdots$)水质点只有水平速度分量，其余各处水质点同时具有水平和垂直速度分量。波面 $|\eta|$ 值达到最大值时，$u_x=u_z=0$，波面 $\eta=0$ 时 u_x 和 u_z 达到最大值；驻波波形并不向前传播，所有水质点均围绕各自平衡位置作振动。图 2-15 中画出了驻波各处水质点运动的方向。

4. 运动轨迹

同推进波中水质点运动轨迹的求解类似，假设波浪到来之前静水中某水质点的坐标为(x_0,z_0)，由于驻波运动，该水质点移动到瞬时位置(x,z)处，则流体质点

的运动速度为

$$\frac{\mathrm{d}(x-x_0)}{\mathrm{d}t}=\omega H\frac{\cosh k(z_0+d)}{\sinh kd}\sin kx_0\sin\omega t \tag{2-95}$$

$$\frac{\mathrm{d}(z-z_0)}{\mathrm{d}t}=-\omega H\frac{\sinh k(z_0+d)}{\sinh kd}\cos kx_0\sin\omega t \tag{2-96}$$

积分得到

$$x-x_0=-H\frac{\cosh k(z_0+d)}{\sinh kd}\sin kx_0\cos\omega t \tag{2-97}$$

$$z-z_0=H\frac{\sinh k(z_0+d)}{\sinh kd}\cos kx_0\cos\omega t \tag{2-98}$$

于是驻波中水质点的运动轨迹方程为

$$z-z_0=-\left[\frac{\sinh k(z_0+d)}{\cosh k(z_0+d)}\mathrm{ctg}\ kx_0\right](x-x_0) \tag{2-99}$$

上式表明,静止时刻位于(x_0,z_0)的水质点以(x_0,z_0)为中心做与z轴成一定斜率的直线运动。在波节处,水质点几乎沿水平方向振动,而在波腹处,水质点沿垂向振动。

5. 流线方程

根据流线的定义,可以得到驻波运动流线方程为

$$\frac{\mathrm{d}z}{\mathrm{d}x}=\frac{\sinh k(z+d)}{\cosh k(z+d)}\mathrm{tg}\ kx \tag{2-100}$$

则流线方程式为

$$\sinh k(z+d)\sin kx=\mathrm{const} \tag{2-101}$$

驻波的流线如图 2-16 所示。图 2-17 为通过实验得到的驻波流线图。

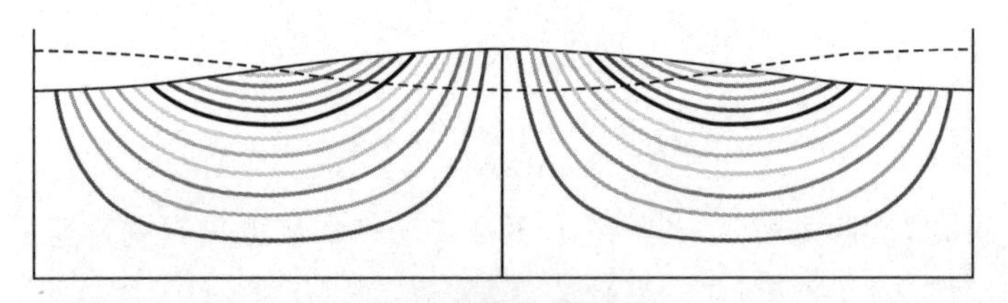

图 2-16　驻波的流线图

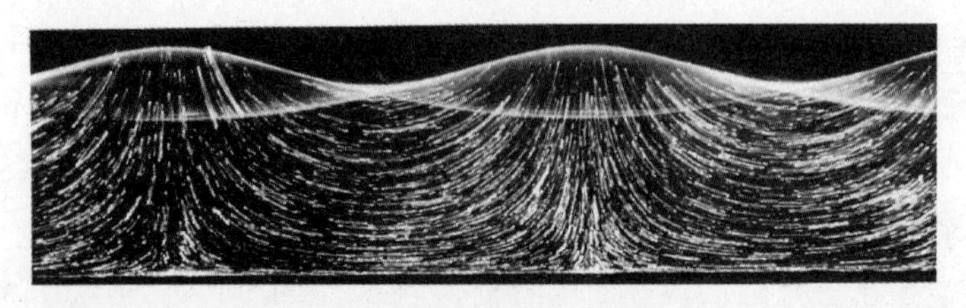

图 2-17　驻波的流线图(实验照片)

6. 驻波的波压强

将驻波的速度势函数代入伯努利方程，可以得到驻波内各点的波压强

$$p = -\rho g z + \rho g H \frac{\cosh k(z+d)}{\cosh kd} \cos kx \cos \omega t \tag{2-102}$$

同推进波类似，驻波也有深水驻波和浅水驻波。

上面讲述的是正向入射波与反射波叠加产生的驻波。当波浪斜向入射时，同反射波叠加也会产生驻波现象。

如图 2-18 所示，某入射波以 θ 角度向前传播，其波面方程为

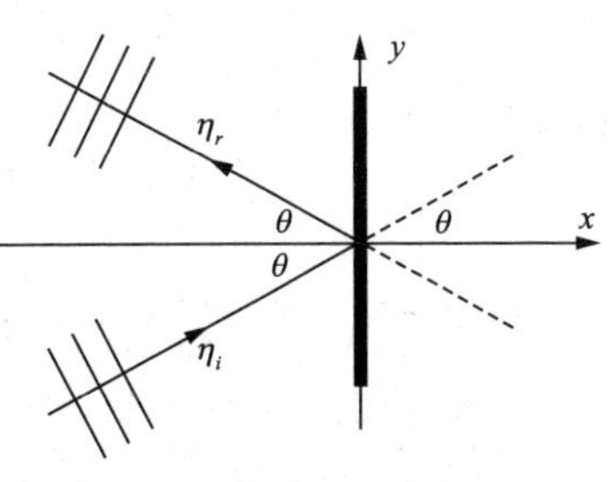

图 2-18　斜向入射波与反射波

$$\eta_i(x,y,t) = a\cos(kx\cos\theta + ky\sin\theta - \omega t) \tag{2-103}$$

该入射波遇到直立壁面产生反射波，反射波的波面方程为

$$\eta_r(x,y,t) = a\cos(kx\cos(\pi-\theta) + ky\sin(\pi-\theta) - \omega t) \tag{2-104}$$

入射波与反射波叠加，将产生一种新的波动场，其波面方程可以表示为

$$\begin{aligned}\eta(x,y,t) &= \eta_i(x,y,t) + \eta_r(x,y,t) \\ &= 2a\cos(kx\cos\theta)\cos(ky\sin\theta - \omega t) \\ &= 2a\cos(k_x x)\cos(k_y y - \omega t)\end{aligned} \tag{2-105}$$

上式中，$\cos(k_x x)$ 表示在 x 方向上为驻波，$\cos(k_y y - \omega t)$ 表示在 y 方向上以速度 ω/k_y 传播的行进波。新的波动场如图 2-19 所示。

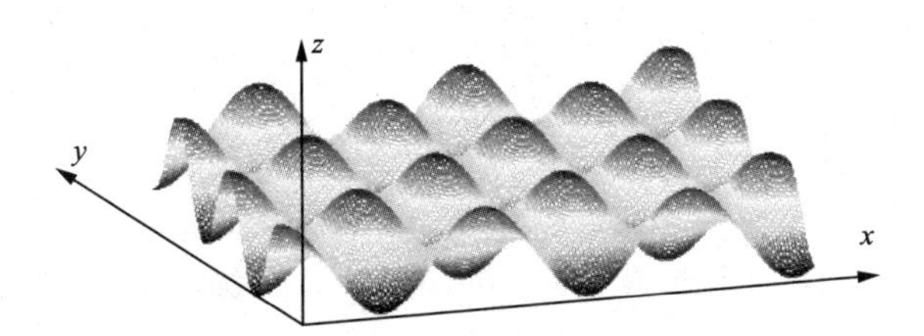

图 2-19　斜向入射波与反射波的叠加

2.4.2　波群

海洋中的波浪常常以“群”的形式出现，即继一群大浪之后，传来一群小浪，以后又是一群大浪，一群小浪，如此反复下去。这种现象称之为波群(Wave Group)。波群现象可以由两列振幅相等，波长和周期相近，传播方向相同的余弦波叠加而成。

两个振幅相同、波向相同、波长和周期相近的余弦推进波，其波面方程分别为

$$\eta_1 = a\cos\left[\left(k+\frac{\Delta k}{2}\right)x-\left(\omega+\frac{\Delta\omega}{2}\right)t\right] \tag{2-106}$$

$$\eta_2 = a\cos\left[\left(k-\frac{\Delta k}{2}\right)x-\left(\omega-\frac{\Delta\omega}{2}\right)t\right] \tag{2-107}$$

迭加后的波面方程为

$$\eta = \eta_1+\eta_2 = 2a\cos\left(\frac{\Delta k}{2}x-\frac{\Delta\omega}{2}t\right)\cos(kx-\omega t) \tag{2-108}$$

上式表明，两列简谐波迭加后的波形还是一个周期波，其最大幅值为 $2a$（即原来波动幅值的 2 倍），但波形变化受到了调制，即原来的余弦波迭加后成为在以公式(2-109)表示的包络线内变动的波浪。该包络线即为图 2-20 的虚线。这种波浪迭加后反映出的总体现象即为波群。包络线方程为

$$z = 2a\cos\left(\frac{\Delta k}{2}x-\frac{\Delta\omega}{2}t\right) \tag{2-109}$$

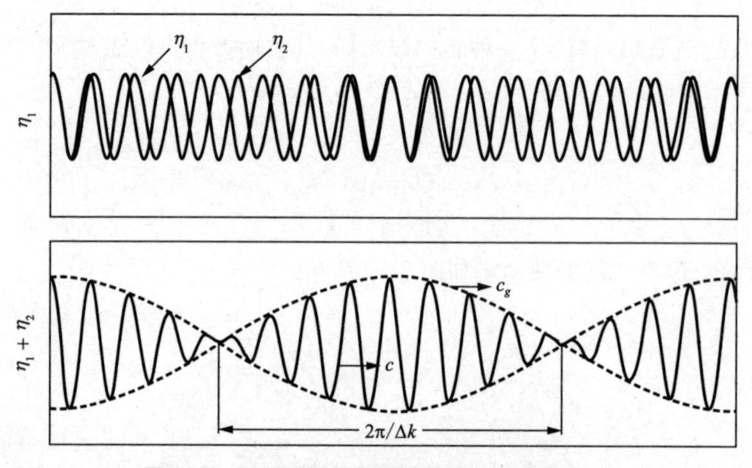

图 2-20　两列不同周期简谐波迭加形成的波群

波群是向前传播的，波群的传播速度（群速）即为图 2-20 中包络线前进的速度，以 c_g 表示。

$$c_g = \frac{\Delta\omega}{\Delta k} = \frac{\mathrm{d}\omega}{\mathrm{d}k} \tag{2-110}$$

利用小振幅波的弥散关系 $\omega^2 = gk\tanh kd$，可以得到群速的表达式为

$$c_g = c\cdot\frac{1}{2}\left[1+\frac{2kd}{sh\,2kd}\right] = c\cdot n \tag{2-111}$$

上式中，$n=\frac{1}{2}\left[1+\frac{2kd}{sh\,2kd}\right]$。对于深水波，$c_g=\frac{1}{2}c$；对于浅水波，$c_g=c$。

2.5　平面斜向波

到目前为止，我们考虑的是沿 x 轴传播的波浪，即海面是一维的。现在考虑在二维海面上传播的波浪，即波浪可以沿任意方向前进。此处的平面波是指长峰波，即与波浪传播方向垂直的波峰是无穷长的直线。

同 x 轴成一定角度的斜向入射的平面规则波，其波面方程可以表示为

$$\eta(x,y,t) = a\cos(\omega t - k_x x - k_y y + \alpha) \tag{2-112}$$

或写成

$$\eta(\mathbf{x},t) = a\cos(\omega t - \mathbf{kx} + \alpha) \tag{2-113}$$

上式中，$\mathbf{x} = x\mathbf{i} + y\mathbf{j}$ 为位置坐标向量，$\mathbf{k} = k_x\mathbf{i} + k_y\mathbf{j}$ 为波数向量，$k_x = |\mathbf{k}|\cos\theta$，$k_y = |\mathbf{k}|\sin\theta$，其中，$\theta$ 为波浪入射方向同 x 轴正向之间的夹角(如图 2-21)。图 2-22 显示了某斜向传播的波浪。

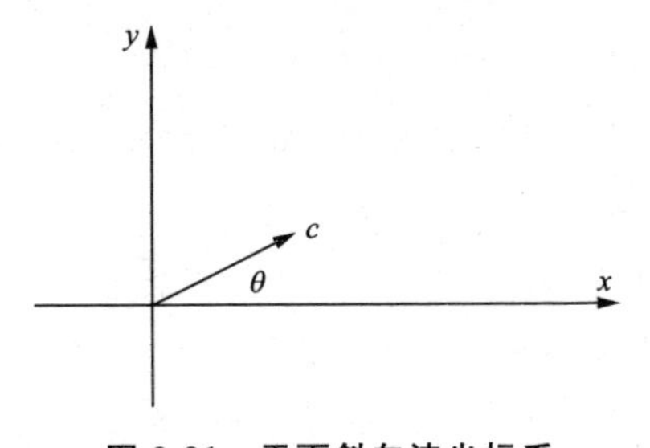

图 2-21　平面斜向波坐标系

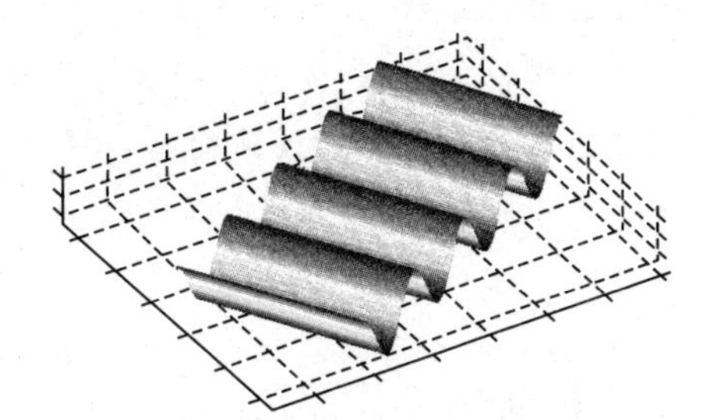

图 2-22　平面斜向波示意图

小结

本章讨论了小振幅波的控制方程和定解条件、小振幅波的理论解及其运动特征等。小振幅波理论是最基本的波浪理论，是解决海岸工程、海洋工程中各种实际问题最重要的工具之一。小振幅波理论的最大特点是概念清楚、计算简便，目前仍被工程界广泛用于解决各类实际问题。同时，小振幅波理论还可以推广用来解决目前用其它非线性波浪理论还难以解决的问题，如波浪折射、绕射、随机波谱理论等。此外实践还表明，在许多实际工程问题中，尽管实际波况已经超出了小振幅波波陡非常小的假设，但应用小振幅波理论计算往往仍然取得比较可信的结果。

思考题与习题

1. 把速度势函数表达式代入自由水面边界条件，试推导有限水深情况下的波浪弥散关系。

2. 深水波、有限水深波及浅水波是如何区分的？

3. 不同水深情况下水质点运动的轨迹有何不同？

4. 波浪的弥散关系是什么，有什么意义？

5. 在深海中观测某浮球，浮球在 1 分钟内升降了 20 次，求波浪的周期、波长及波速。

6. 考虑部分充水的矩形水池，水深为 d(常量)，池宽为 $2b$。假设在(y,z)平面内有二维运动，证明速度势：$\Phi = A\cosh[k(z+d)]\cos ky\cos \omega t$ 满足拉普拉斯方程和池底边界条件(说明：y 为波浪传播方向，z 轴向上，原点在静水面)。

7. 在水深 $d = 15$ m 的水池里有一振幅为 1 m 的微幅波，波数为 $k = 0.2\ \mathrm{m}^{-1}$。试求：(1)波长、周期和波速；(2)波面方程；(3)$(0,-5)$处水质点轨迹。

8. 周期 $T = 10$ s 的波浪向岸传播(假设底坡较小)，试求水深 $d = 200$ m 和 3 m 处的波速和波长。

9. 周期 $T = 8$ s、波高 $H = 5.5$ m 的波浪在 $d = 15$ m 的水深中传播，试求 $z = -5$ m 处的水质点运动的速度和加速度(假设相位 $\theta = \pi/3$)。

10. 在 $d = 12$ m 的水深中，某波浪周期 $T = 10$ s，波浪 $H = 3$ m，相应的深水波高 $H_0 = 3.13$ m。试求：(1) $z = 0$ 和 $z = -d$ 处的水质点运动的长半轴和短半轴；(2)深水中 $z = -7.5$ m 处的水质点最大位移。

11. 深水波浪的波高为 4 m，周期为 11 s，则沿波峰长 1 千米、一个波长范围内的波浪的总能量为多少？

12. 波浪的波长 100 m，波高 2 m，则水深 10 m 位置处水质点的运动轨迹是什么？

第3章 非线性波浪理论

第2章中详细地讲述了线性波浪理论。在线性波中,假设波高(或幅值)同波长的比值(即波陡)为无限小,因此波动的自由水面的非线性影响可以忽略。实际海洋中,波高常达数米以至数十米,波面振幅较大,小振幅波理论的假设与实际不符,不能把振幅和波长之比视为小量,否则将带来较大的误差。此时的波浪理论称之为有限振幅波理论(Finite Amplitude Wave Theory)。有限振幅波中,波动的自由液面的非线性影响必须考虑,即自由液面的运动学条件和动力学条件都是非线性的,所以有限振幅波又称为非线性波。

非线性波的波面形状一般是波峰较陡、波谷较坦的非对称曲线,这是由于非线性作用所致。非线性作用的重要程度取决于3个特征比值,即波陡 $\delta = H/L$、相对波高 H/d、相对水深 d/L。在深水中,影响最大的是波陡,波陡越大,非线性作用越强;在浅水中最重要的参数是相对波高 H/d,相对波高愈大,非线性作用愈大。

现今已有若干种非线性波浪理论,工程中常用的有斯托克斯(Stokes)波理论、椭圆余弦(Cnoidal)波理论、孤立(Solitary)波理论、摆线(Trochoidal)波理论(Gerstner,1802年)、线性化长波理论(Stoker,1957)、流函数理论(Dean,1965)以及许多用于计算机数值计算的近代理论,例如 Monkmeyer(1970),Schwartz(1974),Cokelet(1977),Bloor(1978)等理论。

3.1 斯托克斯波浪理论

这种波浪理论是 Stokes 于 1847 年提出来的,故称为 Stokes 波理论。

Stokes 波除了波高相对于波长不视为无限小这一特点外,与 Airy 线性波相似,也是一种无旋的、其水表面呈周期性起伏的波动。Stokes 根据势波理论,在推导中考虑了波陡 H/L 的影响,认为 H/L 是决定波动性质的主要因素,证明波面将不再为简单的余弦形式,而是呈波峰较窄而波谷较宽的接近于摆线的形状,如图3-1所示。此外,水质点不是简单地沿着封闭轨迹线运动,而是沿着在波浪传播方向上有一微小的纯位移、近似于圆或椭圆的轨迹线运动。波浪运动中伴随着“质量迁移”现象,这也是符合实际情况的。

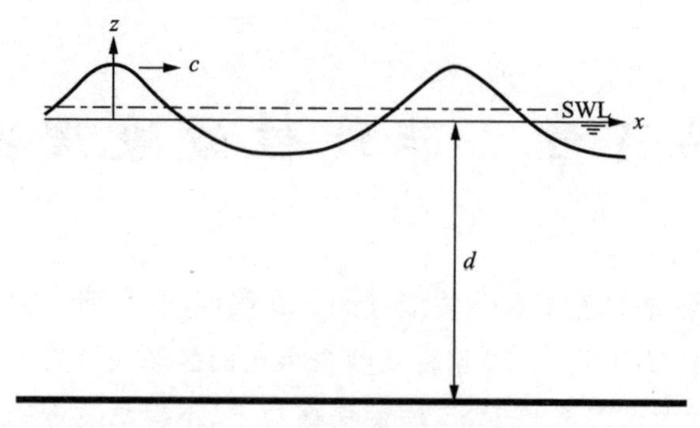

图 3-1 Stokes 波的波剖面

3.1.1 控制方程及基本求解理论

1. 基本方程及边界条件

假设液体是不可压缩的理想流体，流动是二维的无旋运动，外力仅有重力作用，不难得到这种运动的控制方程和边界条件如公式(3-1)所示。

$$\nabla^2\Phi = \frac{\partial^2\Phi}{\partial x^2} + \frac{\partial^2\Phi}{\partial z^2} = 0 \tag{3-1a}$$

$$\left.\frac{\partial\Phi}{\partial z}\right|_{z=\eta} = \frac{\partial\eta}{\partial t} + \left.\frac{\partial\eta}{\partial x}\frac{\partial\Phi}{\partial x}\right|_{z=\eta} \tag{3-1b}$$

$$\left.\frac{\partial\Phi}{\partial t}\right|_{z=\eta} + \left.\frac{1}{2}(\nabla\Phi\cdot\nabla\Phi)\right|_{z=\eta} + g\eta = 0 \tag{3-1c}$$

$$\left.\frac{\partial\Phi}{\partial z}\right|_{z=-d} = 0 \tag{3-1d}$$

2. 基本求解思路

Stokes 波理论假定波浪运动基本方程的解可以用一个小参数 ε 的幂级数展开式表示。小参数 ε 是与波动特征值有关的无因次常数，最有效的波动特征值在水深较大时为波陡 H/L，在水深较小时为相对波高 H/d。因此在幂级数展开式中所取级数的项数越多，接近于实际的波动特性就越好。实际上，这种假定已被证明只有在当 $kd<1$ 时，$H/d \ll (kd)^2$，并且在 $H/L \ll 1$ 的条件下成立(Peregrine, 1972)。

为解决自由表面边界条件的非线性问题，对于波陡较小情况(弱非线性问题)，一个有效途径是采用摄动法求解，假定速度势和波面可按某一小参量 ε 摄动展开：

$$\Phi = \sum_{n=1}^{\infty}\varepsilon^n\Phi_n = \varepsilon\Phi_1 + \varepsilon^2\Phi_2 + \cdots \tag{3-2}$$

$$\eta = \sum_{n=1}^{\infty} \varepsilon^n \eta_n = \varepsilon\eta_1 + \varepsilon^2 \eta_2 + \cdots \tag{3-3}$$

由于小参数 ε 的作用，式(3-2)和式(3-3)中的后一项都小于前一项。将(3-2)代入拉普拉斯方程(3-1a)和海底边界条件(3-1d)中，按小参数 ε 的幂次整理合并，则每一项 Φ_n 都满足 Laplace 方程及边界条件，即

$$\nabla^2 \Phi_n = \frac{\partial^2 \Phi_n}{\partial x^2} + \frac{\partial^2 \Phi_n}{\partial z^2} = 0, n = 1,2,\cdots \tag{3-4}$$

$$\left.\frac{\partial \Phi_n}{\partial z}\right|_{z=-d} = 0, n = 1,2,\cdots \tag{3-5}$$

为解决自由表面边界条件中自由表面 η 是未知的问题，将自由表面 $z = \eta$ 处的 Φ 及其导数用泰勒级数在静水面($z = 0$)处展开为

$$\Phi = \Phi|_{z=0} + \eta\left.\frac{\partial \Phi}{\partial z}\right|_{z=0} + \frac{\eta^2}{2!}\left.\frac{\partial^2 \Phi}{\partial z^2}\right|_{z=0} + \cdots \tag{3-6}$$

将上式代入自由表面边界条件(3-1b)和(3-1c)，可得

$$\frac{\partial}{\partial z}\left(\Phi + \eta\frac{\partial \Phi}{\partial z} + \frac{\eta^2}{2!}\frac{\partial^2 \Phi}{\partial z^2} + \cdots\right) = \frac{\partial \eta}{\partial t} + \frac{\partial \eta}{\partial x}\frac{\partial}{\partial x}\left(\Phi + \eta\frac{\partial \Phi}{\partial z} + \frac{\eta^2}{2!}\frac{\partial^2 \Phi}{\partial z^2} + \cdots\right) \tag{3-7}$$

$$\frac{\partial}{\partial t}\left(\Phi + \eta\frac{\partial \Phi}{\partial z} + \frac{\eta^2}{2!}\frac{\partial^2 \Phi}{\partial z^2} + \cdots\right) + \frac{1}{2}\left\{\left[\frac{\partial}{\partial x}\left(\Phi + \eta\frac{\partial \Phi}{\partial z} + \frac{\eta^2}{2!}\frac{\partial^2 \Phi}{\partial z^2} + \cdots\right)\right]^2 + \left[\frac{\partial}{\partial z}\left(\Phi + \eta\frac{\partial \Phi}{\partial z} + \frac{\eta^2}{2!}\frac{\partial^2 \Phi}{\partial z^2} + \cdots\right)\right]^2\right\} + g\eta = 0 \tag{3-8}$$

将小参数摄动展开的 Φ，η 表达式(3-2)和式(3-3)代入式(3-7)和式(3-8)，并按小参数 ε 的幂次整理合并，得

$$\varepsilon\left(\frac{\partial \Phi_1}{\partial z} - \frac{\partial \eta_1}{\partial t}\right) + \varepsilon^2\left(\frac{\partial \Phi_2}{\partial z} - \frac{\partial \eta_2}{\partial t} + \eta_1\frac{\partial^2 \Phi_1}{\partial z^2} - \frac{\partial \eta_1}{\partial x}\frac{\partial \Phi_1}{\partial x}\right) + \cdots \tag{3-9}$$

$$\varepsilon\left(\frac{\partial \Phi_1}{\partial t} + g\eta_1\right) + \varepsilon^2\left\{\frac{\partial \Phi_2}{\partial t} + g\eta_2 + \frac{\partial}{\partial t}\left(\eta_1\frac{\partial \Phi_1}{\partial z}\right) + \frac{1}{2}\left[\left(\frac{\partial \Phi_1}{\partial x}\right)^2 + \left(\frac{\partial \Phi_1}{\partial z}\right)^2\right]\right\} + \cdots \tag{3-10}$$

由于小参数 ε 为小于 1 的常数，要使式(3-9)和式(3-10)成立，只有使 ε 的系数为零，这样就得到一系列独立于 ε 的偏微分方程组，即

一阶问题

$$\frac{\partial \Phi_1}{\partial z} - \frac{\partial \eta_1}{\partial t} = 0 \tag{3-11a}$$

$$\frac{\partial \Phi_1}{\partial t} + g\eta_1 = 0 \tag{3-11b}$$

二阶问题

$$\frac{\partial \Phi_2}{\partial z} - \frac{\partial \eta_2}{\partial t} + \eta_1 \frac{\partial^2 \Phi_1}{\partial z^2} - \frac{\partial \eta_1}{\partial x}\frac{\partial \Phi_1}{\partial x} = 0 \tag{3-12a}$$

$$\frac{\partial \Phi_2}{\partial t} + g\eta_2 + \frac{\partial}{\partial t}\left(\eta_1 \frac{\partial \Phi_1}{\partial z}\right) + \frac{1}{2}\left[\left(\frac{\partial \Phi_1}{\partial x}\right)^2 + \left(\frac{\partial \Phi_1}{\partial z}\right)^2\right] = 0 \tag{3-12b}$$

或

$$\frac{\partial^2 \Phi_2}{\partial t^2} + g\frac{\partial \Phi_2}{\partial z} = -\eta_1 \frac{\partial}{\partial z}\left(\frac{\partial^2 \Phi_1}{\partial t^2} + g\frac{\partial \Phi_1}{\partial z}\right) - \frac{\partial}{\partial t}\left[\left(\frac{\partial \Phi_1}{\partial x}\right)^2 + \left(\frac{\partial \Phi_1}{\partial z}\right)^2\right] \tag{3-13a}$$

$$\eta_2 = -\frac{1}{g}\left\{\frac{\partial \Phi_2}{\partial t} + \frac{\partial}{\partial t}\left(\eta_1 \frac{\partial \Phi_1}{\partial z}\right) + \frac{1}{2}\left[\left(\frac{\partial \Phi_1}{\partial x}\right)^2 + \left(\frac{\partial \Phi_1}{\partial z}\right)^2\right]\right\} \tag{3-13b}$$

注意到上式都是在静水面($z=0$)处成立。由公式(3-11a)和(3-11b)可知一阶波即为线性波。求得了一阶波动的速度势函数 Φ_1 和波面方程 η_1 后，将结果代入式(3-12a)和式(3-12b)中，便可以得到满足 Laplace 方程和海底边界条件的二阶速度势函数 Φ_2 和波面方程 η_2。依此类推，从而就可得到这些偏微分方程的各阶解 Φ_n 和 η_n。

为了书写方便，常将(3-2)，式(3-3)中各阶量前面的因子 $\varepsilon, \varepsilon^2$ 等并入到对应的各阶量中，写为如下形式

$$\Phi = \Phi_1 + \Phi_2 + \cdots \tag{3-14}$$

$$\eta = \eta_1 + \eta_2 + \cdots \tag{3-15}$$

1945 年，米契(Miche)导出了二阶近似的 Stokes 波。1958 年，斯科杰伯莱(Skjelbreia)导出了三阶近似的 Stokes 波。1961 年，斯科杰伯莱(Skjelbreia)又导出了五阶近似的 Stokes 波。下面将不加推导地给出斯托克斯二阶波、三阶波和五阶波的各项表达式，详细的推导过程可以查阅作者的论文和著作。

3.1.2 斯托克斯二阶波

1. 速度势函数

第 2 章中已经得到了线性波(即斯托克斯一阶波)的速度势函数和波面方程，即

$$\Phi_1 = \frac{HL}{2T}\frac{\cosh k(z+d)}{\sinh kd}\sin(kx-\omega t) \tag{3-16}$$

$$\eta_1 = \frac{H}{2}\cos(kx-\omega t) \tag{3-17}$$

将其代入到二阶波的边界条件(3-12a)和(3-12b)中，于是得到斯托克斯二阶波的控制方程和边界条件

$$\nabla^2 \Phi_2 = \frac{\partial^2 \Phi_2}{\partial x^2} + \frac{\partial^2 \Phi_2}{\partial z^2} = 0 \tag{3-18}$$

$$\frac{\partial^2 \Phi_2}{\partial t^2} + g \frac{\partial \Phi_2}{\partial z} = F a^2 \sin 2(kx - \omega t) \tag{3-19}$$

$$\left. \frac{\partial \Phi_2}{\partial z} \right|_{z=-d} = 0 \tag{3-20}$$

式中

$$F = -\frac{3 g^2 k^2}{2\omega \cosh^2 kd} \tag{3-21}$$

求解上述控制方程,得到二阶势为

$$\Phi_2 = \frac{3\pi H^2}{16T} \frac{\cosh 2k(z+d)}{\sinh^4 kd} \sin 2(kx - \omega t) \tag{3-22}$$

于是,斯托克斯二阶波的速度势函数可以表示为

$$\Phi = \frac{HL}{2T} \frac{\cosh k(z+d)}{\sinh kd} \sin(kx - \omega t) + \frac{3\pi H^2}{16T} \frac{\cosh 2k(z+d)}{\sinh^4 kd} \sin 2(kx - \omega t) \tag{3-23}$$

或写为

$$\Phi = \frac{\pi H}{kT} \frac{\cosh [k(z+d)]}{\sinh(kd)} \sin(kx - \omega t) + \frac{3}{8} \frac{\pi^2 H}{kT} \left(\frac{H}{L}\right) \frac{\cosh [2k(z+d)]}{\sinh^4 (kd)} \sin 2(kx - \omega t) \tag{3-24}$$

2. 波面方程

二阶波面升高 η_2 可以由公式(3-12b)求得

$$\eta_2 = -\frac{\pi H^2}{4L} + \frac{\pi H^2}{4L} \left(1 + \frac{3}{2\sinh^2 kd}\right) \coth kd \cos 2(kx - \omega t) \tag{3-25}$$

从该式可以看出,当考虑二阶波时,平均水面将有一个二阶小量的水面下降。

斯托克斯二阶波的波面方程可以表示为

$$\eta = \frac{H}{2} \cos(kx - \omega t) + \frac{\pi H^2}{4L} \left(1 + \frac{3}{2\sinh^2 kd}\right) \coth kd \cos 2(kx - \omega t) \tag{3-26}$$

或

$$\eta = \frac{H}{2} \cos(kx - \omega t) + \frac{\pi H}{8} \left(\frac{H}{L}\right) \frac{\cosh kd (2 + \cosh 2kd)}{\sinh^3 kd} \cos 2(kx - \omega t) \tag{3-27}$$

引入 $a_1 = \dfrac{H}{2}, a_2 = \dfrac{\pi H^2}{4L}\left(1 + \dfrac{3}{2\sinh^2 kd}\right) \coth kd$,则波面方程可以写为

$$\eta = a_1 \cos(kx - \omega t) + a_2 \cos 2(kx - \omega t) \tag{3-28}$$

斯托克斯二阶波的波面如图 3-2 所示。该剖面可以看成是两个振幅不等、相位角成 2 倍关系的余弦波迭加而成。从图中可以看出，在波峰附近波面较陡、在波谷附近波面变得平坦；同时波浪中线（波高的平分线）不再位于静水面，而是相对于静水面有了一个超高。该超高值为

$$h = a_2 = \frac{\pi H^2}{4L}\left(1 + \frac{3}{2\sinh^2 kd}\right)\coth kd \tag{3-29}$$

斯托克斯二阶波的波面与线性波的波面的比较如图 3-3 所示。同线性波相比，在波峰处，斯托克斯二阶波的波面抬高，因而波峰处变得尖陡；在波谷处，斯托克斯二阶波的波面抬高，因而波谷变得平坦。波峰波谷不再对称于静水面。随着波陡增大，峰谷不对称将加剧。

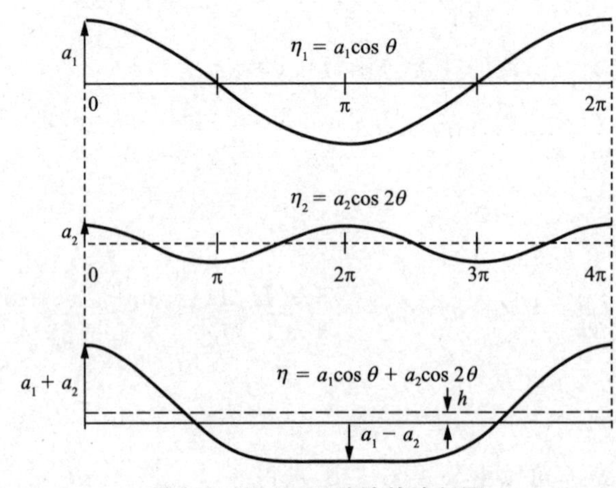

图 3-2 Stokes 二阶波的波剖面

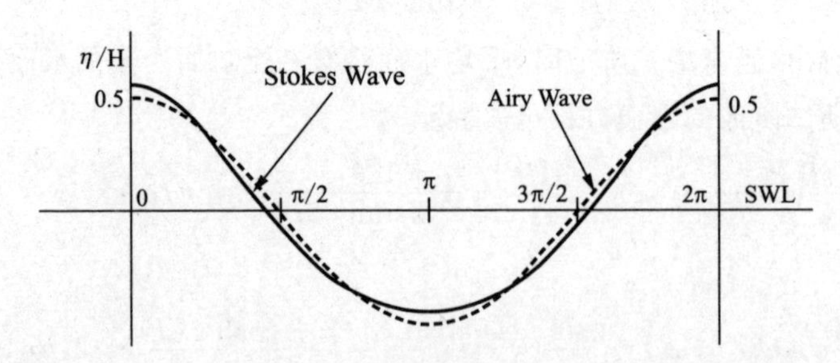

图 3-3 斯托克斯二阶波的波面与线性波的波面的比较

3. 弥散关系

对斯托克斯二阶波，二阶波速 $c^{(2)} = 0$，斯托克斯二阶波的波速为

$$c = c^{(1)} = \sqrt{\frac{g}{k}\tanh kd} \tag{3-30}$$

则波长为

$$L = \frac{gT^2}{2\pi}\tanh kd \tag{3-31}$$

可见，斯托克斯二阶波的弥散关系同线性波的弥散关系是一样的。

4. 水质点的运动速度和加速度

斯托克斯二阶波的水质点运动的速度和加速度可以表示为

$$u_x = \frac{\partial \Phi}{\partial x} = \frac{\pi H}{T}\frac{\cosh k(z+d)}{\sinh kd}\cos(kx-\omega t) + \frac{3}{4}\frac{\pi H}{T}\frac{\pi H}{L}\frac{\cosh 2k(z+d)}{\sinh^4 kd}\cos 2(kx-\omega t) \tag{3-32}$$

$$u_z = \frac{\partial \Phi}{\partial z} = \frac{\pi H}{T}\frac{\sinh k(z+d)}{\sinh kd}\sin(kx-\omega t) + \frac{3}{4}\frac{\pi H}{T}\frac{\pi H}{L}\frac{\sinh 2k(z+d)}{\sinh^4 kd}\sin 2(kx-\omega t) \tag{3-33}$$

$$a_x = \frac{\partial u_x}{\partial t} = 2\frac{\pi^2 H}{T^2}\frac{\cosh k(z+d)}{\sinh kd}\sin(kx-\omega t) + 3\frac{\pi^2 H}{T^2}\frac{\pi H}{L}\frac{\cosh 2k(z+d)}{\sinh^4 kd}\sin 2(kx-\omega t) \tag{3-34}$$

$$a_z = \frac{\partial u_z}{\partial t} = -2\frac{\pi^2 H}{T^2}\frac{\sinh k(z+d)}{\sinh kd}\cos(kx-\omega t) - 3\frac{\pi^2 H}{T^2}\frac{\pi H}{L}\frac{\sinh 2k(z+d)}{\sinh^4 kd}\cos 2(kx-\omega t) \tag{3-35}$$

在斯托克斯二阶波中，水质点的最大速度发生在波峰时刻，即相位 $\theta = kx - \omega t = 0$ 的时刻。最大水平加速度发生的相位可以按照如下方式求解

$$a_x = A\sin\theta + B\sin 2\theta \tag{3-36}$$

$$\frac{\mathrm{d}a_x}{\mathrm{d}\theta} = A\cos\theta + 2B\cos 2\theta = A\cos\theta + 2B(2\cos^2\theta - 1) = 0 \tag{3-37}$$

于是，最大水平加速度发生的相位为

$$\cos\theta = \frac{-A \pm \sqrt{A^2 + 32B^2}}{8B} \tag{3-38}$$

5. 水质点的运动轨迹

按照迹线方程的定义

$$\frac{\mathrm{d}(x - x_0)}{\mathrm{d}t} = u_x(x, z, t) \tag{3-39}$$

$$\frac{\mathrm{d}(z - z_0)}{\mathrm{d}t} = u_z(x, z, t) \tag{3-40}$$

由于是有限振幅波，方程的右侧瞬时位置 (x, z) 点的速度不能直接用平衡位置

(x_0, z_0)处的速度来代替。将$u_x(x,z,t)$，$u_z(x,z,t)$在平衡位置处进行泰勒级数展开，取线性项，则

$$\frac{\mathrm{d}(x-x_0)}{\mathrm{d}t}=u_x(x_0,z_0,t)+u_x\left.\frac{\partial u_x}{\partial x}\right|_{x_0,z_0}+u_z\left.\frac{\partial u_x}{\partial z}\right|_{x_0,z_0} \tag{3-41}$$

$$\frac{\mathrm{d}(z-z_0)}{\mathrm{d}t}=u_z(x_0,z_0,t)+u_x\left.\frac{\partial u_z}{\partial x}\right|_{x_0,z_0}+u_z\left.\frac{\partial u_z}{\partial z}\right|_{x_0,z_0} \tag{3-42}$$

将水质点运动的速度表达式(3-32)和式(3-33)代入上式并进行积分，得到Stokes二阶波水质点运动轨迹为

$$\begin{aligned}x=x_0&-\frac{H}{2}\frac{\cosh k(z_0+d)}{\sinh kd}\sin(kx_0-\omega t)-\\&\frac{H}{2}\frac{\pi}{2}\frac{H}{L}\frac{1}{\sinh^2 kd}\left[-\frac{1}{2}+\frac{3}{4}\frac{\cosh 2k(z_0+d)}{\sinh^2 kd}\right]\sin2(kx_0-\omega t)+\\&\frac{1}{2}\pi^2\left(\frac{H}{L}\right)^2c\frac{\cosh 2k(z_0+d)}{\sinh^2 kd}t\end{aligned} \tag{3-43}$$

$$\begin{aligned}z=z_0&+\frac{H}{2}\frac{\sinh k(z_0+d)}{\sinh kd}\cos(kx_0-\omega t)-\\&\frac{H}{2}\frac{3\pi}{8}\frac{H}{L}\frac{\sinh 2k(z_0+d)}{\sinh^4 kd}\cos2(kx_0-\omega t)\end{aligned} \tag{3-44}$$

同线性波的水质点运动轨迹方程(2-40)相比，Stokes二阶波水质点运动轨迹方程增加了二阶附加项。其运动轨迹，在有限水深时仍然近似为椭圆，在深水时仍近似为圆，但迹线不再是闭合的。在方程(3-43)中，右侧第2、第3项为周期运动，但第4项为净位移项。这种净位移造成了一种水平流动，称为波生流或波漂流(Stokes Drift Current)。Stokes二阶波水质点运动轨迹如图3-4所示。

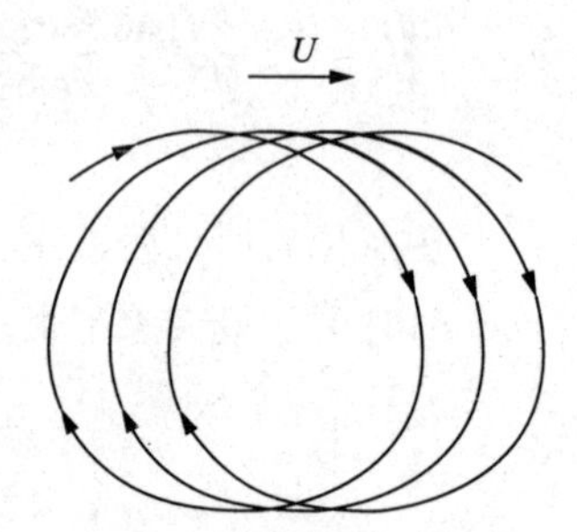

图3-4　Stokes二阶波水质点运动轨迹

由公式(3-43)可知，Stokes二阶波水质点在一个周期内的净位移为

$$\Delta x=\frac{1}{2}\pi^2\left(\frac{H}{L}\right)^2c\frac{\cosh 2k(z_0+d)}{\sinh^2 kd}T \tag{3-45}$$

则其平均迁移速度为

$$U=\frac{\Delta x}{T}=\frac{1}{2}\pi^2\left(\frac{H}{L}\right)^2c\frac{\cosh 2k(z_0+d)}{\sinh^2 kd} \tag{3-46}$$

对深水运动，迁移速度为

$$U=\frac{1}{4}H^2k^2c_0\mathrm{e}^{2kz_0} \tag{3-47}$$

在水面处，$z_0=0$，此时 $U=\frac{1}{4}H^2k^2c_0$ 为最大；迁移速度随着水深按照指数规律减小。

6. 波动压强

斯托克斯二阶波中二阶波浪动水压力为

$$p_2=-\rho\left(\frac{\partial\Phi_2}{\partial t}+\frac{1}{2}\left|\nabla\Phi_1\right|^2\right) \tag{3-48}$$

代入 Φ_1 和 Φ_2，得到

$$\begin{aligned}p_2=&\rho g\frac{3\pi H}{8}\frac{H}{L}\frac{\tanh kd}{\sinh^2 kd}\left[\frac{\cosh 2k(z+d)}{\sinh^2 kd}-\frac{1}{3}\right]\cos 2(kx-\omega t)-\\&\rho g\frac{\pi H}{8}\frac{H}{L}\frac{\tanh kd}{\sinh^2 kd}\left[\cosh 2k(z+d)-1\right]\end{aligned} \tag{3-49}$$

或者

$$\begin{aligned}p_2=&\rho g\frac{3\pi H}{4}\frac{H}{L}\frac{1}{\sinh 2kd}\left[\frac{\cosh 2k(z+d)}{\sinh^2 kd}-\frac{1}{3}\right]\cos 2(kx-\omega t)-\\&\rho g\frac{\pi H}{2}\frac{H}{L}\frac{1}{\sinh 2kd}\sinh^2 kd\end{aligned} \tag{3-50}$$

最终得到 Stokes 二阶波的波压强为

$$\begin{aligned}p=&-\rho gz+\rho g\frac{H}{2}\frac{\cosh k(z+d)}{\cosh kd}\cos(kx-\omega t)+\\&\rho g\frac{3\pi H}{8}\frac{H}{L}\frac{\tanh kd}{\sinh^2 kd}\left[\frac{\cosh 2k(z+d)}{\sinh^2 kd}-\frac{1}{3}\right]\cos 2(kx-\omega t)-\\&\rho g\frac{\pi H}{8}\frac{H}{L}\frac{\tanh kd}{\sinh^2 kd}\left[\cosh 2k(z+d)-1\right]\end{aligned} \tag{3-51}$$

7. 极限波陡

观测表明，当波高 H 与波长 L 的比，即波陡 δ 增大到一定数值时，波峰附近波面破碎。在深水中，最大破碎波高与波长有关；在有限水深和浅水中，最大破碎波高则取决于水深和波长。Stokes(1880)假定当波陡趋于极限时，波峰附近的波面可以视为直线，取波峰顶的水质点的最大水平速度和波形传播速度相等作为波陡的极限条件。Michell(1893)深水极限波陡的理论值为

$$\left(\frac{H_0}{L_0}\right)_{\max}=0.142=\frac{1}{7} \tag{3-52}$$

Havelock(1918)证实了 Michell 对深水极限波陡的理论值。对有限水深（水深小于波长的一半），Miche(1944)研究得出此极限波陡为

$$\left(\frac{H}{L}\right)_{\max} = \left(\frac{H_0}{L_0}\right)_{\max} \tanh kd = 0.142\tanh kd \tag{3-53}$$

此时的波峰顶角为 120°，如图 3-5 所示。实际观测到的深水波极限波陡约为 1/10。

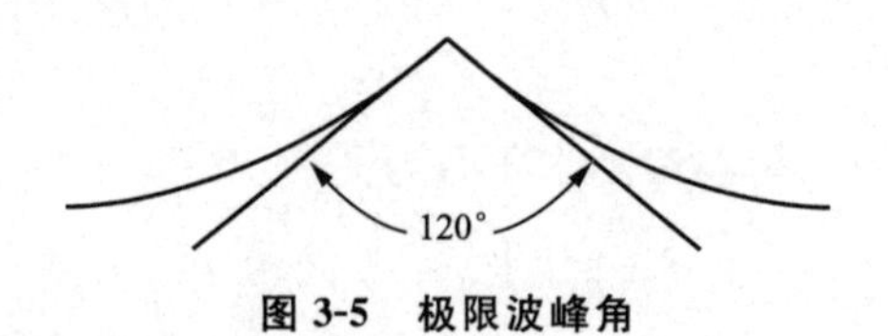

图 3-5 极限波峰角

例 3.1

在水深 $d = 6$ m 的海域，有一波长 $L = 60$ m、波高 $H = 1$ m 的波浪向前传播。(1)试比较 Stokes 一阶波与二阶波的区别；(2)分析波峰和波谷处一阶波与二阶波的水质点速度的水平分量的差别；(3)求水面处($z = 0$)一个周期内水质点前进的距离；(4)利用一阶波与二阶波计算波峰位置以下水底的波压力。

解 (1) 一阶波面方程：$\eta = \dfrac{H}{2}\cos\theta$

二阶波面方程：$\eta = \dfrac{H}{2}\cos\theta + \dfrac{\pi H}{8}\left(\dfrac{H}{L}\right)\dfrac{\cosh kd(2+\cosh 2kd)}{\sinh^3 kd}\cos 2\theta$

其中 $\theta = kx - \omega t$

计算 $\cosh kd = 1.2040$，$\sinh kd = 0.6075$，$\cosh 2kd = 1.8991$

则 $\eta = 0.5\cos\theta + 0.102\cos 2\theta$

$\eta_{c,2} = 0.602$ m，$\eta_{t,2} = -0.398$ m；即在波峰及波谷处，二阶波比一阶波的波面向上抬高了 0.102 m。

(2) 令 $u_{xc,1}$，$u_{xt,1}$，$u_{xc,2}$，$u_{xt,2}$ 分别表示一阶波及二阶波在波峰及波谷处的水质点速度的水平分量。

据一阶波浪理论，波峰时，$z = H/2$，$\cos\theta = 1$；波谷时，$z = -H/2$，$\cos\theta = -1$；则

$$u_{xc,1} = \frac{\pi H}{T}\frac{\cosh k(z+d)}{\sinh kd}, z = H/2$$

$$u_{xt,1} = -\frac{\pi H}{T}\frac{\cosh k(z+d)}{\sinh kd}, z = -H/2$$

据二阶波浪理论，波峰发生在 $z = \eta_{c2} = 0.602$，$\cos\theta = \cos 2\theta = 1$；波谷出现时，$z = \eta_{t2} = -0.398$，$\cos\theta = -1$，$\cos 2\theta = 1$；则

$$u_{xc,2}=\frac{\pi H}{T}\frac{\cosh k(z+d)}{\sinh kd}+\frac{3}{4}\frac{\pi H}{T}\frac{\pi H}{L}\frac{\cosh 2k(z+d)}{\sinh^4 kd},z=0.602$$

$$u_{xt,2}=-\frac{\pi H}{T}\frac{\cosh k(z+d)}{\sinh kd}+\frac{3}{4}\frac{\pi H}{T}\frac{\pi H}{L}\frac{\cosh 2k(z+d)}{\sinh^4 kd},z=0.398$$

根据弥散关系，计算波浪的周期 T 为

$$L=\frac{gT^2}{2\pi}\tanh kd\Rightarrow T=\sqrt{2\pi L/g/\tanh\frac{2\pi}{L}d}=8.3113\ \text{s}$$

将相关物理量代入前述公式，则

$$u_{xc,1}=0.700\ \text{m/s},u_{xt,1}=-0.660\ \text{m/s}$$

$$u_{xc,2}=0.718\ \text{m/s},u_{xt,2}=-0.553\ \text{m/s}$$

(3) Stokes 二阶波水质点在一个周期内的净位移可以用公式(3-45)计算

$$\Delta x=\frac{1}{2}\pi^2\left(\frac{H}{L}\right)^2 c\frac{\cosh 2k(z_0+d)}{\sinh^2 kd}T$$

式中波速 $c=L/T=0.1385\ \text{m/s},z_0=0$；将相关物理量代入该式，则

$$\Delta x=0.347\ \text{m}$$

(4) 一阶波的波压力为

$$p=-\rho gz+\rho g\frac{H}{2}\frac{\cosh k(z+d)}{\cosh kd}\cos\theta$$

波峰发生时，$\cos\theta=1$；对海底，$z=-d$，代入该式得到波峰以下海底处的波压力为

$$p=-1\,025\times 9.8\times(-6)+1\,025\times 9.8\times\frac{1}{2}\frac{1}{1.204}$$

$$=60\,270+4\,171=64\,441\ \text{N/m}^2$$

二阶波的波压力为

$$p=-\rho gz+\rho g\frac{H}{2}\frac{\cosh k(z+d)}{\cosh kd}\cos(kx-\omega t)+$$

$$\rho g\frac{3\pi H}{8}\frac{H}{L}\frac{\tanh kd}{\sinh^2 kd}\left[\frac{\cosh 2k(z+d)}{\sinh^2 kd}-\frac{1}{3}\right]\cos 2(kx-\omega t)-$$

$$\rho g\frac{\pi H}{8}\frac{H}{L}\frac{\tanh kd}{\sinh^2 kd}[\cosh 2k(z+d)-1]$$

波峰发生时，$\cos\theta=\cos 2\theta=1$；对海底，$z=-d$，代入该式得到波峰以下海底处的波压力为

$$p=64\,441+462=64\,903\ \text{N/m}^2$$

3.1.3 斯托克斯三阶波

1. 波面方程

$$\eta = a\cos(kx-\omega t)+\frac{\pi a^2}{L}f_2\left(\frac{d}{L}\right)\cos 2(kx-\omega t)+\frac{\pi^2 a^3}{L^2}f_3\left(\frac{d}{L}\right)\cos 3(kx-\omega t) \tag{3-54}$$

式中

$$f_2\left(\frac{d}{L}\right)=\frac{[2+\cosh 2kd]\cosh kd}{2\sinh^3 kd} \tag{3-55}$$

$$f_3\left(\frac{d}{L}\right)=\frac{3}{16}\frac{1+8\cosh^6 kd}{\sinh^6 kd} \tag{3-56}$$

上面各式中,a 为依赖于波高 H 与 kd 的参数,由下式确定

$$H=2a+2\frac{\pi^2}{L^2}a^3 f_3\left(\frac{d}{L}\right) \tag{3-57}$$

2. 速度势函数

$$\Phi=\frac{c}{k}\sum_{n=1}^{3}\frac{1}{n}F_n\cosh nk(z+d)\sin n(kx-\omega t) \tag{3-58}$$

其中

$$F_1=\frac{2\pi a}{L}\frac{1}{\sinh kd}-\left(\frac{2\pi a}{L}\right)^2\frac{[1+5\cosh^2 kd]\cosh^2 kd}{8\sinh^5 kd} \tag{3-59}$$

$$F_2=\frac{3}{4}\left(\frac{2\pi a}{L}\right)^2\frac{1}{\sinh^4 kd} \tag{3-60}$$

$$F_3=\frac{3}{64}\left(\frac{2\pi a}{L}\right)^3\frac{11-2\cosh 2kd}{\sinh^7 kd} \tag{3-61}$$

3. 弥散关系

$$c^2=\frac{gL}{2\pi}\tanh kd\left[1+\left(\frac{2\pi a}{L}\right)^2\frac{14+4\cosh^2 2kd}{16\sinh^4 kd}\right] \tag{3-62}$$

$$L=\frac{gT^2}{2\pi}\tanh kd\left[1+\left(\frac{2\pi a}{L}\right)^2\frac{14+4\cosh^2 2kd}{16\sinh^4 kd}\right] \tag{3-63}$$

4. 水质点速度和加速度

$$u_x=c\sum_{n=1}^{3}F_n\cosh nk(z+d)\cos n(kx-\omega t) \tag{3-64}$$

$$u_z=c\sum_{n=1}^{3}F_n\sinh nk(z+d)\sin n(kx-\omega t) \tag{3-65}$$

$$\frac{\partial u_x}{\partial t}=\omega c\sum_{n=1}^{3}nF_n\cosh nk(z+d)\sin n(kx-\omega t) \tag{3-66}$$

$$\frac{\partial u_z}{\partial t} = -\omega c \sum_{n=1}^{3} nF_n \sinh nk(z+d) \cos n(kx-\omega t) \tag{3-67}$$

3.1.4　斯托克斯五阶波

1. 速度势函数

$$\Phi = \frac{c}{k} \sum_{n=1}^{5} \lambda_n \cosh nk(z+d) \sin n(kx-\omega t) \tag{3-68}$$

式中

$$\lambda_1 = \lambda A_{11} + \lambda^3 A_{13} + \lambda^5 A_{15} \tag{3-69a}$$

$$\lambda_2 = \lambda^2 A_{22} + \lambda^4 A_{24} \tag{3-69b}$$

$$\lambda_3 = \lambda^3 A_{33} + \lambda^5 A_{35} \tag{3-69c}$$

$$\lambda_4 = \lambda^4 A_{44} \tag{3-69d}$$

$$\lambda_5 = \lambda^5 A_{55} \tag{3-69e}$$

速度势系数表达式中的 λ 是一个比值，对每一个波是一个确定的常数（具体确定方法见 3.1.5 节）。定义 $c \equiv \cosh kd$，$s \equiv \sinh kd$，系数 A_{ij} 的表达式如下

$$A_{11} = \frac{1}{s}$$

$$A_{13} = -\frac{c^2(5c^2+1)}{8s^5}$$

$$A_{15} = -\frac{1\,184c^{10} - 1\,440c^8 - 1\,992c^6 + 2\,641c^4 - 249c^2 + 18}{1\,536s^{11}}$$

$$A_{22} = \frac{3}{8s^4}$$

$$A_{24} = \frac{192c^8 - 424c^6 - 312c^4 + 480c^2 - 17}{768s^{10}}$$

$$A_{33} = \frac{-4c^2 + 13}{64s^7}$$

$$A_{15} = \frac{512c^{12} + 4\,224c^{10} - 6\,800c^8 - 12\,808c^6 + 16\,704c^4 - 3\,154c^2 + 107}{4\,096s^{13}(6c^2-1)}$$

$$A_{44} = \frac{80c^6 - 816c^4 + 1\,338c^2 - 197}{1\,536s^{10}(6c^2-1)}$$

$$A_{55} = -\frac{2\,880c^{10} - 72\,480c^8 + 324\,000c^6 - 432\,000c^4 + 163\,470c^2 - 16\,245}{61\,440s^{11}(6c^2-1)(8c^4-11c^2+3)}$$

2. 波面方程

斯托克斯五阶波的波面为

$$\eta = \frac{1}{k}\sum_{n=1}^{5}\lambda_n \cos n(kx - \omega t) \tag{3-70}$$

其中各项系数如下

$$\lambda_1 = \lambda$$

$$\lambda_2 = \lambda^2 B_{22} + \lambda^4 B_{24}$$

$$\lambda_3 = \lambda^3 B_{33} + \lambda^5 B_{35}$$

$$\lambda_4 = \lambda^4 B_{44}$$

$$\lambda_5 = \lambda^5 B_{55}$$

上述各式中的λ与速度势表达式中的比值λ相同,系数B_{ij}的表达式如下

$$B_{22} = \frac{(2c^2 + 1)c}{4s^3}$$

$$B_{24} = \frac{(272c^8 - 504c^6 - 192c^4 + 322c^2 + 21)c}{384s^9}$$

$$B_{33} = \frac{3(8c^6 + 1)}{64s^6}$$

$$B_{35} = \frac{88\ 128c^{14} - 208\ 224c^{12} + 70\ 848c^{10} + 54\ 000c^8 - 21\ 816c^6 + 6\ 264c^4 - 54c^2 - 81}{12\ 288s^{12}(6c^2 - 1)}$$

$$B_{44} = \frac{(768c^{10} - 488c^8 - 48c^6 + 48c^4 + 106c^2 - 21)c}{384s^9(6c^2 - 1)}$$

$$B_{55} = \frac{192\ 000c^{16} - 262\ 720c^{14} + 83\ 680c^{12} + 20\ 160c^{10} - 7\ 280c^8 + 7\ 160c^6 - 1\ 800c^4 - 1\ 050c^2 + 225}{12\ 288s^{10}(6c^2 - 1)(8c^4 - 11c^2 + 3)}$$

3. 波速 c

$$kc^2 = C_0^2(1 + \lambda^2 C_1 + \lambda^4 C_2) \tag{3-71}$$

各项系数的定义如下：

$$C_0^2 = g\tanh kd \tag{3-72a}$$

$$C_1 = \frac{8c^4 - 8c^2 + 9}{8s^4} \tag{3-72b}$$

$$C_2 = \frac{3\ 840c^{12} - 4\ 096c^{10} + 2\ 592c^8 - 1\ 008c^6 + 5\ 944c^4 - 1\ 830c^2 + 147}{512s^{10}(6c^2 - 1)} \tag{3-72c}$$

需要注意的是,在(3-71)中,符号“c”代表波速,而在(3-72)中,符号“c”表示$c \equiv \cosh kd$。

4. 水质点速度和加速度

$$u_x = \frac{\partial \Phi}{\partial x} = c\sum_{n=1}^{5} n\lambda_n \cosh nk(z + d)\cos n(kx - \omega t) \tag{3-73}$$

$$u_z = \frac{\partial \Phi}{\partial z} = c\sum_{n=1}^{5} n\lambda_n \sinh nk(z+d)\sin n(kx-\omega t) \tag{3-74}$$

$$a_x = \frac{\partial u_x}{\partial t} = \omega c\sum_{n=1}^{5} n^2\lambda_n \cosh nk(z+d)\sin n(kx-\omega t) \tag{3-75}$$

$$a_z = \frac{\partial u_z}{\partial t} = -\omega c\sum_{n=1}^{5} n^2\lambda_n \sinh nk(z+d)\cos n(kx-\omega t) \tag{3-76}$$

在 Stokes 五阶波的表达式中，需要确定系数 λ 和波长 L（或 k）。根据波高和波面的关系，即 $H = \eta|_{\theta=0} - \eta|_{\theta=\pi}$ 可以得到

$$\frac{\pi H}{d} = \frac{1}{d/L}[\lambda + \lambda^3 B_{33} + \lambda^5 (B_{35} + B_{55})] \tag{3-77}$$

同时根据弥散关系(3-71)可得

$$\frac{d}{L_0} = \frac{d}{L}\tanh kd[1 + \lambda^2 C_1 + \lambda^4 C_2] \tag{3-78}$$

已知波高 H、周期 T 和水深 d 后，就可以联立求解方程(3-77)和(3-78)，从而得到系数 λ 和波长 L。最终可以得到 Stokes 五阶波的各项参数。

3.1.5　Stokes 五阶波中超越方程的求解

在使用 Stokes 波计算波浪水质点的波面、速度、加速度、波压等参数时，需要首先求解关于波长 L 与系数 λ 的超越方程组。解出波长 L 与系数 λ 后，才能根据相关公式求出各个系数 A_{ij}，B_{ij}，并进而求解水质点速度、加速度等。

该超越方程组化为

$$\lambda = \pi H / \{L[1 + \lambda^2 B_{33} + \lambda^4 (B_{35} + B_{55})]\} \tag{3-79}$$

$$L = L_0 \tanh kd[1 + \lambda^2 C_1 + \lambda^4 C_2] \tag{3-80}$$

其中，波数 k，C_1，C_2，B_{33}，B_{35}，B_{55} 等参数都需要根据波长 L 求得。

对该方程组的求解采用迭代方式进行，具体迭代步骤如下。

(1) 首先给定一个初值(λ_0，L_0)，计算波数 k，系数 C_1，C_2，代入(3-80)求 L；再次计算波数 k，系数 C_1，C_2，反复迭代求得满足方程的(λ_0，L_1)。

(2) 将由方程(3-80)迭代得到的结果作为初始值代入方程(3-79)，反复迭代，得到满足方程(3-79)的结果(λ_1，L_1)。

(3) 设定误差判据 tol，如果 $\sqrt{(\lambda_1-\lambda_0)^2+(L_1-L_0)^2} < \text{tol}$，则停止迭代；如果不满足，则继续迭代直到满足误差判据为止。

例 3.2

已知：水深 $d=16$ m，波高 $H=4.91$ m，周期 $T=11$ s，试确定斯托克斯五阶波的波长 L 和波速 c、波剖面 η、水质点的最大水平速度和最大水平加速度沿垂线的分布。

解 (1) 根据水深 d、波高 H 及周期 T，按照前述的求解超越方程的方法，不难求得如下参数：

波长 $L=130.4$ m；系数 $\lambda=0.1107$；

波数 $k=0.0482$；波速 $c=11.853$ m/s；

(2) 波剖面 η

根据波面方程，计算各个系数，得到波面的表达式为

$$\eta=2.2977\cos\theta+0.5965\cos 2\theta+0.1464\cos 3\theta+0.0366\cos 4\theta+0.0108\cos 5\theta$$

一个波长范围内的波面如表 3-1 所示。图 3-6 为其波面高度。

表 3-1 一个波长范围内的波面值

x/L	0.0	0.1	0.2	0.3	0.4	0.5
波面 η	3.088 1	1.957 5	0.131 16	−1.073 7	−1.648 1	−1.821 9
x/L	1.0	0.9	0.8	0.7	0.6	
波面 η	3.088 1	1.957 5	0.131 16	−1.073 7	−1.648 1	

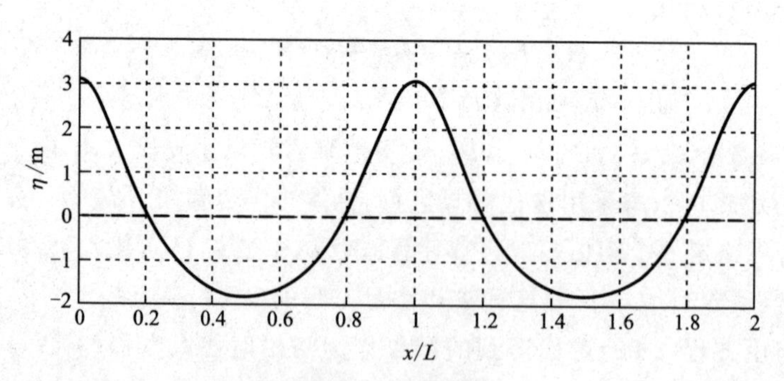

图 3-6 波面高度

(3) 水质点的最大水平速度沿垂线的分布

按照水平速度计算公式(3-73)，可得

$$u_x=11.853[0.1238\cosh kz\cos\theta+0.016457\cosh 2kz\cos 2\theta+0.0011762\cosh 3kz\cos 3\theta+0.00002\cosh 4kz\cos 4\theta+0]$$

可以发现，当相位为 $\theta=0$，水平速度处于最大值，此时速度沿水深的分布为

$$u_{x\max}=11.853[0.1238\cosh kz+0.016457\cosh 2kz+0.0011762\cosh 3kz+0.00002\cosh 4kz]$$

可以计算相对水深为 $\frac{z}{d}=0,0.2,0.4,0.6,0.8,1.0$ 处的速度 $u_{x\max}$，如表 3-2 所示。

速度最大值沿水深的分布如图 3-7 所示。

表 3-2　速度最大值沿水深的分布

z/d	0.0	0.2	0.4	0.6	0.8	1.0
$u_{x\max}$	1.676 7	1.705 1	1.791 9	1.942 2	2.165 2	2.474 9

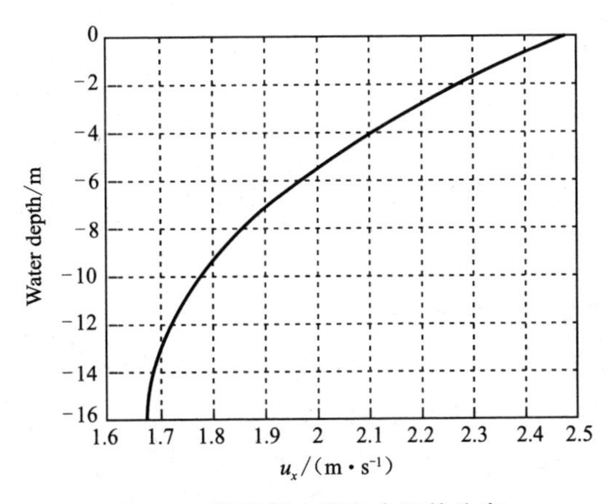

图 3-7　速度最大值沿水深的分布

小注

由于在 stokes 波的推导过程，假定 $o\left(\frac{d}{L}\right)\sim 1$，所以当实际水深与波长的比值 $\frac{d}{L}\ll 1$ 时，stokes 波理论（一阶波除外）会出现问题，即在波谷处出现小波峰(Secondary Crests)。这实际上是不存在的。为了避免这种现象出现，一般假定 $\frac{d}{L}>0.1\sim 0.15$。

3.2 流函数波浪理论

当水深与波长的比值 $d/L < 0.10$ 时，采用流函数波浪理论可以得到比较准确的波浪参数。该理论是基于近似求解偏微分方程及在波面处($z = \eta$)完全满足的边界条件。由于不需要比较各项的量级、去掉小的量级项，因此流函数理论不需要小参数 H/L 或 d/L。

前述的斯托克斯波理论虽然满足拉普拉斯方程和海底边界条件，但并不能严格满足自由水面的边界条件。流函数波理论与其他非线性波浪理论相比，对深水、有限水深及部分浅水都提供了最好的边界条件模拟，它不但比斯托克斯高阶波理论更精确，而且适用的范围也更广。与五阶斯托克斯波相比，还具有待定系数少和容易扩展到任意阶的优点。因此，近年来逐渐广泛应用于工程计算。

Dean(1965)研究了流函数波理论。其基本假定如下。

(1) 海底水平，水深不变。

(2) 流体为无黏性、不可压缩流体，运动无旋。

(3) 自由表面上仅作用大气压。

(4) 波浪在静水中向前传播。

如图 3-8 所示，选定固定坐标系(x,z)和运动坐标系(x_r,z_r)，对运动坐标系来说，波面保持不变，相应的流动是稳态的，即恒定流动。

设(x_r,z_r)坐标系相对于静水和固定坐标系的速度为 c_r，此处用 c 表示。当考虑波浪以 c_r 相对于流动的水(流速为 U)波动时，其对于水底的速度为 $c_a = c_r + U$。从运动坐标系来看，固定坐标系和水底是以 c_r 向左方运动；此外对两套坐标系而言，纵坐标是相同的，即 $z_r = z$，所以在下面的论述中，将不再区分 z_r 和 z。

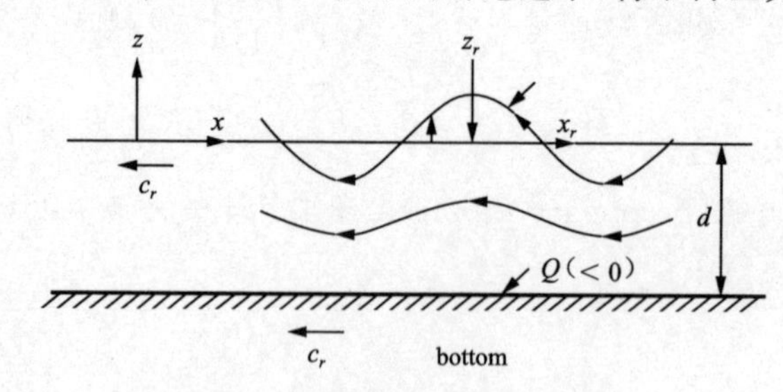

图 3-8 流函数理论中的坐标系

引入流函数 $\Psi(x,z,t)$

$$u_x = -\frac{\partial \Psi}{\partial z} \tag{3-81}$$

$$u_z = \frac{\partial \Psi}{\partial x_r} \tag{3-82}$$

同时满足不可压缩流体连续方程

$$\frac{\partial u_x}{\partial x_r} + \frac{\partial u_z}{\partial z} = 0 \tag{3-83}$$

对无旋运动(有势运动),下式成立

$$\frac{\partial u_z}{\partial x_r} - \frac{\partial u_x}{\partial z} = 0 \tag{3-84}$$

则流函数满足拉普拉斯方程

$$\frac{\partial^2 \Psi}{\partial x_r^2} + \frac{\partial^2 \Psi}{\partial z^2} = 0 \tag{3-85}$$

由于没有流体穿过流线,则运动边界条件如下

在水面处 ($z = \eta$)

$$\Psi = 0 \tag{3-86}$$

在水底处 ($z = -d$)

$$\Psi = Q \tag{3-87}$$

其中流量 Q 定义为

$$Q = \int_{-d}^{\eta} u_x \mathrm{d}z \tag{3-88}$$

动力边界条件为液面上大气压为常值,代入 Bernoulli 方程中,得到

$$\frac{\partial \Phi}{\partial t} + \frac{1}{2}(u_x^2 + u_z^2) + g\eta = R \quad z = \eta \tag{3-89}$$

其中 $\frac{\partial \Phi}{\partial t} = 0$ (定常运动),R 为伯努利积分常数。

流函数理论的基本思想是假定流函数可以表示为

$$\Psi(x_r, z) = c_r(z + d) + \sum_{j=1}^{N} B_j \frac{\sinh jk(z + d)}{\cosh jkd} \cos jkx_r + Q \tag{3-90}$$

式(3-90)的右端项可以解释为偶函数的截尾傅立叶级数。对与波峰对称的波面来说,流函数一定是偶函数,因此可以认为对足够大的 N,式(3-90)可以描述流函数。不难看出:

(1) 式(3-90)满足水底边界条件和拉普拉斯方程。

(2) 式(3-90)具有周期性,即 $\Psi(x_r, z) = \Psi(x_r + L, z)$。

为了确定流函数,需要求解未知系数 B_j(N 个),c_r,k(或 L) 及 Q(共 $N+3$ 个未知数)。这可以通过在自由液面边界条件选择 $N+1$ 个点来精确求解。

由运动边界条件(3-87)可得

$$\Psi(x_r,\eta)=0=c_r(\eta+d)+\sum_{j=1}^{N}B_j\frac{\sinh jk(\eta+d)}{\cosh jkd}\cos jkx_r+Q \tag{3-91}$$

由动力边界条件可得

$$\frac{1}{2}\left[\left(-\frac{\partial\Psi}{\partial z}\right)^2+\left(\frac{\partial\Psi}{\partial x_r}\right)^2\right]+g\eta=R \tag{3-92a}$$

或

$$g\eta+\frac{1}{2}\left[-c_r-k\sum_{j=1}^{N}jB_j\frac{\cosh jk(\eta+d)}{\cosh jkd}\cos jkx_r\right]^2+$$
$$\frac{1}{2}\left[-k\sum_{j=1}^{N}jB_j\frac{\sinh jk(\eta+d)}{\cosh jkd}\sin jkx_r\right]^2=R \tag{3-92b}$$

从而可以建立起 $2N+2$ 个方程，很明显方程系统是超定的。然而，$N+1$ 点处的波面(值是未知的，即共有 $\eta_j(N+1)$，$B_j(N$ 个)，c_r，k(或 L)、Q 及 R，计 $2N+5$ 个未知量。

因此为了求解方程组，尚需要建立 3 个等式。流体不可压缩意味着

$$\overline{\eta}=\frac{1}{L}\int_0^L\eta\mathrm{d}x_r=0 \tag{3-93}$$

此外定义

$$H=\eta_{\max}-\eta_{\min} \tag{3-94}$$

$$L=c_rT \tag{3-95}$$

方程组是非线性的，实践证明，可以用 Newton-Raphson 迭代求解。一旦求得了这些系数，流函数就可以用式(3-90)计算；水质点速度用式(3-81)和式(3-82)来计算，但在计算相对于水底的速度时需要用 c_r 调整。

波面方程可以表示为

$$\eta(x_r)=2\sum_{j=1}^{N-1}a_j\cos jkx_r+a_N\cos Nkx_r \tag{3-96}$$

其中波峰位于 $x_r=0$ 处。

3.3 椭圆余弦波

波浪传入近海浅水区 $(0.05<d/L<0.1)$ 后，海底边界的摩擦阻力影响迅速增加，波高和波形将不断变化，波面在波峰附近变得很陡，而两波峰之间去相隔一段很长但又较平坦的水面；两波峰处的水质点运动特性与波陡 H/L 的关系减弱，而与相对波高 H/d 的关系增强，即 H/L 和 H/d 都成为决定波动性质的主要因素。在这种浅水情况下，即使取很高的阶数，用 Stokes 波理论也不能达到所要求的精

度。此时采用能反映决定波动性质的主要因素 H/L 和 H/d 的椭圆余弦波理论描述波浪运动，可以取得较满意的结果。

椭圆余弦波(Cnoidal Wave)理论是最主要的浅水非线性波浪理论之一。该理论最先由科特韦格(Kortweg)和迪弗里斯(De Vries)于 1895 年提出，其后由库莱根(Keulegan)一帕特森(Patterson)、凯勒(Keller)、威格尔(Wiegel)等人的进一步研究并使之应用于工程实践。所谓椭圆余弦波理论，是指水深较浅条件下的有限振幅、长周期波。它之所以被称为椭圆余弦波，是由于其波面高度是用 Jacobian 椭圆余弦函数 cn 来表示的。

可以利用 Ursell 数来判断浅水。首先引入参数 $\varepsilon = d/L$(水深与波长的比)，ε 越小说明水深越浅。另外由于非线性，还引入波高与波长的比值波陡 $\delta = H/L$ 作为运动非线性的标准。Ursell(1953)把两个参数结合起来，引入 Ursell 判据，即

$$U_r = \frac{\delta}{\varepsilon^3} = \frac{H/L}{(d/L)^3} = \frac{HL^2}{d^3} \tag{3-97}$$

可以看出，$U_r \gg 1$ 时，δ 大、ε 小，即强非线性波与长波；当 $U_r = o(1)$ 时，δ 与 ε 相当，对于弱非线性和中等程度的波长，适合于 stokes 波浪理论；而当 $U_r \ll 1$ 时，δ 小、ε 大，相当于水深与波长相比较大、而振幅较小的波浪，即线性波理论适用的范围。由此可见，$U_r \gg 1$ 就是浅水有限振幅波的判据。在此情况下，发展了一类称之为椭圆余弦波的浅水波浪理论。椭余波理论包括了很大一类的有限振幅长波。理论适合的范围是 $d/L < 1/8$，$U_r > 26$ (Laitone，1963)。

采用如图 3-9 所示的坐标系，椭圆余弦波的主要结果如下。

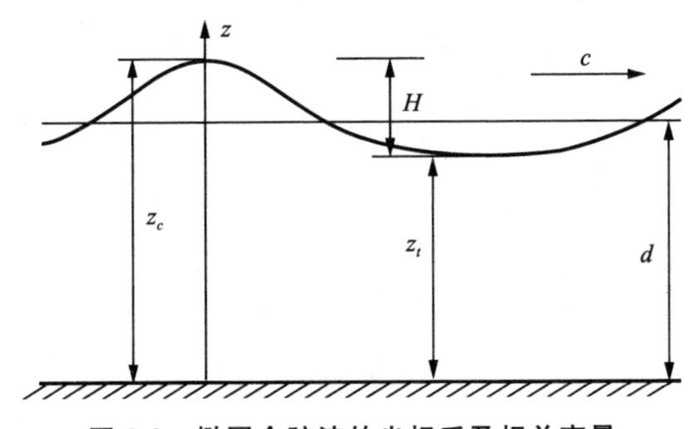

图 3-9　椭圆余弦波的坐标系及相关变量

3.3.1　椭圆余弦波的主要结果

1. 波要素及模数的关系

根据椭圆余弦波理论，波长 L、波高 H、水深 d 及椭圆积分模数 κ 之间具有如

下的关系

$$\frac{16}{3}[\kappa \cdot K(\kappa)]^2 = \left(\frac{L}{d}\right)^2 \frac{H}{d} \tag{3-98}$$

或

$$L = \sqrt{\frac{16d^3}{3H}}[\kappa \cdot K(\kappa)] \tag{3-99}$$

上式中，$K(\kappa)$ 为第 1 类完全椭圆积分，κ 为椭圆积分的模数，其值位于 0～1 之间。$K(\kappa)$定义如下

$$K(\kappa) = \int_0^{\frac{\pi}{2}} \frac{1}{\sqrt{1-\kappa^2 \sin^2\theta}} \mathrm{d}\theta \tag{3-100}$$

2. 波速和周期

椭圆余弦波的波速 c 和周期 T 由下式计算(Keulegan，Patterson 和 Littman)

$$c = \sqrt{gd}\left\{1 + \frac{H}{d}\left[-1 + \frac{1}{\kappa^2}\left(2 - 3\frac{E(\kappa)}{K(\kappa)}\right)\right]\right\}^{1/2} \tag{3-101}$$

$$T\sqrt{\frac{g}{d}} = \sqrt{\frac{16d}{3H}} \frac{\kappa K(\kappa)}{\sqrt{1 + \frac{H}{d}\left[-1 + \frac{1}{\kappa^2}\left(2 - 3\frac{E(\kappa)}{K(\kappa)}\right)\right]}} \tag{3-102}$$

也可以由下式计算(Korteweg，Devries 和 Keller)

$$c = \sqrt{gd}\left\{1 + \frac{H}{d}\frac{1}{\kappa^2}\left[\frac{1}{2} - \frac{E(\kappa)}{K(\kappa)}\right]\right\} \tag{3-103}$$

$$T\sqrt{\frac{g}{d}} = \sqrt{\frac{16d}{3H}} \frac{\kappa K(\kappa)}{1 + \frac{H}{d}\frac{1}{\kappa^2}\left[\frac{1}{2} - \frac{E(\kappa)}{K(\kappa)}\right]} \tag{3-104}$$

上述各式中，$E(\kappa)$为第 2 类完全椭圆积分，定义如下

$$E(\kappa) = \int_0^{\frac{\pi}{2}} \sqrt{1-\kappa^2 \sin^2\theta}\,\mathrm{d}\theta \tag{3-105}$$

其中 κ 为椭圆积分的模数，其值位于 0～1 之间。同时以上各式表明，κ^2 是 $T\sqrt{g/d}$，H/d 的函数，而由公式(3-98)知，参数 L^2H/d 与 κ^2 之间有确定的关系。

3. 波峰及波谷

波峰距离海底的距离用 z_c 表示，则

$$z_c = d + \frac{16d^3}{3L^2}K(\kappa)[K(\kappa) - E(\kappa)] \tag{3-106}$$

波谷距离海底的距离用 z_t 表示，则

$$z_t = z_c - H = d + \frac{16d^3}{3L^2}K(\kappa)[K(\kappa) - E(\kappa)] - H \tag{3-107}$$

4. 波面方程

海底以上波面高度为

$$z_s = z_t + H\mathrm{cn}^2\left[2K(\kappa)\left(\frac{x}{L}-\frac{t}{T}\right),\kappa\right] \tag{3-108}$$

静水面以上波面高度

$$\eta = z_s - d = \frac{16d^3}{3L^2}K(\kappa)[K(\kappa)-E(\kappa)] - H + H\mathrm{cn}^2\left[2K(\kappa)\left(\frac{x}{L}-\frac{t}{T}\right),\kappa\right] \tag{3-109}$$

5. 波压强

在海底以上 z 处的波压强，可以近似地以静水压强给出

$$p = \rho g(z_s - z) \tag{3-110}$$

6. 水质点运动速度和加速度

$$\begin{aligned}\frac{u_x}{\sqrt{gd}} = &\left\{-\frac{5}{4}+\frac{3z_t}{2d}-\frac{z_t^2}{4d^2}+\left(\frac{3H}{2d}-\frac{z_tH}{2d^2}\right)\mathrm{cn}^2-\frac{H^2}{4d^2}\mathrm{cn}^4-\right.\\ &\left.\frac{8HK^2(\kappa)}{L^2}\left(\frac{d}{3}-\frac{z^2}{2d}\right)(-\kappa^2\mathrm{sn}^2\mathrm{cn}^2+\mathrm{cn}^2\mathrm{dn}^2-\mathrm{sn}^2\mathrm{dn}^2)\right\}\end{aligned} \tag{3-111}$$

$$\begin{aligned}\frac{u_z}{\sqrt{gd}} = z\frac{2HK(\kappa)}{Ld}&\left\{1+\frac{z_t}{d}+\frac{H}{d}\mathrm{cn}^2+\frac{32K^2(\kappa)}{3L^2}\left(d^2-\frac{z^2}{2}\right)-\right.\\ &\left.[\kappa^2\mathrm{sn}^2-\kappa^2\mathrm{cn}^2-\mathrm{dn}^2]\right\}\mathrm{sncndn}\end{aligned} \tag{3-112}$$

$$\begin{aligned}a_x = \frac{\partial u_x}{\partial t} = \sqrt{gd}\,\frac{4HK(\kappa)}{Td}&\left\{\left(\frac{3}{2}-\frac{zt}{2d}\right)-\frac{H}{2d}\mathrm{cn}^2\right.\\ &\left.+\frac{16K^2(\kappa)}{L^2}\left(\frac{d^2}{3}-z^2\right)[\kappa^2\mathrm{sn}^2-\kappa^2\mathrm{cn}^2-\mathrm{dn}^2]\right\}\mathrm{sncndn}\end{aligned} \tag{3-113}$$

$$\begin{aligned}a_z = \frac{\partial u_z}{\partial t} = z\sqrt{gd}\,\frac{4HK^2(\kappa)}{LTd}&\left\{\left(1+\frac{z_t}{d}\right)[\mathrm{sn}^2\mathrm{dn}^2-\mathrm{cn}^2\mathrm{dn}^2+\kappa^2\mathrm{sn}^2\mathrm{cn}^2]\right.\\ &+\frac{H}{d}[3\mathrm{sn}^2\mathrm{dn}^2-\mathrm{cn}^2\mathrm{dn}^2+\kappa^2\mathrm{sn}^2]\mathrm{cn}^2-\frac{32K^2(\kappa)}{3L^2}\left(d^2-\frac{z^2}{2}\right)[9\kappa^2\mathrm{sn}^2\mathrm{cn}^2\mathrm{dn}^2\\ &\left.-\kappa^2\mathrm{sn}^4(\kappa^2\mathrm{cn}^2+\mathrm{dn}^2)+\kappa^2\mathrm{cn}^4(\kappa^2\mathrm{sn}^2+\mathrm{dn}^2)+\mathrm{dn}^4(\mathrm{sn}^2-\mathrm{cn}^2)]\right\}\end{aligned} \tag{3-114}$$

以上各式中

$$\mathrm{cn}^2 = \mathrm{cn}^2\left[2K(\kappa)\left(\frac{x}{L}-\frac{t}{T}\right),\kappa\right] \tag{3-115}$$

$$\mathrm{sn}^2 = 1-\mathrm{cn}^2\left[2K(\kappa)\left(\frac{x}{L}-\frac{t}{T}\right),\kappa\right] \tag{3-116}$$

$$\mathrm{dn}^2 = 1 - \kappa^2 \mathrm{sn}^2\left[2K(\kappa)\left(\frac{x}{L} - \frac{t}{T}\right), \kappa\right] \tag{3-117}$$

cn()为雅可比椭圆余弦函数，sn()为雅可比椭圆正弦函数，dn()为雅可比椭圆 delta 函数。$K(\kappa)$，$E(\kappa)$分别为第 1 类和第 2 类完全椭圆积分。

由椭圆余弦函数的性质，$\mathrm{cn}^2\left[2K(\kappa)\left(\frac{x}{L} - \frac{t}{T}\right), \kappa\right]$是以 $2K(\kappa)$ 为周期的，这相当于 x 以 L 为周期，t 以 T 为周期，因此椭圆余弦波描述的波浪是周期性波。

3.3.2 椭圆余弦波的极限情况

当模数 $\kappa \to 0$ 时，$K(\kappa) = \int_0^{\frac{\pi}{2}} \mathrm{d}\theta = \frac{\pi}{2}$，$\mathrm{cn}(r,\kappa) = \cos(r)$，此时椭圆余弦波的波面方程变为

$$\eta = H\cos^2\left[\pi\left(\frac{x}{L} - \frac{t}{T}\right)\right] - h + z_t = \frac{H}{2}\cos(kx - \omega t) \tag{3-118}$$

当模数 $\kappa \to 1$ 时，$K(\kappa) \to \infty$，$\mathrm{cn}(r,1) = \mathrm{sech}(r)$，则波面为

$$\eta = H\mathrm{sech}^2\left[\sqrt{\frac{3H}{4d}}\left(\frac{x}{d} - \frac{ct}{d}\right)\right] \tag{3-119}$$

此即为孤立波。

当 κ 位于 0～1 之间时，对应的椭圆余弦波面如图 3-10 所示。

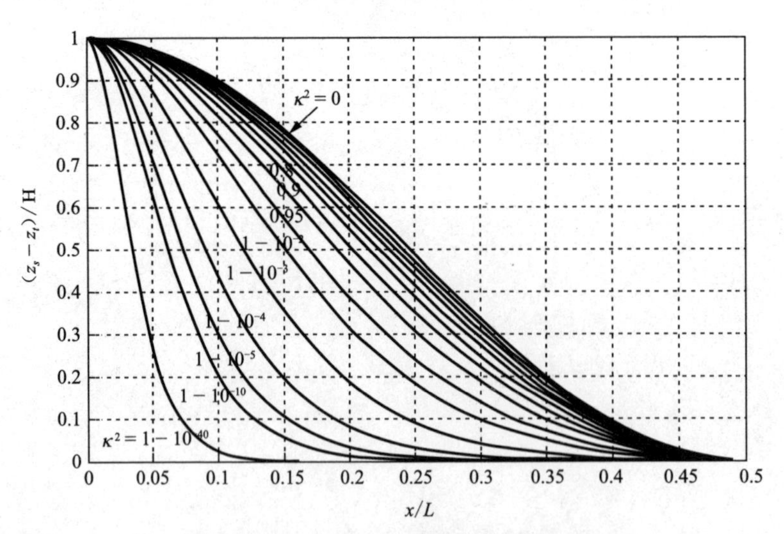

图 3-10　不同 κ 时的椭圆余弦波的波剖面

3.4 孤立波

前面讨论的波浪理论，其波浪运动是周期性或近似周期性的，即在波浪运动过程中，水质点有向前运动和向后运动。小振幅波描述的是纯周期性的波动，而有限振幅波理论指出，在波浪前进方向上有质量输移，水质点有向前运动和向后运动。但在一个周期内前进的距离比后退的距离大。

当水质点仅在波浪传播方向运动时，该种波浪运动称为移动波，孤立波就是这种类型。纯粹的孤立波的全部波剖面全部位于静水面以上，波长无限。如图 3-11 所示。

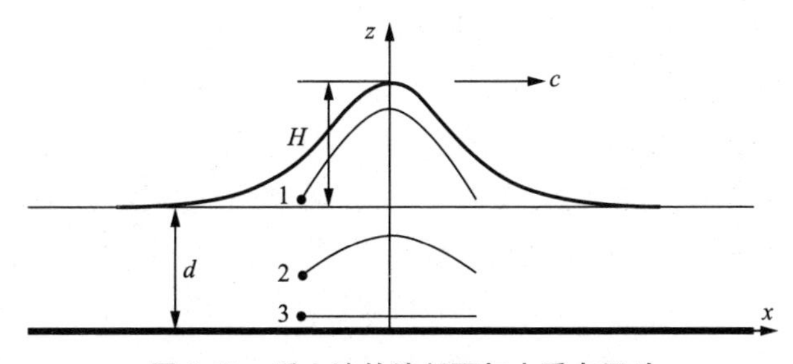

图 3-11 孤立波的波剖面与水质点运动

设波峰沿 x 正向传播，当波峰距离水质点 1 很远时，质点 1 的运动可以忽略。随着波峰的移近，质点 1 开始向上向右运动，波峰经过时，质点 1 达到最高点；当波峰移去时，质点倾斜向下运动，直至波峰远去，质点又恢复几乎不动的状态，到达一个新的位置。质点的运动轨迹为抛物线，波峰经过时会移动一段水平距离。水面以下的其他质点的运动类似，只是运动的高度小于水面质点。而在水底的质点则水平移动。

在自然界，纯粹的孤立波是难于塑造的。在实验室内，可以通过把一个物体投入水中或把波浪水槽一端水体向前推动来制造孤立波。海浪传入底坡平坦的浅水区域之后，其图像与孤立波相似，所以孤立波研究结果常用来分析近岸的海浪。

关于孤立波的研究，最早可以追溯到罗素于 1834 年的发现。1834 年秋，英国科学家、造船工程师罗素在运河河道上看到了由两匹骏马拉着的一只迅速前进的船突然停止时，被船所推动的一大团水却不停止，它积聚在船头周围激烈地扰动，然后形成一个滚圆、光滑而又轮廓分明的大水包，高度为 0.3～0.5 米，长约 10 米，以每小时约 13 千米的速度沿着河面向前滚动。罗素骑马沿运河跟踪这个水包时发现，它的大小、形状和速度变化很慢，直到 3～4 千米后，才在河道上渐渐地消失。

罗素马上意识到,他所发现的这个水包决不是普通的水波。普通水波由水面的振动形成,振动沿水平面上下进行,水波的一半高于水面,另一半低于水面,并且由于能量的衰减会很快消失。他所看到的这个水包却完全在水面上,能量的衰减也非常缓慢(若水无阻力,则不会衰减并消失)。并且由于它具有圆润、光滑的波形,所以它也不是激波。罗素将他发现的这种奇特的波包称为孤立波,并在其后半生专门从事孤立波的研究。1844年在实验室中用大水槽模拟运河,并模拟当时情形给水以适当的推动,再现了他所发现的孤立波。

由于海浪传入底坡平坦的浅水区域之后,其图像与孤立波相似,所以孤立波研究结果常用来分析近岸的海浪。在孤立波被发现50年后,即1895年,两位数学家科特韦格(Kortweg)和迪弗里斯(De Vries)从数学上导出了有名的浅水波KdV方程,并给出了一个类似于罗素孤立波的解析解,即孤立波解,孤立波的存在才得到普遍承认。

孤立波理论的推导可以按照两个途径来进行:一是根据无旋运动的假定,求出满足自由面及海底条件的解答,如蒙克(Munk,1949);二是作为椭圆余弦波的一种极端情况,从椭圆余弦波理论来求解。此处采用后者。

当模数 $\kappa=1$ 时,$E(\kappa)=1$,$\mathrm{cn}(r,1)=\mathrm{sech}(r)$,则波面为

$$\eta=H\mathrm{sech}^2\left[\sqrt{\frac{3H}{4d}}\left(\frac{x}{d}-\frac{ct}{d}\right)\right] \tag{3-120}$$

此即为孤立波。式中,x 起点在波峰处,c 为孤立波的波速。此外当 $\kappa=1$ 时,$K(\kappa)\to\infty$,此时函数 $\mathrm{cn}^2\left[2K(\kappa)\left(\frac{x}{L}-\frac{t}{T}\right),\kappa\right]$ 的周期 $2K(\kappa)\to\infty$,说明其波长 $L\to\infty$。

孤立波的波速可以由公式(3-101)导出

$$c=\sqrt{gd}\left[1+\frac{H}{d}(-1+2)\right]^{1/2}=\sqrt{g(d+H)} \tag{3-121}$$

孤立波的水质点速度为(由公式(3-111)和(3-112)取($\kappa=1$)导出

$$\frac{u_x}{\sqrt{gd}}=\frac{H}{d}\mathrm{sech}^2\left[\sqrt{\frac{3H}{4d}}\left(\frac{x}{d}-\frac{ct}{d}\right)\right] \tag{3-122}$$

$$\frac{u_z}{\sqrt{gd}}=\sqrt{3}\left(\frac{H}{d}\right)^{1.5}\frac{z}{d}\mathrm{sech}^2\left[\sqrt{\frac{3H}{4d}}\left(\frac{x}{d}-\frac{ct}{d}\right)\right]\tanh\left[\sqrt{\frac{3H}{4d}}\left(\frac{x}{d}-\frac{ct}{d}\right)\right] \tag{3-123}$$

由上述各式可以看出,孤立波的性质主要取决于 H/d,当 H/d 增大到一数值时,将出现波浪破碎。不同的学者曾给出不同的 H/d 极限值,它们介于0.714~1.03之间,常用值为0.78。麦克考文(McCowan,1891)假定波峰水质点速度等于

波速时，孤立波开始破碎，据此可以得到

$$\left(\frac{H}{d}\right)_{\max} = 0.78 \tag{3-124}$$

3.5 波浪理论的适用性

前面讨论了线性波、斯托克斯波、流函数波、椭圆余弦波及孤立波等波浪理论。这些波浪理论都是通过某些假设与简化而得到的。由于不同的假设与简化，理论计算结果有别，也有各自的适用范围。

在理论研究方面，Dean(1970)进行了各种理论对应于自由水面的运动学和动力学边界条件的适应度的计算(表 3-3)，并把它作为衡量各种波浪理论的相对真实性的依据，从而确定各种波浪理论的适用范围。

表 3-3 各种波浪理论的适用性

波浪理论	是否精确满足			
	拉普拉斯方程	海底边界条件	自由水面运动边界条件	自由水面动力边界条件
线性波理论	√	√	×	×
三阶 Stokes 波	√	√	×	×
五阶 Stokes 波	√	√	×	×
一阶 cnoidal 波	×	√	×	×
二阶 cnoidal 波	×	√	×	×
流函数理论	√	√	√	×

梅沃特(Le Mehaute B，1969)采用两个无因次独立参数 H/gT^2 和 d/gT^2 为纵横坐标，把各种波浪理论的适用范围近似地表示在图 3-12 中。

图 3-12 中以波浪破碎界限作为边界。其中深水波的破碎界限为

$$\left(\frac{H_0}{L_0}\right)_{\max} = 0.142 = \frac{1}{7}$$

浅水波的破碎界限为

$$\left(\frac{H}{d}\right)_{\max} = 0.78$$

同时图中标出了深水界限 $d/L = 0.5$ 和浅水界限 $d/L = 0.04$ 两条平行虚线。椭圆余弦波和 Stokes 波之间的界限定义为

$$U_r = \frac{HL^2}{d^3} \approx 26$$

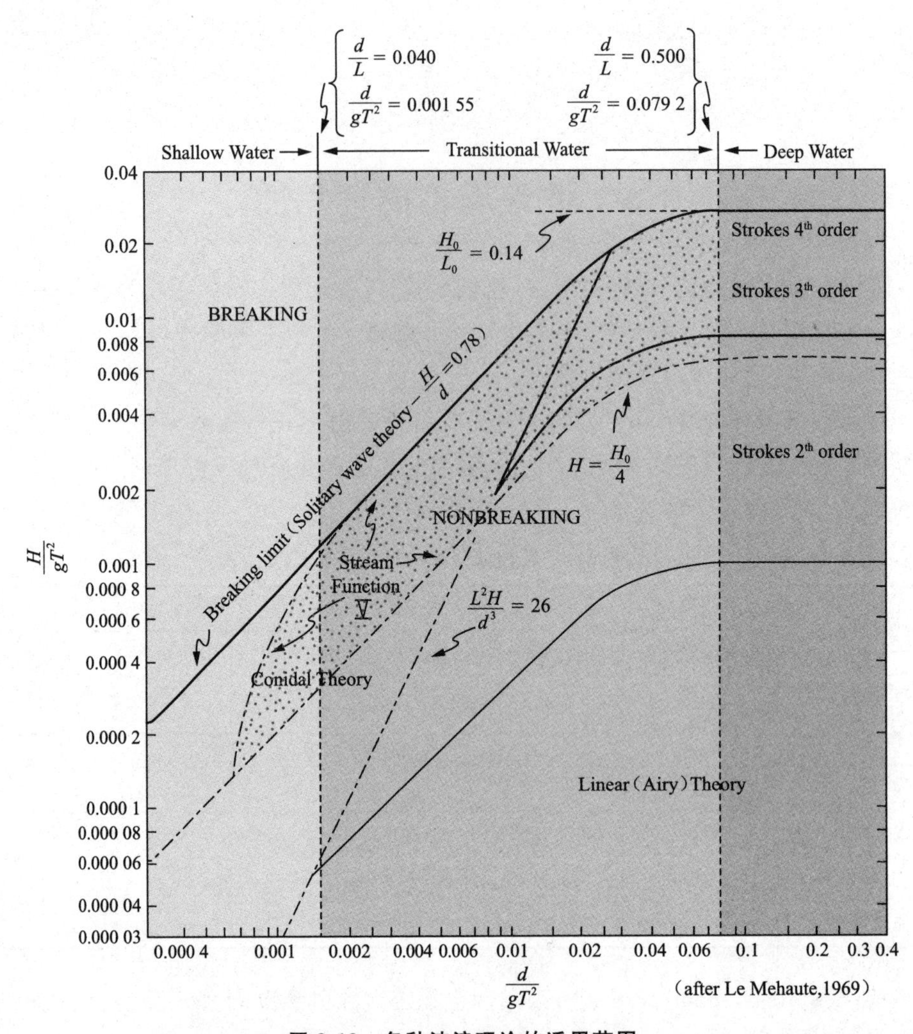

图 3-12 各种波浪理论的适用范围

右侧为线性波和 Stokes 波理论的适用范围，左侧为椭圆余弦波、流函数波及孤立波的适用范围。右侧又近似地分成了若干区域：第Ⅰ区为线性波适用范围区域，其界限为：$H_0/L_0 \approx 0.006\ 25(H/gT^2 \approx 0.001)$；第Ⅱ～Ⅳ区对应 Stokes Ⅱ～Ⅳ阶波，阶数越高适用范围越大。其中

Ⅱ区和Ⅲ区的界限为：$H_0/L_0 \approx 0.050\ 3(H/gT^2 \approx 0.008\ 6)$；

Ⅲ区和Ⅳ区的界限为：$H_0/L_0 \approx 0.107(H/gT^2 \approx 0.019\ 6)$。

椭圆余弦波和孤立波的界限为

$$d/L = 0.04 \text{ 或 } d/gT^2 = 0.001\ 5$$

右侧为椭圆余弦波的适用范围，左侧为孤立波的适用范围。

在国内，天津大学竺艳蓉(1983)根据海工结构受力特性，通过理论计算和水槽试验资料的对比分析，认为按照 Stokes Ⅱ阶波理论计算的波浪力一般偏大，故采用 Stokes Ⅴ阶波理论更为合适。建议各种波浪理论的适用范围如下。

(1) $T\sqrt{g/d} < 6.0$(相当于 $d/L > 0.2$)，$H/d \leqslant 0.2$，采用线性波理论。

(2) $T\sqrt{g/d} \leqslant 10.0$(相当于 $d/L \geqslant 0.1$)，采用 Stokes Ⅴ阶波理论。

(3) $T\sqrt{g/d} > 10.0$(相当于 $d/L < 0.1$)，采用椭圆余弦波理论。

从上面的分析可以看出，深水区可以用线性波和 Stokes 波理论来进行计算；浅水区主要为椭圆余弦波和孤立波理论来计算；而过渡区(有限水深)是一个比较复杂的区域，可以采用几种波浪理论进行计算，而且各种波浪理论的适用范围错综交叉，其界限并不确定。

例 3.3

考虑北海海区典型波浪，$H = 30$ m，$T = 16$ s，$d = 150$ m，试分析其适用的波浪理论。

解：$\frac{H}{gT^2} = 0.011\ 9$，$\frac{d}{gT^2} = 0.06$。通过图 3-12 可以看出，适用的波浪理论为 Stokes Ⅲ理论。

思考题与习题

1. 什么是线性波，什么是非线性波，常见的非线性波有哪些？

2. 从波面、波浪中线、水质点运动轨迹区分 Airy 微幅波与 Stokes 有限振幅波的差异。

3. 深水波和浅水波的波浪破碎极限分别是什么？

4. 某波浪波高 $H = 30$ m，周期 $T = 16$ s，水深 $d = 150$ m，利用勒・梅沃特图确定适合的波浪理论。

5. 某波浪波高 $H = 2$ m，周期 $T = 10$ s，水深 $d = 60$ m，利用勒・梅沃特图确定适合的波浪理论。

6. 已知深水波浪的周期 $T = 8$ s，则该波浪在破碎前的最大波高为多少？

7. 某海域水深 $d = 3$ m，有一周期 $T = 15$ s、波高 $H = 1$ m 的波浪向前传播，请计算椭圆余弦波的波长并同线性波的波长作比较。

第4章　波浪的传播与变形

近岸区由于水深较浅，波浪及波生流对海底泥沙运动起着重要作用。在多数情况下，波浪是航道港池的淤积、岸滩侵蚀、构筑物基础淘刷的重要影响因素。同时，波浪能量由深水区分布在较深水体被压缩至近岸区较浅水体内，能量密度急剧变化，对近岸区构筑物作用力较大，为构筑物稳定性的重要影响因素之一，因此在设计工程构筑物时，首先要做的就是确定设计波要素。

通常，深水区由于水底对海表面波浪的影响较小，可以忽略，同时因距离岸线较远，受岸线形状影响小，因此，一般情况下，深水波浪因受干扰因素较少，距离较近的不同测站间的资料相关性相对较好。同时，深水波也较容易通过观测或者预报等手段获取。但深水波传到近岸区拟建工程地点过程中，波浪要素会发生演变，甚至破碎，本章主要围绕波要素的演变过程展开介绍。

波浪一般不是正向入射海岸，且近岸海底地形也是不规则的，要实现精确分析波浪在浅水区的变形，需要采用三维手段，一般难以给出解析解。为了简单起见，本书仅给出简化地形条件下，基于微幅波理论的二维波浪传播变形。针对复杂地形条件下的波浪传播变形，本章最后一节简要介绍与分析了目前工程界较为常用的几种类型的波浪传播变形数值模型。

4.1　波浪在深水中的弥散与传播

当海面的风力迅速减小、平息或风向改变后，风浪在离开风区后继续向前传播，其波谱所包含的频率范围和能量将不断变化。随着传播距离增大，风浪逐渐转化为涌浪。两者的主要区别是，风浪的频谱范围宽广，从周期为0.1 s的短周波到周期为15～20 s的长周波都有显著能量分布，但典型涌浪频谱范围窄得多，其波形接近于简单的余弦波。涌浪在传播过程中的显著特点是波高逐渐降低，波长、周期逐渐变大，从而波速变快。这一现象，一方面是由于实际海水存在黏性，使得波浪能量不断消耗，另一方面则是因为在传播过程中发生的弥散和角散作用所致。实际的海浪可视为由许多不同周期和振幅的组成波构成。这些组成波在传播过程中，周期大的波速快，周期小的波速慢，于是使原来叠加在一起的波动分散开来。

这种现象称为弥散。另外，由于各个组成波的传播方向也不尽一致，在传播过程中向不同方向分散开来，这种现象称为角散。也正是由于上述原因，波高随着传播距离的增加而不断降低。

由于波浪的弥散，周期大的波浪跑在前面，因此，传播距离越远，周期大的涌浪就越占优势地位，但波高却变得更小，以致在海上难以看到它。然而，当涌浪传播到浅水或近岸时，波高又继而增大，波长减小，且常常以波群的形式出现，形成猛烈的拍岸浪，呈现出巨大的能量，成为冲蚀岸滩的最重要因素之一，对岸边建筑物破坏性很大，也会以这种形式耗散掉所有剩余波浪能量，波浪消失殆尽。可见，由于波浪的弥散，离风区越远，波浪谱频率范围越窄。波浪的弥散是使刚离开风区时有较宽频率范围的风浪逐渐变为具有较窄频率范围涌浪的一个重要原因。

在大洋中，涌浪可以传播很远而能量损失很少，研究工作者发现涌浪可以跨过整个太平洋而传播。据调查，北太平洋加利福尼亚西南沿岸，夏季缓缓而有力的拍岸浪，竟是由 10 000 km 以外的南极大陆附近大洋风暴产生的波动传播而来的涌浪所致。斯诺德格拉斯(Snodgrass)等曾特别研究过波浪传播过程中的波能衰减问题。从能谱的变化可以发现，能量损失主要发生在传播初期 0～1 000 km 的范围内，而其后能量损失很小。

波浪在大洋中传播时，能量损失主要有以下几方面。

(1) 波浪水质点运动时内部黏性阻尼。

(2) 波浪离开风区后发生侧向扩散。

(3) 侧向风吹在波浪上的阻尼。

(4) 波与波之间的相互作用等。

斯托克斯指出，水质点运动时内部阻尼所引起的波高衰减为

$$\frac{H_t}{H_0} = \exp(-2\nu k^2 t) \tag{4-1a}$$

或

$$\frac{H_t}{H_0} = \exp\left(-\frac{32\pi^4\nu}{g^2T^4}t\right) \tag{4-1b}$$

式中：H_0 ——波浪传播开始时刻即 $t=0$ 时刻的初始波高；

H_t ——传播 t 时间后的波高；

ν ——水的运动黏性系数；

k ——波数；

T ——波周期。

由式(4-1b)易知，短周期波在传播过程中能量耗散很快，难以长距离传播，即，

能量损失主要在高频区内，低频区内几乎不损失能量。这是因为，波浪刚传出风区时，频谱较宽，在传播过程中，高频波的波峰常常与低频波的波峰叠加。这时，由于波峰变陡而发生破碎，破碎的结果导致短周期波的一部分能量损耗掉，另一部分能量将转到长周波中，使长周波波高增大，而短周波却衰减了。这种高频波的能量转移到低频波的过程被认为是风浪成长过程中长周波成长的主要原因。

波浪侧向扩散的主要原因是由于离开风区的海浪，由于不再受风应力作用，其不是沿一个方向传播，而是向着各个不同方向传播。波能在各个方向的分布可用方向谱表示。长周期波能量在方向上的分布集中在主波向附近，而短周期波则比较分散。在远离风区主波向上的某一点，显然只能接受方向角 $\theta=0$ 左右很窄范围内的波能量，这样就可以把周期较短的波能量绝大部分排除掉，而主要接受周期较长的波能量。显然，这也可能是波浪在传播中高频波能量衰减很快的一个原因，尽管它并不一定是主要原因。

逆向风吹在波浪上也可引起能量损失，这主要是波面形状阻力所致，但在深水中，涌浪一般较小而平滑，对逆风向并不提供很大形状阻力，波面产生的形状阻力一般可以忽略，因此也是具有较长周期的涌浪可以长距离传播的原因之一。

总之，当波浪离开生成区以后，由于波浪的弥散作用使频谱逐渐变窄，由于波与波相互作用及波浪水质点黏性阻尼使高频波逐渐消失，低频波保持下来，最后使得杂乱无章的风浪逐渐转化为较规则的涌浪。

4.2 波浪的浅水效应

当波浪由深海向海岸方向传播时，由于水深变浅而引起的波浪运动要素（波长 L、波速 c、波高 H 等）的变化，称为波浪的浅水效应（wave shoaling）。波浪的浅水变形开始于第一次“触底”的时候，这时的水深约为波长的一半 ($d=L/2$)，随着水深的减小，波长和波速逐渐减小，波高逐渐增大；同时，如果波向线与海底等深线斜交，波向也将发生变化，即产生波浪折射。随着水深逐步变浅，波形的演变会受到海底越来越大的约束，到波浪破碎区外附近，波峰尖起，波谷变坦而宽，当深度减小到一定程度时，波峰变得过分尖陡而不稳定，于是出现各种形式的波浪破碎，最终耗散掉所有波能。

4.2.1 波浪守恒

当二维推进波进入浅水区后，随着水深变浅，波长、波速、波高和波向等波浪参

数会产生变化，但考虑到近岸区风距小，风速等外界输入影响可以忽略，忽略海底摩阻损失等情况下，波浪场可以看作是稳定的。

考虑传播方向与 x 轴成 α 角度的二维推进波，其波面方程为

$$\eta(x,y,t) = a\cos(k_x x + k_y y - \omega t) \tag{4-2a}$$

或写为

$$\eta(\mathbf{x},t) = a\cos(\mathbf{kx} - \omega t) \tag{4-2b}$$

上式中，$\mathbf{x} = x\mathbf{i} + y\mathbf{j}$ 为位置坐标向量；$\mathbf{k} = k_x\mathbf{i} + k_y\mathbf{j}$ 为波数向量，$k_x = |\mathbf{k}|\cos\alpha$，$k_y = |\mathbf{k}|\sin\alpha$ 分别为波数向量 $\mathbf{k}$ 在 x，y 轴上的投影，坐标系如图 4-1 所示。

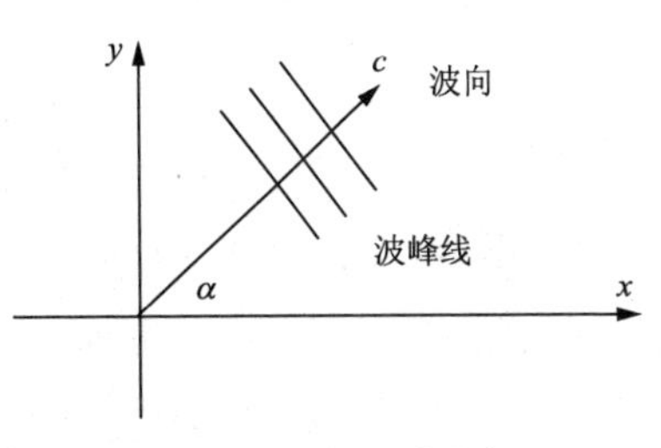

图 4-1　平面斜向波坐标系

令 $\theta = k_x x + k_y y - \omega t$，$\theta$ 称为相位函数，则

$$\nabla\theta = \frac{\partial\theta}{\partial x}i + \frac{\partial\theta}{\partial y}j = k_x i + k_y j = \mathbf{k} \tag{4-3}$$

$$\frac{\partial\theta}{\partial t} = -\omega \tag{4-4}$$

因 $\frac{\partial}{\partial t}(\nabla\theta) = \nabla\left(\frac{\partial\theta}{\partial t}\right)$，所以有

$$\frac{\partial}{\partial t}(\nabla\theta) - \nabla\left(\frac{\partial\theta}{\partial t}\right) = 0 \tag{4-5}$$

由公式(4-3)可知，波数向量等于位相函数的梯度，并将式(4-3)与式(4-4)代入至式(4-5)，可以得到

$$\frac{\partial}{\partial t}\mathbf{k} + \nabla\omega = 0 \tag{4-6}$$

该方程称为波浪守恒方程。

对稳定的波浪场，$\frac{\partial}{\partial t}\mathbf{k} = 0$，从而得到 $\nabla\omega = 0$，即 $\nabla\left(\frac{2\pi}{T}\right) = 0$，表明波周期不随空间位置的变化而变化，波周期始终保持常量。波浪的这一性质非常重要，它为分析波浪的传播提供了方便。

4.2.2　波浪浅水变形

如图 4-2 所示，当波浪从深水传到浅水时，从水深较深的断面 1 到较浅的断面 2，随着水深变浅，群速度与相速度之比以及波浪能量向前传播的部分与总波能之比逐步增大。通常，由于风能的输入、底摩阻的耗散等原因，波浪能量并不是守恒的。

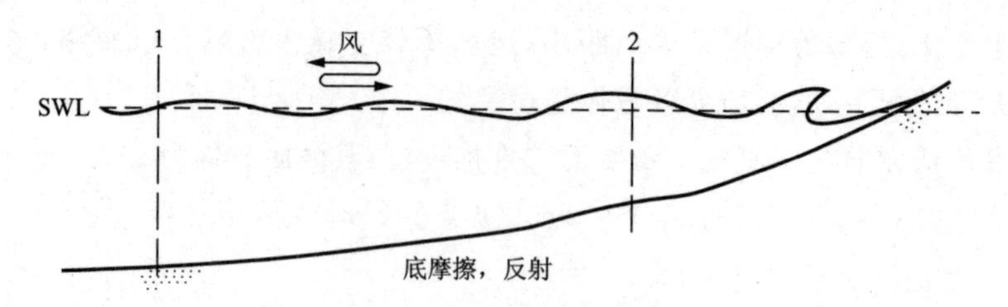

图 4-2 近岸剖面示意图

但是，考虑到近岸区，风距小，风能输入小，为了简化起见，忽略底摩阻等波能损失，波浪传播过程中波能守恒，波能只沿波向传播，没有能量穿过波向线。因此，当波浪正向入射海岸时，断面 1 处和断面 2 处单位宽度内的波能流不变，即 $(Ecn)_1 = (Ecn)_2$。将微幅波理论的波能密度 $E = \rho g H^2/8$ 带入上式，可得

$$H_2 = H_1\sqrt{\frac{c_1}{2(cn)_2}} = H_1 K_s \tag{4-7}$$

$$\frac{H_2}{H_1} = \sqrt{\frac{c_1}{2(cn)_2}} = K_s \tag{4-8}$$

K_s 为浅水变形系数。

据微幅波理论可知

$$\frac{c_2}{c_1} = \frac{L_2}{L_1} = \tanh\left(\frac{2\pi d/L_1}{L_2/L_1}\right) \tag{4-9}$$

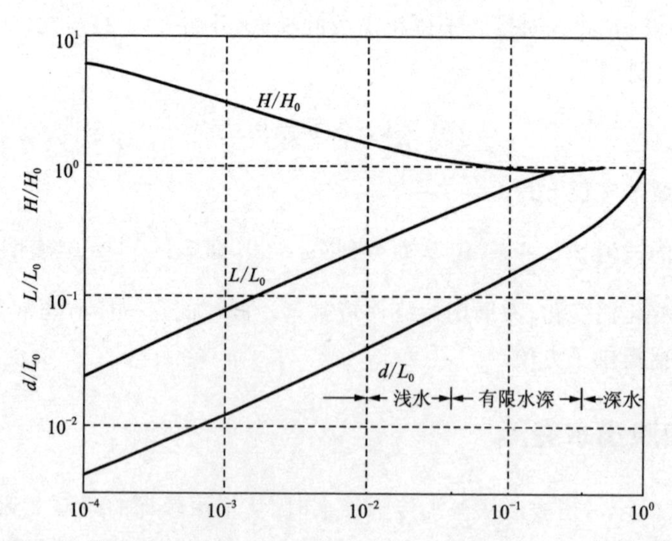

图 4-3 波动要素 c/c_0，L/L_0，H/H_0，d/L 与相对水深 d/L_0 的关系

根据式(4-8)和式(4-9)以及波能传递系数 n，可以绘制图 4-3。正如本章开始所

述，一般情况下外海深水波要素比较容易获取，因此可将式(4-8)和式(4-9)中的断面 1 置于深水区，其波要素用下标“0”作为标识。为方便记忆，除特殊说明外，本章后文都以下标“0”表示深水波要素。不带有下标的或下标为“i”的波要素，则泛指断面 i 处(如图 4-1 中的断面 2)的海域位置处波要素。

4.2.3　波浪的折射

前面所述为波浪正向入射海岸情况，此时波浪会因水深的变浅而产生浅水变形；而实际海况中，波浪常常斜向入射，此时波浪会发生传播方向的调整，这种现象称为波浪的折射(Wave Refraction)。对于有平直且相互平行等深线的近岸海域，当波浪沿着与等深线斜交的方向入射时，随着水深变浅，除了波长、波速等要素发生变化外，波浪的折射会改变其传播方向，使得波向线逐渐趋于垂直于海岸线、波峰线逐渐趋于平行于海岸线。

1. 折射引起的波向变化

鉴于 $\frac{\partial}{\partial x}\left(\frac{\partial \theta}{\partial y}\right)=\frac{\partial}{\partial y}\left(\frac{\partial \theta}{\partial x}\right)$，结合公式(4-3)可得

$$\frac{\partial k_y}{\partial x}-\frac{\partial k_x}{\partial y}=0 \tag{4-10a}$$

或可写成

$$\frac{\partial(k\sin\alpha)}{\partial x}-\frac{\partial(k\cos\alpha)}{\partial y}=0 \tag{4-10b}$$

若岸滩具有平直且相互平行的等深线时，各变量沿 y 方向为恒量，上式可化简为

$$\frac{\mathrm{d}(k\sin\alpha)}{\mathrm{d}x}=0 \tag{4-11}$$

则

$$k\sin\alpha=C_1 \tag{4-12}$$

C_1 为常数，表明波数沿岸线方向的投影为常数。将上式除以角频率 ω，得

$$\frac{\sin\alpha}{c}=C_2 \tag{4-13a}$$

C_2 为常数，表明波浪在由深水向浅水传播过程中 $\frac{\sin\alpha}{c}$ 保持不变。这就是著名的斯奈尔(Snell)定律。C_2 可由深水波要素确定，故上式可写成

$$\frac{\sin\alpha}{c}=\frac{\sin\alpha_0}{c_0} \tag{4-13b}$$

式中：α_0，c_0 分别为深水处波向角和波速。

根据弥散方程，波速随水深的减小而减小。对于有平直和相互平行等深线的岸滩，当入射波向与等深线斜交时，同一波峰线上，水深会有不同(图 4-4)。这样会有水深较深的波列传播速度较快，而水深较浅的波列传播速度较慢，因此波峰线逐步调整方向，最终趋于平行于海岸线，波向线逐渐趋于垂直于海岸线(图 4-4)。斯奈尔定律将波向的变化与波速的变化建立了关系，因此斯奈尔定律通常又称为波浪折射定律。

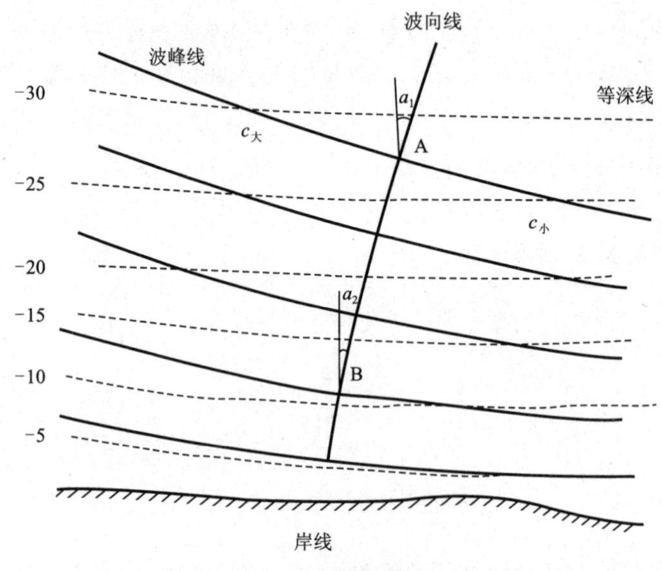

图 4-4　波浪的折射

2. 折射引起的波高变化

在稳定波场中，若假定波浪在传播过程中波能是守恒的，既没有能量输入也没有能量损失。也就是说，波能沿着波向传播，没有能量穿过波向线，因此相邻两波向线之间的波能流保持常数，或说通过相邻两波向线之间任一断面(b_1，b_2，b_3，…)的波能流相同(图 4-5)，即

$$(Ecn)_0 b_0 = (Ecn)_i b_i = const \tag{4-14}$$

i 为 1,2,3,n 等，表示断面编号。

$$H_i = H_0 \sqrt{\frac{c_0}{2(cn)_i}} \cdot \sqrt{\frac{b_0}{b_i}} = H_0 K_s K_r \tag{4-15}$$

波浪折射系数为

$$K_r = \sqrt{\frac{b_0}{b_i}} \tag{4-16}$$

$$\sin\alpha_i = \sin\alpha_0\left(\frac{c_i}{c_0}\right) = \sin\alpha_0\tanh(kd) \tag{4-17}$$

两列波向线是人为设定的、虚拟的，实际无法跟踪区分它们的间距变化，因此需要将折射系数转变为便于识别的参数来表示。图 4-5 所示，对于具有平直岸线及相互平行等深线的海滩，由于每一列波折射程度都相同，可知波向线 2 为波向线

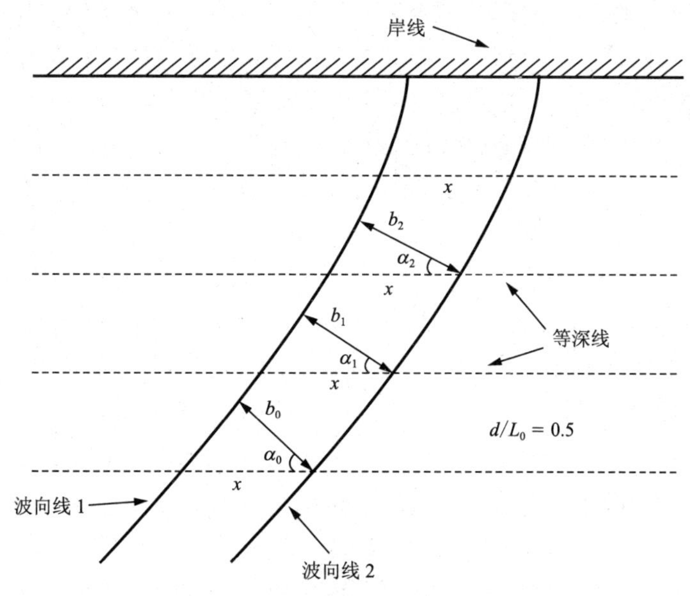

图 4-5　相邻波向线间距在传播中的变化

1 沿岸方向平移 x 之后的结果，所以有

$$\frac{b_0}{\cos\alpha_0} = \frac{b_i}{\cos\alpha_i} = x \tag{4-18}$$

式中

$$\alpha_i = \sin^{-1}\left(\frac{c_i}{c_0}\sin\alpha_0\right) \tag{4-19}$$

为更加直观给出折射系数，根据上面内容，可知折射系数也可由以下的(4-20)计算

$$K_r = \left(\frac{\cos\alpha_0}{\cos\alpha_i}\right)^{0.5} \tag{4-20}$$

将 c_i 和 c_0 代入式(4-19)与式(4-20)，折射系数可用下式表示

$$K_r = \left[\frac{1-\sin^2\alpha_0\tanh^2 kd}{\cos^2\alpha_0}\right]^{-\frac{1}{4}} \tag{4-21}$$

由式(4-21),给定深水波周期和波向以及近岸某处的水深,可以得到波浪折射系数和此处的波向。如深水周期 7 s,深水入射角度 35°(α_0),则 4 m 水深处的波向为 18°5′,折射系数为 $K_r=0.93$。

应该指出,斯奈尔定律对于平直和相互平行等深线这种简单的均匀海滩而言是适用的。但是,实际的海滩不可能那样简单和规则,对于复杂地形海域通常采用图解方法绘制折射图,也可用数值计算方法利用计算机求解和绘出折射图。上述折射原理是以规则波为基础的,未考虑波浪的不规则性。真实海面的波浪折射现象更加复杂,更合理的方法应将波谱概念引入波浪折射计算中。

当海底等深线平直且相互平行,波向线垂直于等深线入射,波浪不发生折射,即折射系数为 1,此时公式(4-15)简化为公式(4-7)。

由上述内容可知,折射作用的结果,一方面使波向线发生转折并逐步趋于与等深线垂直,另一方面使波高发生变化。波高变化的原因是由于波向线转折后,两相邻波向线的间距 b 不再保持常数(图 4-5)。在海岬岬角处,波向线将集中,间距 b 减小,这种现象称为辐聚,此处 $K_r>1$,波高将因折射而增大;在海湾里,波向线将分散,间距 b 则增大,称为辐散,此处 $K_r<1$,波高将因折射而减小。辐聚、辐散(图 4-6)的结果,将使海岸上各处的波高不等,这对海岸上泥沙运动有着重要影响。波浪辐聚处波能集中,波能密度大,反之,波浪辐散处波能分散,波能密度小,这样波能会从密度高的区域流向密度低的区域,这种波能流动为沿岸输沙提供了能量,可能会使得波浪幅聚处的泥沙向幅散处输移、落淤。因此我们常见沙滩多位于具有凹形岸线的海湾内。

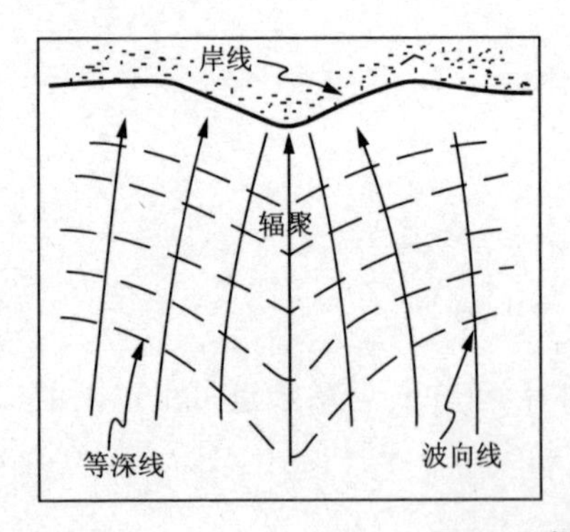

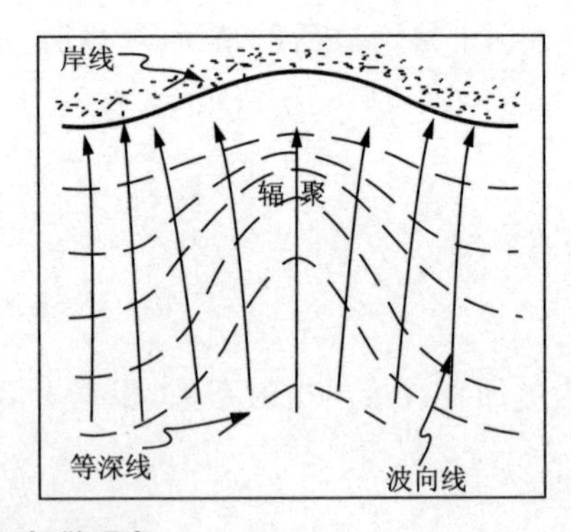

图 4-6 辐聚、辐散现象

例 4.1

已知 500 m 水深处波高为 2 m,波周期为 12 s,海滩为均匀坡度。试求出深水

波浪入射角度分别为 0°,30°和 45°时,400,300,200,100,90,80,70,60,50,40,30,20,18,16,14,12,10,8 和 6 m 水深处的波高和波向角。

解 利用 Matlab 程序 shoal. m 和 refra. m,编制程序求解,代码如下:

```
clc;
clear all;
depths=[500:-100:200 100:-10:20 18:-2:4];
thetas=[0 15 45];%深水波入射角
H0=1;%深水波高
T=15;%波浪周期
%预分配数组
H=zeros(length(thetas),length(depths));
theta=zeros(length(thetas),length(depths));
for i=1:length(thetas)
    aoi=thetas(i);% angle of incident
    for j=1:length(depths)
        d=depths(j);
        Ks=shoal(d,T);
        [Kr,thetaR]=refra(d,T,aoi);
        H(i,j)=H0 * Ks * Kr;
        theta(i,j)=thetaR;
    end
end
table(:,1)=depths';
table(:,2)=theta(1,:);
table(:,3)=H(1,:);
table(:,4)=theta(2,:);
table(:,5)=H(2,:);
table(:,6)=theta(3,:);
table(:,7)=H(3,:);
format bank;
disp(table);
```

计算结果见表 4-1。

表 4-1 浅水变形和折射计算结果

	$\theta=0°$		$\theta=30°$		$\theta=45°$	
水深(m)	θ	H	θ	H	θ	H
400	0	2.00	30.00	2.00	45.00	2.00
300	0	2.00	30.00	2.00	45.00	2.00
200	0	2.00	30.00	2.00	45.00	2.00
100	0	1.97	29.76	7.97	44.59	1.96
90	0	1.95	29.60	1.95	44.31	19.4
80	0	1.93	29.32	1.92	43.84	1.91
70	0	1.91	28.88	1.89	43.08	1.87
60	0	1.88	28.18	1.86	41.9	1.83
50	0	1.85	27.1	1.82	40.12	1.78
40	0	1.83	25.51	1.79	37.53	1.73
30	0	1.83	23.19	1.78	33.85	1.69
20	0	1.89	19.81	1.81	28.64	1.69
18	0	1.91	18.96	1.83	27.35	1.70
16	0	1.94	18.03	1.85	25.95	1.72
14	0	1.97	17.00	1.88	24.43	1.74
12	0	2.02	15.87	1.92	22.75	1.77
10	0	2.09	14.60	1.97	20.89	1.82
8	0	2.18	13.16	2.05	18.78	1.88
6	0	2.30	11.48	2.17	16.35	1.98

4.3 波浪的反射

当波浪在传播过程中遇到障碍物时，会产生反向传播的波浪，这种现象称为波浪反射(Wave Reflection)。波浪的反射波和原来的入射波叠加在一起，当反射面光滑、铅直、不损失的理想情况下，可以在障碍物前面形成驻波，其振幅可达原入射波振幅的两倍。因此，在存在驻波或部分驻波的海区进行建筑物高程和强度设计时，必须考虑波浪反射现象。另外，港内海浪的反射，可增加港内水面的振动，甚至产生港池振荡，不利于船舶的停靠和作业，因此设计港内建筑物的布局和结构时，

尽可能减少反射的影响。

当波浪遇到理想的光滑铅直平面障壁时，波能完全反射回原水域，则称为“完全反射”。此时入射波与反射波的振幅相等，传播方向相反。入射波与反射波叠加形成驻波，其振幅为原入射波的两倍。关于由于完全反射形成的驻波，其运动特性在 2.4 节中已经作了比较详细的论述。

一般情况下，障碍物反射面并非完全光滑、铅直，这样会使得波浪入射至反射面时，一部分能量会以渗透波的方式渗入有孔隙的结构物内，一部分能量会因摩擦作用，发生波面破碎等非线性效应而消耗，只有一部分能量以反射波形式反射回来，此时称为“部分反射”，所形成的波浪，成为“部分驻波”。对部分反射，反射波的波高 H_R 与入射波的波高 H_I 将不再相等，反射波的实际波高比入射波小，其大小取决于反射系数。

定义反射系数 K_R

$$K_R = \frac{H_R}{H_I} \tag{4-22}$$

反射系数与反射面的坡度、粗糙度、透水性、几何形状、反射面前相对水深，入射波的波陡以及入射角等因素有关。

反射系数和这些因素的关系是复杂的，还难以从理论上完善处理。一般通过模型实验或现场观测来确定，在海工建筑物前或是在波浪试验水槽中，波浪受到造波机和试验水工建筑物相互反射的影响，无法直接测量到入射波波高和反射波波高，而是通过测量合成的波面时程数值，采用两点法等分析方法，分析给出反射波，进而确定反射系数。关于如何确定不同情况下的反射系数，读者可以查阅相关文献。

4.4　波浪的绕射

波浪在传播中遇到障碍物如防波堤、岛屿或大型墩柱时，除可能在障碍物前产生波浪反射外，还将绕过障碍物继续传播，并在掩蔽区内发生波浪扩散，这是由于遮蔽区内波能横向传播所造成的，该现象称为波浪绕射(图 4-7)。绕射区内的波浪通常称为散射波。波浪绕射是波浪从能量高的区域向能量低的区域进行重新分布的过程，散射波在同一波峰线上的波高是不同的，随着离绕射起点长度的增加，波高会随之减小，但周期仍保持不变。港口等人工构筑物以及天然海域，都可能存在这样的障碍物，因此研究海浪的绕射现象，对于港口、防波堤的规划布置有重要的意义。对于海岸附近波高进行计算时，往往也要考虑绕射的影响，尤其是存在处于某些离岸堤、海岛等障碍物遮蔽区内的工程，则必须全面考虑绕射作用。计算作用在大型墩物或建筑物上的波浪力时，绕射作用是主要的。因此在海岸工程和海岸演变分析中波浪的绕射问题是一个主要问题。

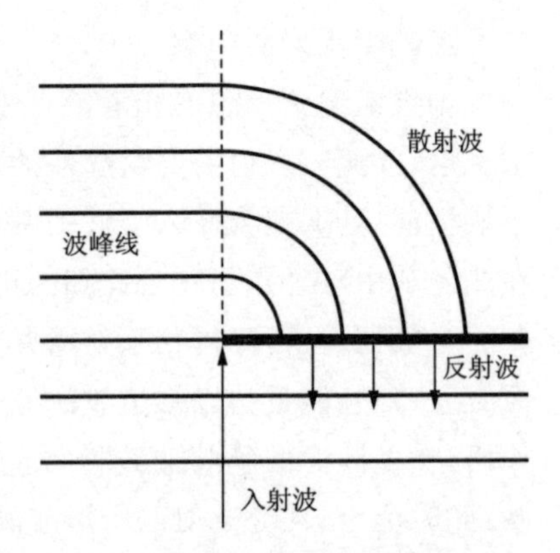

图 4-7 波浪的绕射

有关波浪绕射问题的详细讨论，读者可参阅有关专著（如 Stoker, J. J., 1992）或本书第 7 章内容。这里仅对波浪绕射这一问题作简要的叙述。

研究波浪绕射时，一般假定流体无黏性和不可压缩，运动是无旋的，水深为恒定。假设入射波是线性波，其速度势为 $\Phi_I(x,y,z,t)$ 表示。当入射波遇到障碍物时，在结构表面将产生一个散射波，其速度势为 $\Phi_s(x,y,z,t)$。入射波与散射波叠加达到稳定时将形成一个新的波动场（即受结构物扰动后的波浪场），其速度势为 $\Phi(x,y,z,t)$，显然总的速度势 $\Phi(x,y,z,t)$ 在整个波动场内满足拉普拉斯方程和相应的边界条件。即

$$\nabla^2\Phi=0 \tag{4-23a}$$

$$\left(\frac{\partial\Phi}{\partial z}+\frac{1}{g}\frac{\partial^2\Phi}{\partial t^2}\right)\bigg|_{z=0}=0 \tag{4-23b}$$

$$\eta=-\frac{1}{g}\frac{\partial\Phi}{\partial t}\bigg|_{z=0} \tag{4-23c}$$

$$\frac{\partial\Phi}{\partial z}=0\text{（水底 }z=-d\text{）} \tag{4-23d}$$

$$\frac{\partial\Phi}{\partial n}=0\text{（物面 }S(x,y,z)=0\text{）} \tag{4-23e}$$

将速度势 $\Phi(x,y,z,t)$ 表示为入射势和散射势和的形式

$$\Phi(x,y,z,t)=\Phi_I(x,y,z,t)+\Phi_s(x,y,z,t) \tag{4-24}$$

对线性波，其入射波 $\Phi_I(x,y,z,t)$ 是已知的。将式(4-24)代入式(4-23)，整理后得到散射波速度势的控制方程和边界条件，求解即得到散射势 $\Phi_s(x,y,z,t)$。

若求得散射波速度势后，即可得到总的速度势函数 $\Phi(x,y,z,t)$。波场中各运动特性如质点运动速度、加速度、轨迹和波压力等便不难得到。绕射区内任一点 (x,y) 处的波高 H 可由下式计算

$$\widetilde{H}=2\eta_{\max}=-\frac{2}{g}\left(\frac{\partial\Phi}{\partial t}\right)\bigg|_{z=0} \tag{4-25}$$

任一点波高 H 与入射波高 $\widetilde{H}$ 之比称为绕射系数 K_d，定义为

$$K_d = \frac{H}{\tilde{H}} \tag{4-26}$$

对于简单的地形或物体形状,定解问题(4-23a-e)存在解析解。但对于具有任意形状的海湾或障碍物,形状复杂,难以解析求解。目前多采用波浪缓坡方程或 Boussinesq 方程等波浪模型进行数值求解(见 4.6 节)。

4.5　波浪的破碎

在海洋中风大时,波陡达到一定值,波浪开始破碎。而当海浪传到浅水后,由于波长变短,波高增大,波陡迅速增大,波浪也可发生破碎。由于海底摩擦作用以及于波峰处,水深大,从而相速也大,而在波谷处,由于水深小,相速也小,导致波面变形。当波峰前的坡度很大时,便发生卷倒现象,在岸边形成拍岸浪,导致破碎(Wave Breaking)。

3.5 节中已经简要介绍了深水和浅水情况下的波浪的极限波陡和破碎指标。本节仅简要介绍波浪的破碎原因与破碎波类型。

4.5.1　波浪破碎原因

波浪破碎属强非线性运动,只有通过数值模拟才能量化分析波浪破碎作用。下一节有相关考虑了波浪破碎的数值模型介绍。本节则主要基于线性或弱非线性波浪运动特征,对波浪破碎原因作定性分析。

1. 运动学原因

前面在讲授波浪表面运动学边界条件时,前提之一是组成自由表面的水质点一旦在表面,就永远在表面。这样波浪不破碎条件是波峰处水质点水平速度 u 要小于波峰移动速度 c(相速度),即 $u <= c$。一旦这一条件被破坏,波峰处流体质点将会逸出波面,破浪开始破碎。

2. 动力学原因

如前所述,波浪水质点运动轨迹成椭圆形,自由表面水质点在运动过程中,受到离心力、流体压力以及自身重力,一旦波浪运动过快,离心力过大,水质点逃离圆周运动轨迹,而产生逃逸,产生波浪破碎。

4.5.2　破碎波类型

波浪在海滩上的破碎形态主要与深水入射波的波陡以及海滩的坡度有关,通常有 3 种类型(图 4-8):崩破波(Spilling)、卷破波(Plunging)和激破波(Surging)。

(1) 崩破波。一般发生在海滩坡度较平缓且波陡较大的情况。波浪以崩破波破碎时,首先在峰顶出现少量浪花,随着波浪向前传播,峰顶处的浪花不断地发生,直至海岸线附近,波面前侧布满泡沫,波浪消失。波峰开始出现白色浪花,逐渐向波浪的前沿扩大而崩碎的波型,波的形态前后比较对称。

(2) 卷破波。发生在海滩坡度中等、波陡也中等的情况。这种波浪破碎时,先是波浪的前沿变得立陡,然后卷曲,波峰形成水舌投向水中,出现较大的漩涡与范围较大的浪花与泡沫。波的前沿不断变陡,最后波峰向前大量覆盖,形成向前方飞溅破碎,并伴随着空气的卷入。

(3) 激破波。在海滩坡度较大而波陡较小时发生。开始时它的波峰变尖,随即在波前沿的根部发生激散破碎,掺混着泡沫涌上滩面,波峰随之坍塌而消失。波的前沿逐渐变陡,在行进途中从下部开始破碎,波浪前面大部分呈非常杂乱的状态,并沿斜坡上爬。

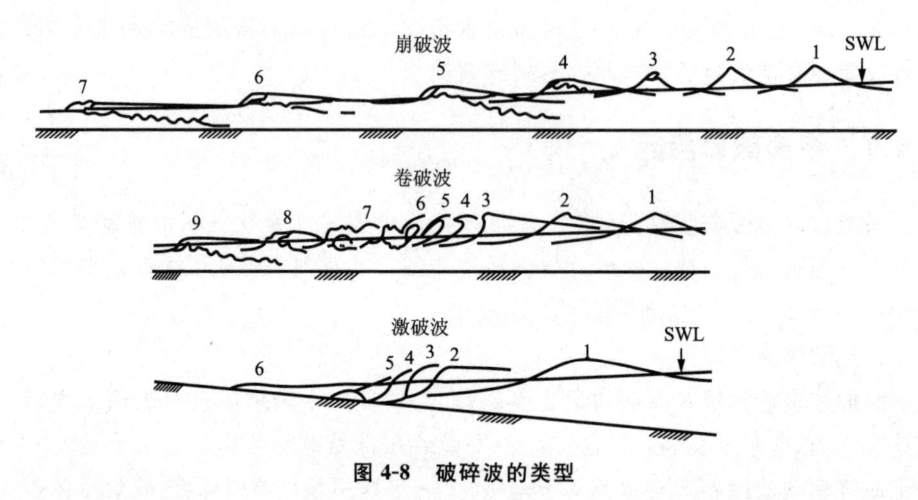

图 4-8　破碎波的类型

破碎波的类型主要取决于波陡与海底坡度,一般用 Iribarren 数来判别。其定义为

$$\xi=\frac{\tan(\alpha)}{\sqrt{H_b/L_0}}=\frac{\tan(\alpha)}{\sqrt{s_0}} \tag{4-27}$$

其中 s_0 为用深水波长表示的位于破碎点的波陡。对不同的破碎波,其典型值如下。

崩破波:$\xi<0.4$;

卷破波:$0.4<\xi<2.0$;

激破波：$\xi > 2.0$。

波浪的破碎类型对于海滩上的泥沙运动以及海滩剖面冲淤演变有着重要影响。据实际观测，崩破波和卷破波水体内均出现较大范围的漩涡和紊动，但崩破波的漩涡与紊动仅发生在水表面，而卷破波可以深入到海底。卷破波发生处，波浪剧烈冲击海底，掀动大量泥沙，同时通过波能大量耗散所形成的强烈紊流，使得底部泥沙可能悬浮至整个水深范围，而在崩破波处，底部泥沙悬移的高度有限。

4.6　复杂地形情况下的波浪传播与变形数值计算

值得指出，近岸区域水底一般都不是水平或均匀坡度的，岸线也不是平直的，波浪在由深海向近海传播的过程中会同时发生折射、绕射、破碎等复杂现象。研究近岸区域波浪的传播，必须同时考虑这些水波现象，这些通常通过波浪传播数值模拟进行的。目前有多种类型的波浪传播数学模型，由于物理假定不同，这些数学模型的适用范围有所不同。本章选择较为常用的四类波浪模型：Boussinesq 类方程、缓坡方程、谱模型、非线性浅水方程。

4.6.1　Boussinesq 类方程

1872 年 Boussinesq 考虑波浪在平底传播时非线性浅水方程的色散效应推导方程。以后 Boussinesq 理论又扩展到深水短波而成为模拟近岸区域波浪传播的工具之一。Boussinesq 方程是基于浅水波方程，包含了频率频散项和非线性低阶效应项。但由于该方程所包含的非线性及色散性限制了该方程的应用范围，使之只适用于浅水区。后来一些学者对 Boussinesq 方程进行了改进，使方程模拟波浪从深水到浅水传播的全过程成为可能。

4.6.2　缓坡方程

Berkhoff(1972)首先提出了缓坡方程(Mild Slope Equation-MSE)。Berkhoff 在线性理论和缓变水深的条件下引入了一个表示地形缓变的小参数，将波动速度势函数分解为沿水深变化函数和复振幅，应用自由表面边界条件的线性化形式和水底边界条件，利用摄动方法将三维波动问题化为二维平面问题，推出了联合折射-绕射的二阶偏微分方程，即波浪-折射绕射综合作用方程。该方程适用于深水和浅水，可以考虑不规则地形下的波浪折射、绕射、反射、浅水变形等多种水波现象。

4.6.3 谱模型

随着对各种物理过程认识的深入，参数化的形式不同，模型经历了 20 世纪 60 年代的第一代模式到 20 世纪 80 年代的第三代 WAM 模式的发展。WAM 波浪模型和 WAVEWATCH 波浪模型是两个国际上著名的第三代波浪模型。它们主要用于全球尺度的波浪计算。荷兰 Delft 理工大学针对近海波浪计算的应用，总结了历年波浪能量输入、耗散和转化的研究成果，通过引入深度诱导破碎、三阶波一波间相互作用和具有二阶或三阶耗散的二阶迎风格式对已有的第三代波浪模型进行了修改，建立了适用于海岸、湖泊和河口地区的 SWAN 波浪模型。第三代波浪产生模型 SWAN，是一种基于能量守恒原理的波浪谱模型，各种物理过程（如风生浪作用、底摩擦耗散、波浪破碎、波一波相互作用等，但不能考虑波浪的绕射作用）用不同的源函数表示，有效地简化了波浪场的动力学。同时它对空间和时间步长没有苛刻的要求，可适用于比较大区域和长时间尺度的计算。

4.6.4 非线性浅水方程模型

基于非线性浅水方程的非静压波浪模型在模拟波浪、在破波带及波浪上爬带时具有很大的优势。近年来，Delft 理工大学开发了基于非线性浅水方程的分层、非静压波流模型 SWASH，可以用来模拟波浪在近岸、破碎带、上爬带、港池等复杂地形的传播。SWASH 模型本身自动包含波一波非线性相互作用、波流相互作用、波浪破碎、上爬等过程，可以采用水深平均模式或垂向分层模式运行。与 Boussinesq 方程相比，SWASH 模型通过增加垂向的层数而非增加方程相关变量的阶数来提高其色散型；垂向两层即可达到 kd＝7 的色散效果。在模型的计算效率和稳定性方面，该模型被认为明显优于传统的 Boussinesq 方程。

4.6.5 模型比较分析与应用范围推荐

上述四类波浪传播与变形模型，由于其物理机理与过程不同，有着不同的使用范围。一般而言，谱模型被用来模拟风浪的产生以及从深水到近岸的传播过程，而在港池、破碎带等区域模拟效果欠佳；缓坡方程同样适用于近岸的波浪传播过程，但是难以在地形变化剧烈的区域使用。谱模型和缓坡方程模型同属于线性模型，在波浪非线性作用不可忽视的浅水地区，Boussinesq 方程及非静压浅水方程模型的模拟效果更好。在工程中，Boussinesq 方程多用来模拟波浪导致港池共振等现象，在波浪破碎集

中的区域模拟效果一般。非静压浅水方程模型则更适合在破碎带、上爬带等区域使用。表 4-2 列出了各种模型对不同物理过程的描述能力及其推荐适用范围。

表 4-2 各类波浪模型推荐适用范围对比

	波作用量谱模型	缓坡方程(抛物型)模型	Boussinesq 方程模型	非线性浅水方程模型
折射	√	√※	√	√
绕射	√※	√	√	√
反射	×	×	√	√
弥散性	好	好	差※	无
非线性	差	差	差※※	好
波浪破碎	好	好	差	中等
风能输入	√	×	×	×
波浪爬高	×	×	√	√
相位	相位平均	相位解析	相位解析	相位解析
计算速度	快	快	慢	中等
计算稳定性	好	好	差	好
适用区域	大陆架至近岸	深水至浅水	中等水深至浅水	浅水※
开源模型	SWAN、WAM	REF/DIF	FUNWAVE	SWASH
备注	※近似考虑	※波浪传播主方向 45°以内	※改进版可具有较高的弥散性 ※※改进版可具备较强的非线性	※适用于破碎带及上爬带

4.6.6 应用案例介绍与分析

表 4-2 对四类主要波浪模型进行了推荐适用范围介绍，主要体现在工程应用时，各类模型适用范围有所不同。一般情况下，波作用量模型通常用于设计波要素推算，缓坡方程通常用于海岸区波浪传播变形计算，Boussinesq 方程主要用于港池等区域的泊稳条件推算，非线性浅水方程模型主要用于破碎区波浪计算。为更加直观了解各类波浪模型应用范围，本节选取图 4-9 所示四个区域作为计算案例，旨在帮助读者了解模型应用范围。

图 4-9 所示的四个计算域分别是山东半岛南侧海域（几百千米）、靖海湾海域（几十千米）、港池内以及附近（几千米）以及沙滩（几千米）。

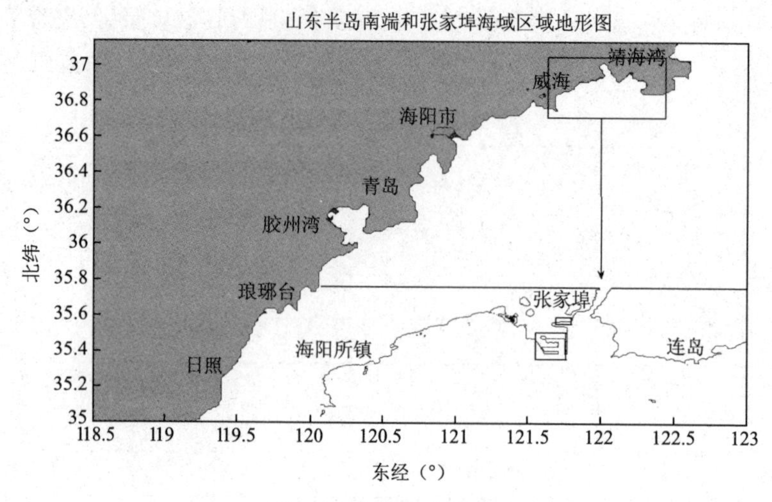

图 4-9　各计算区域范围

SWAN 用来计算整个区域 1（山东半岛南侧海域）的波浪场，其开边界来自于包括山东半岛海域的更大范围海域。区域 1 边界处输出结果作为区域 2（整个靖海湾）缓坡方程 REF/DIF 模型的边界条件；区域 2 中的两块分别为港池区域和沙滩区域，这两块分别用 Boussinesq 方程和 SWASH 模型进行模拟，边界条件来自于区域 2 在开边界处的计算结果。

图 4-10 显示了山东半岛南侧海域 2011 年极值有效波高分布，图 4-11 显示了靖海湾同年的极值有效波高分布，图 4-12 显示了港池内部及附近海域同年极值波浪入射情况下的比波高分布，图 4-13 显示了靖海湾沙滩同年的极值波高分布。

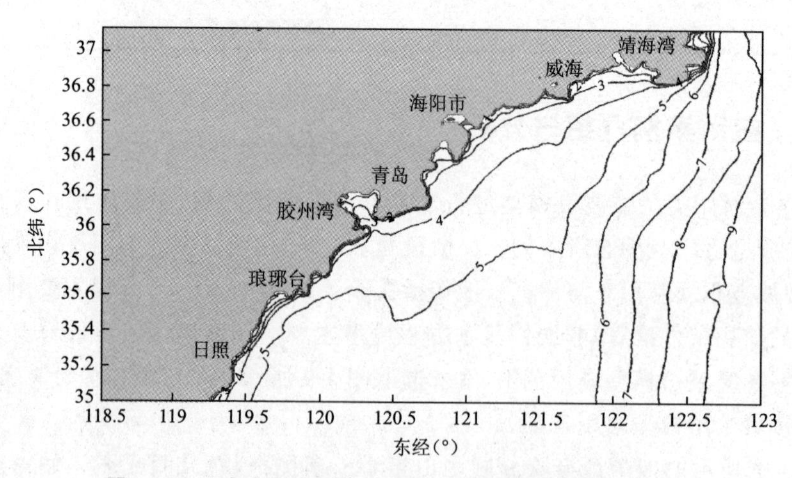

图 4-10　山东半岛南侧海域 2011 年极值有效波高分布（m）

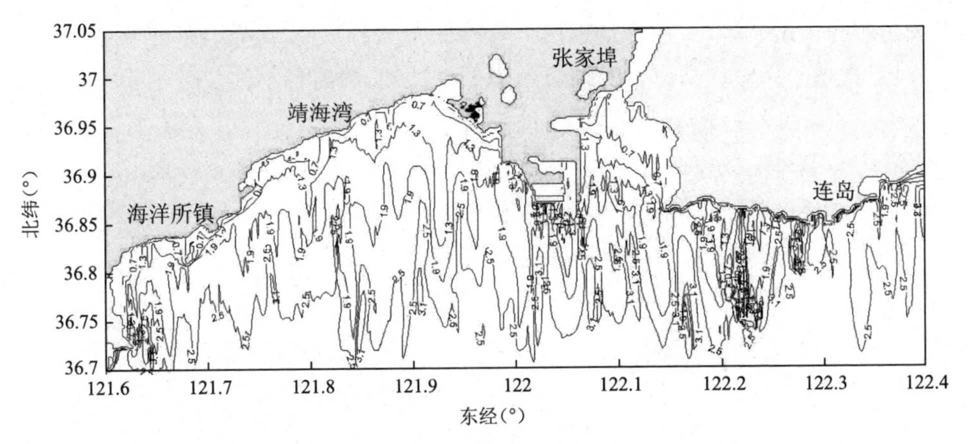

图 4-11　靖海湾 2011 年极值有效波高分布(m)

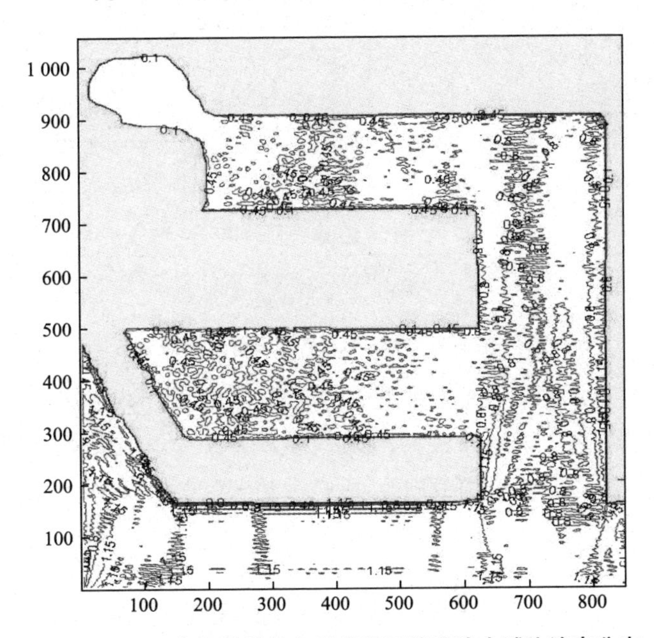

图4-12　2011 年极值波浪入射情况下的港池水域比波高分布

上述山东半岛南侧海域,空间尺度属几百千米范畴,水深较深,波浪折射与绕射等作用不明显,但要考虑海面风对海水动量输入影响。一般情况下,因其为相位平均算法,可用于数百千米较大区域范围计算,因此工程界常采用 SWAN 模型计算深水波要素。靖海湾海域,其空间尺度属几十千米范畴,水深属中等水深及以浅,波浪折射与绕射作用不可忽略,但由于范围相对较大,因此通常适合于采用抛物型缓坡方程波浪模型求解波浪。港池泊稳条件是港口构筑物平面布局的主要考虑因素之一,其空间尺度多属几千米范畴以内,几何形状较为复杂,波浪折射绕射以及反射等作用显著，工程界常采用 Boussinesq 方程模型求解波浪，进而给出比波高（内部波高与入射波高比值），结合各个泊位功能，判断各个泊位的泊稳条件。波浪对于沙质海岸泥沙运动至关重要，波浪破碎入射至海滩在经历了浅水变形后，最终以破碎的形式耗散掉所有能量，因此沙质海岸波浪计算需要更好地考虑波浪非线性与破碎过程，可采用非线性浅水方程模型（典型模型之一 SWASH）进行计算。图 4-13 给出了靖海湾北侧旅游沙滩岸线（属几千米范畴）的波高分布情况。

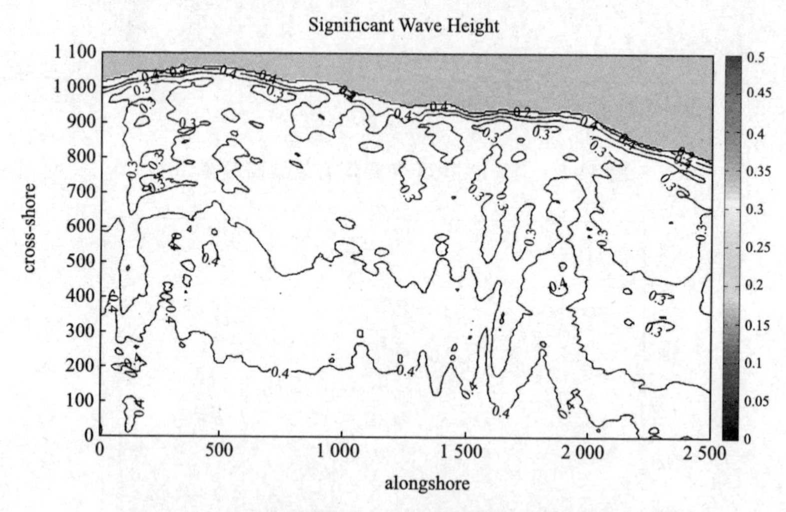

图 4-13　靖海湾海滩 2011 年极值有效波高分布（m）

上述案例围绕各类波浪模型推荐适用范围，给出了简要的波浪计算示例，也给出了各波浪模型计算中开边界获取方式，仅供读者参考。具体模型参数设置、执行过程以及各模型理论介绍等细节内容，可参考相关模型说明书。此处限于篇幅，不再赘述。

思考题与习题

1. 波浪在深水中向前传播时影响其能量损失的因素有哪些？长周期与短周期波哪一个传播距离更长？

2. 什么是波浪守恒？波浪守恒前提是什么？由此可以得到什么重要结论？

3. 波浪由深水向浅水正向传播时，波浪参数（波长、波速、周期、波高）会发生什么变化？

4. 基于线性波理论与均匀海滩地形，分析波浪折射产生的原因，并给出波浪折

射会引起波浪哪些参数变化？如何变化？

5. 波浪破碎原因是什么？波浪破碎类型有哪些？各自在什么条件下发生？

6. 周期 $T = 10$ s 的波浪向近岸传播，假定海底为均匀坡度，求 $d = 200$ m 和 $d = 3$ m 处的波速 c 和波长 L。

7. 已知某一均匀坡度海滩，500 m 水深处，波高为 1 m，周期 15 s，入射角 45°，求出水深为 10 m 处的波高与波向角。

第5章　随机波浪理论

前面章节讲述的波浪，都是具有固定波高、周期和传播方向的单一波浪（单色波——Monochromatic Waves），其波面形状是规则的（Regular）。然而观测海面可以看出，实际海面上的波浪都是高高低低、长长短短、此起彼伏、瞬息万变的，呈现不规则（Irregular）形状。大量的观测资料都表明，实际海面是由不同波高、周期和传播方向的波浪组成的，并呈现出随机特性，称为随机波（Random Wave）或不规则波（Irregular Wave）。

既然实际海浪为一随机现象，观测到的波浪性质就必然随时间与空间位置而具有不同值亦为随机量，故可将波浪过程视为随机过程，一方面可以利用概率论和数理统计理论（时域特性）对其进行研究，另一方面可以从随机波浪的波浪能量相对于波浪频率的分布（频域特性）来研究。频域特性通常用谱（Spectrum）来表示，随机过程由时域向频域的变换称为随机过程的谱分析。当前波浪谱已成为波浪研究的中心问题，从波浪观测、资料处理到研究成果的应用，都与谱密切相关。

5.1　海浪的观测与描述

5.1.1　海浪是随机过程

自然界，海面上的波浪都是高高低低、长长短短、此起彼伏、瞬息万变的。这是由于产生波浪的风，其速度和压力相对于位置和时间的变化是极复杂的，使得海面呈现波涛汹涌、变幻莫测的景象。所以实际海浪远比规则波描述的波动复杂得多。图5-1为某定点观测得到的海面波动的时间过程。可以看出，海面波动是非常不规则的；波动值随着时间具有不同的数值，是一个随机量。可见海浪具有明显的随机性，采用第2、第3章确定性的函数来描述这种实际海浪是非常困难的。自20世纪50年代，人们将无限多个振幅、频率、方向、初相位不同的简单组成波叠加起来表示随机海浪。但与确定性波浪理论中的叠加不同，此处组成波中的初相位是一个随机量，从而叠加的结果为随机函数。它适合于反映海浪的随机性，已经被证明这种研究方法是有效的，并成为研究海浪的主要手段。

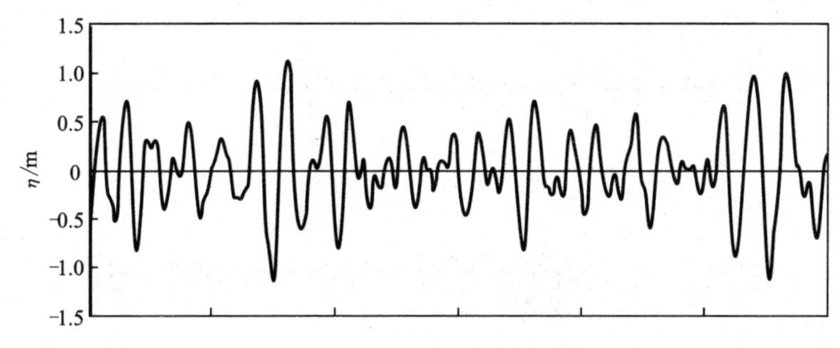

图 5-1　海面波动的时间历程

既然海浪是一个随机现象，其波动特性随时间 t 的变化过程可以用一个随机过程来表示，这样我们就可以用概率统计理论来讨论海浪的统计特性。

设某海域处于同一天气形势下，风场的宏观结构相同，水深足够大，并认为水深对海浪的影响可以忽略。为了研究这一海域的海浪特性，应沿风区设置足够多的观测点 1，2，…，n，同步记录各观测点的波面高度 $\eta^{(1)}(t)$，$\eta^{(2)}(t)$，…，$\eta^{(n)}(t)$，如图 5-2 所示。由于海浪的随机特性，不同点的波面观测记录是不同的，但反映的却是同一海浪状态。无限多测点的波面记录组成了随机过程 $\eta(t)$ 的总体 $\{\eta(t)\}$，一个观测点的观测记录称为该随机过程的一次实现或一个样本函数 $\eta^{(n)}(t)$。所以总体 $\{\eta(t)\}$ 就是组成波面随机过程的样本函数 $\eta^{(n)}(t)$ 的集合。为了得到总体 $\{\eta(t)\}$ 的统计特性，就必须对各个测点得到的样本函数进行数学运算。但海浪是难以观测的，通常只能设置少数甚至一个测点。所以就出现了这样一个问题，是否可以用少数甚至单个测点的海浪记录来分析海浪的总体统计特性？也即少数测点的海浪记录是否具有代表性？这是一个很重要的问题。因为如果具有代表性，就可以通过单个或几个测点的记录来分析较大范围的海浪特征。一般来说，某随机过程的一个样本是不能代表随机过程的总体特征的。但如果把海浪看作是平稳的、各态历经的随机过程，就具有代表性了。各态历经性保证可用一个样本代替总体，推求随机过程总体的统计特征；平稳性则保证记录上时间起点不影响推求的结果。

那么，波浪是否具有平稳性和各态历经性呢？这从数学上进行论证是非常困难的，但可以从物理意义上进行分析，海浪是具备平稳性和各态历经性的。

首先，根据理论和实验分析，波浪可视为无限多个随机的简单余弦波叠加的结果。所以合成波的波面高度的均值 $\overline{\eta(t)}$ 为零，即满足海浪随机过程均值为常值的条件。

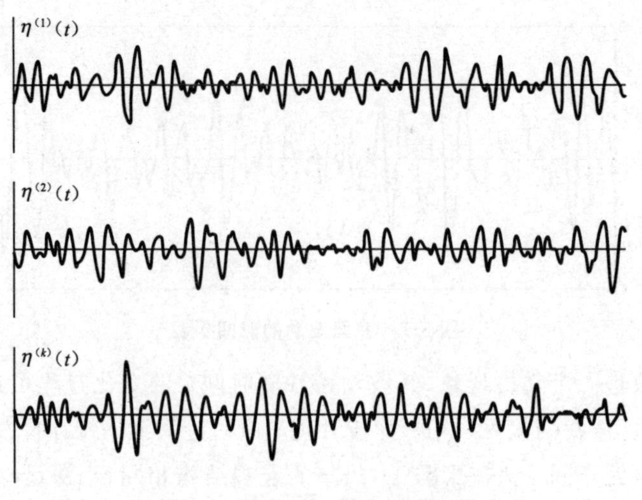

图 5-2　不同点的海面波动时程

其次，波面高度的方差 $\overline{\eta^2(t)}$ 与单位面积铅直水柱的波浪势能成正比，也即 $\overline{\eta^2(t)}$ 可以看作是波浪能量的一个度量。当海浪处于稳定阶段时，能量的增减速率都很小，波面高度的方差变化缓慢，故波浪可以视为准平稳过程。所以在较短的时间内，波浪仍可以当作平稳随机过程。

最后，从自相关函数来分析。自相关函数反映随机过程中相隔 τ 的两个随机函数值的相关程度。随着 τ 的增加，前面的波对相关时间 τ 的波面高度的联系将逐渐减弱；当 $\tau \to \infty$ 时，$R(\tau)=0$，这就具备了各态历经的条件。故海浪具有各态历经性。

综上所述，海浪具备了平稳性和各态历经性的条件，能够利用单个或少数几个测点的波浪记录，从任意时刻开始选取合适的时段进行统计分析，求出相关统计特征值来表示海浪的总体特征值。

5.1.2　随机变量及其统计特征

1. 概率密度函数与概率分布函数

随机函数 $x(t)$ 在 x 处的概率分布密度函数 $p(x)$ 定义为

$$p(x)=\lim_{\Delta x\to 0}\frac{P_{rob}[x<x(t)<x+\Delta x]}{\Delta x} \tag{5-1}$$

概率分布密度函数 $p(x)$ 为非负实函数。随机函数 $x(t)$ 小于等于某值 x 的概率，称为概率分布函数(Probability Distribution Function)，记为 $P(x)$，即

$$P(x)=P_{rob}[x(t)\leqslant x]=\int_{-\infty}^{x}p(x)\mathrm{d}x \tag{5-2}$$

$P(x)$ 为一条位于直线 $P(x)=0$ 和 $P(x)=1$ 之间单调递增的连续曲线。$P(x)=1/2$ 所对应的 x 值称为中值。概率分布密度函数 $p(x)$ 和概率分布函数 $P(x)$ 之间具有如下的关系

$$\frac{\mathrm{d}P(x)}{\mathrm{d}x}=p(x) \tag{5-3}$$

在工程中，经常会用到随机函数 $x(t)$ 大于等于某值 x 的概率，即超值累积概率分布函数的概念，记为 $F(x)$，定义为

$$F(x)=P_{rob}[x(t)\geqslant x]=\int_{x}^{\infty}p(x)\mathrm{d}x=1-P(x) \tag{5-4}$$

概率分布密度函数 $p(x)$、概率分布函数 $P(x)$ 如图 5-3 所示。

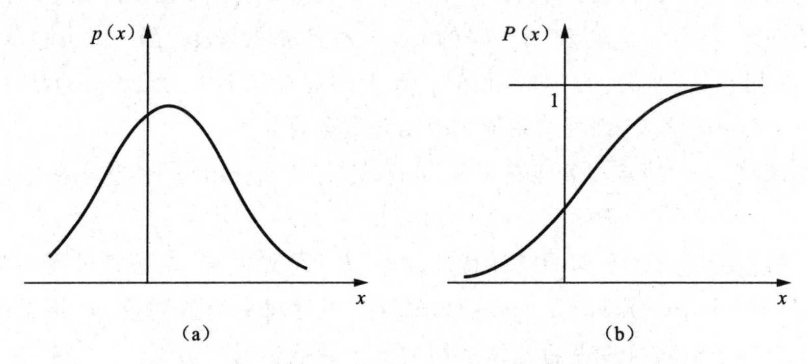

图 5-3　概率分布密度函数 $p(x)$、概率分布函数 $P(x)$

2. 统计特征值

(1) 数学期望(均值)和均方值

数学期望(Expected Value)指随机函数 $x(t)$ 的总体平均值，也是一阶原点矩，用 μ_x 或 $M[x]$ 表示。若随机函数 $x(t)$ 的概率密度分布函数为 $p(x)$，则数学期望定义为

$$\mu_x=M[x]=\int_{-\infty}^{\infty}xp(x)\mathrm{d}x \tag{5-5}$$

均方值指随机函数 $x(t)$ 平方的总体平均值，也是二阶原点矩，记为 $M[x^2]$，其定义如下

$$M[x^2]=\int_{-\infty}^{\infty}x^2p(x)\mathrm{d}x \tag{5-6}$$

均方值的平方根称为均方根值(Root Mean Square)，用 x_{rms} 表示。

$$x_{rms}=\sqrt{M[x^2]} \tag{5-7}$$

随机函数 $x(t)$ 的均值仅说明了随机函数值总体平均的大小，但是没有反映出

偏离均值的离散程度，为此引入方差或均方差的概念。

(2) 方差与均方差

随机函数与其数学期望的离差为 $x-\mu_x$，用离差的平方的数学期望来表示随机函数相对于其数学期望的离散程度，称为方差(Variance)。方差的定义为

$$D[x]=M[(x-\mu_x)^2]=\int_{-\infty}^{\infty}(x-\mu_x)^2p(x)\mathrm{d}x=M[x^2]-\mu_x^2 \tag{5-8}$$

随机函数 $x(t)$ 方差的平方根称为均方差(Standard Deviation)，记为

$$\sigma_x=\sqrt{D[x]} \tag{5-9}$$

(3) 自相关函数

随机函数 $x(t)$ 的自相关函数(Auto-correlation Function)描述一个时刻 t 的随机函数值 $x(t)$ 与另一个时刻 $t+\tau$ 时的 $x(t+\tau)$ 的相关程度。当 τ 很小时，$x(t)$ 与 $x(t+\tau)$ 密切相关，即当 $x(t)$ 取某值时，$x(t+\tau)$ 将以相当大的概率临近于 $x(t)$ 所取的值。随着 τ 的增大，相关关系随之减弱并直至为 0。

随机函数 $x(t)$ 的自相关函数定义为 $x(t)$ 与 $x(t+\tau)$ 乘积的数学期望，记为

$$R(t,t+\tau)=M[x(t)\cdot x(t+\tau)] \tag{5-10}$$

当随机过程的总体平均的统计特征值不随时间变化时，该随机过程称为平稳随机过程(Steady Stochastic Process)。而若按照时间平均的均值、自相关函数等统计特征值等于该随机过程的总体平均的统计特征值时，则称该平稳随机过程具有各态历经性(Ergodicity)。对于平稳随机过程，具有各态历经性的充要条件为

$$\tau\rightarrow\infty, R(\tau)=0 \tag{5-11}$$

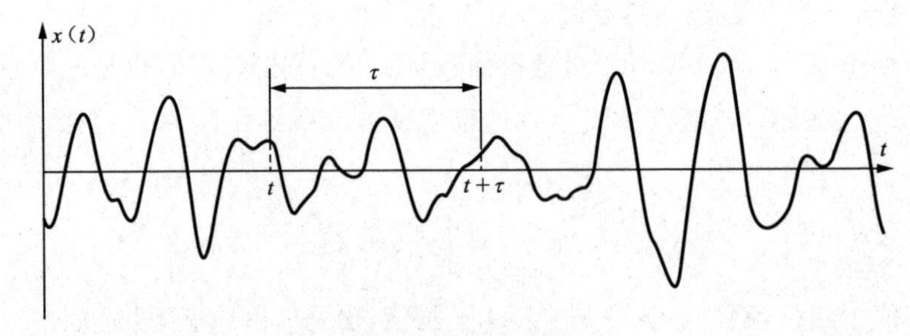

图 5-4　自相关函数

对平稳的具有各态历经性的随机过程，可以用其一次实现代替总体，且统计特征值与时间起点没有关系，于是统计特征值为

均值：$M[x(t)]=\overline{x(t)}=\lim\limits_{T\rightarrow\infty}\dfrac{1}{T}\int_0^T x(t)dt$　(5-13)

自相关函数：$R(\tau)=\overline{x(t)x(t+\tau)}=\lim\limits_{T\rightarrow\infty}\dfrac{1}{T}\int_0^T x(t)x(t+\tau)\mathrm{d}t$　(5-14)

3. 三种重要的概率分布函数

(1) 均匀分布(Uniform Distribution)

均匀分布也称为等概率分布,其概率分布密度函数在区间$[a,b]$内为常量,在区间外为零。如图 5-5 所示。

$$p(x)=c=\begin{cases}\dfrac{1}{b-a} & a\leqslant x\leqslant b\\ 0 & others\end{cases} \tag{5-15}$$

(2) 正态分布(高斯分布 —Gaussian Distribution)

正态分布由高斯于 1795 年提出,故又称高斯分布。正态分布概率密度分布函数为

$$p(x)=\frac{1}{\sqrt{2\pi}\sigma_x}\exp\left[-\frac{(x-\mu_x)^2}{2\sigma_x^2}\right] \tag{5-16}$$

其中 μ_x,σ_x 分别为 x 的均值和均方差。正态分布的概率密度分布曲线如图 5-6 所示。

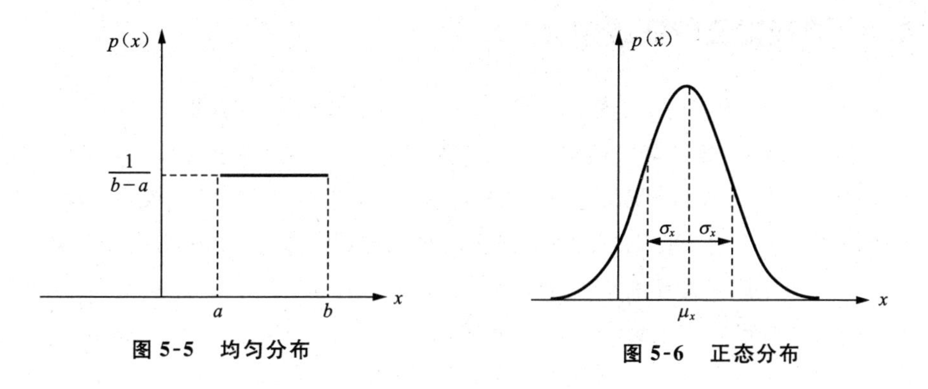

图 5-5　均匀分布　　图 5-6　正态分布

当 $\mu_x=0,\sigma_x=1$ 时,得到

$$p(x)=\frac{1}{\sqrt{2\pi}}\exp\left[-\frac{x^2}{2}\right] \tag{5-17}$$

称为标准正态分布。

(3) 瑞利分布(Rayleigh Distribution)

瑞利分布(图 5-7)是由 Rayleigh 在 1880 年提出的分布规律,故称。瑞利分布的概率密度分布函数为

$$p(x)=\begin{cases}\dfrac{\pi x}{2\mu_x^2}\exp\left[-\dfrac{\pi}{4}\left(\dfrac{x}{\mu_x}\right)^2\right] & x\geqslant 0\\ 0 & x<0\end{cases} \tag{5-18}$$

概率分布函数为

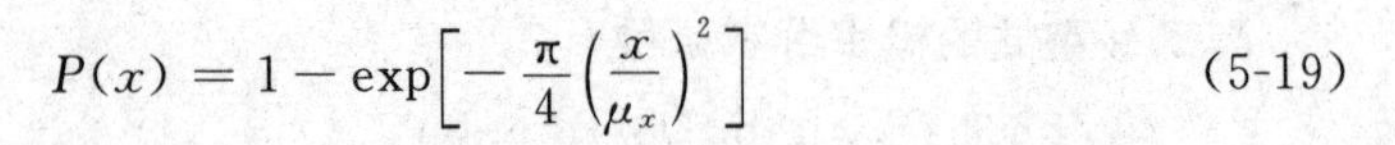

$$P(x) = 1 - \exp\left[-\frac{\pi}{4}\left(\frac{x}{\mu_x}\right)^2\right] \tag{5-19}$$

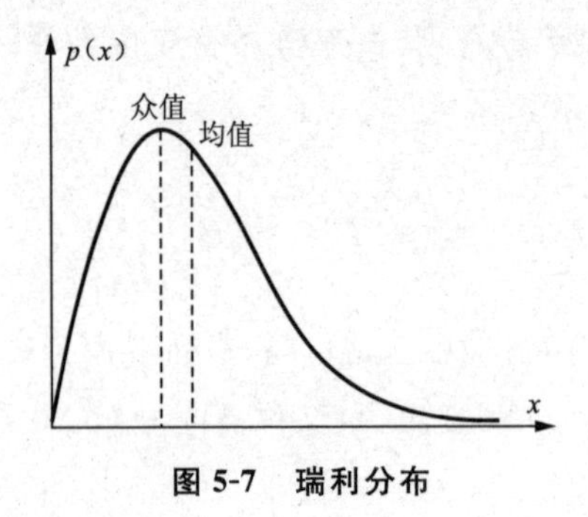

图 5-7 瑞利分布

5.2 随机海浪的统计特征

5.2.1 波要素及特征波定义

如前所述，海面波动是非常不规则的，波动值随着时间具有不同的数值，是一个随机量。那如何来定义随机波浪的波高和周期呢？目前比较通用的方法是跨零定义法，包括上跨零点法和下跨零点法，二者的基本原理是一样的，统计结果也相同(除非靠近破波带地方)。下面以上跨零点法为例来讲述随机海浪波高和周期的定义。

图 5-8 为某定点观测的波面高度时间历程曲线。取平均水面为零线，把波面上升与零线的交点定义为上跨零点，如图中的 z_1'，z_2'，…。如果横坐标为时间，则两个相邻上跨零点的间距就是这个波的周期；若坐标轴为距离，则此间距就是这个波的波长。把相邻两个上跨零点间的波峰最高点至波谷最低点的垂直距离定义为波高。对于中间的小波动，只要不与零线相交就不予考虑。

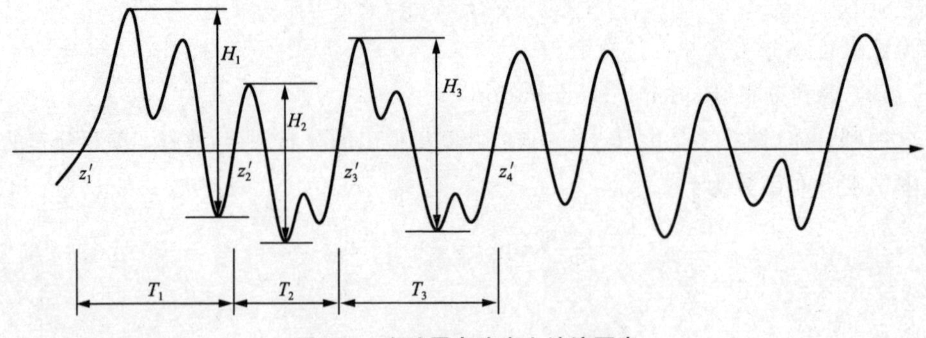

图 5-8 上跨零点法定义波浪要素

由于波面的随机性，波高 H 和周期 T 也是一个随机变量，因而在随机波浪理论中有不同波高值定义的特征波高。

1. 部分大波平均波高

最大波 H_{max}，T_{Hmax}：波浪序列中波高最大值对应的波浪。

平均波 $\overline{H}$，$\overline{T}$：波列中所有波浪的平均波高和平均周期。

十分之一大波 $H_{1/10}$，$T_{H1/10}$：将波浪序列中的各个波从大到小排列，取前面十分之一大波的平均波高和平均周期作为代表性波(特征波)。

三分之一大波 $H_{1/3}$，$T_{H1/3}$：将波浪序列中的各个波从大到小排列，取前面三分之一大波的平均波高和平均周期作为代表性波(特征波)，又称为有效波(Significant Wave)，用 H_s，T_s 表示。

2. 超值累积率波高

超值累积率波高 H_F 是指波列中超过此波高的累积概率为 F(F 常用百分数表示)。常用的有 $H_{1\%}$，$H_{5\%}$，$H_{13\%}$ 等。

部分大波平均波高和超值累积率波高可由实测资料经过统计分析得到。大量资料表明，$H_{13\%}$ 约等于 $H_{1/3}$，$H_{4\%}$ 约等于 $H_{1/10}$。

例 5.1

已知某波高序列如表 5-1 所示，试确定平均波高、平均周期、有效波高、有效周期。

表 5-1　某波高序列

序号(i)	1	2	3	4	5	6	7	8	9	10	11	12	13	14	15
H(m)	5.5	4.8	4.2	3.9	3.8	3.4	2.9	2.8	2.7	2.3	2.2	1.9	1.8	1.1	0.23
T(s)	12.5	13.0	12.0	11.2	15.2	8.5	11.9	11.0	9.3	10.1	7.2	5.6	6.3	4.0	0.9

解　(1) 平均波高、平均周期

$$\overline{H}\frac{1}{15}\sum_{i=1}^{15}H_i = 2.9\ \text{m} \qquad \overline{T} = \frac{1}{15}\sum_{i=1}^{15}T_i = 9.25\ \text{s}$$

(2) 有效波高、有效周期

$$H_s = \frac{1}{5}\sum_{i=5}^{5}H_i = 4.44\ \text{m} \qquad T_s = \frac{1}{5}\sum_{j=1}^{5}T_j = 12.9\ \text{s}$$

5.2.2 波高分布

平稳海况下的海浪可视为平稳的具有各态历经性的随机过程，波动可以看作无限多个振幅不等、频率不等、初相位随机，并沿 x, y 平面上与 x 轴成不同角度 θ 的方向传播的简谐余弦波叠加而成。这种随机海浪的描述方式（海浪模型）是由 Longuet-Higgins 提出的。其波面表达式为

$$\eta(x, y, t) = \sum_{n=1}^{\infty} a_n \cos(k_n x \cos\theta_n + k_n y \sin\theta_n - \omega_n t - \varepsilon_n) \tag{5-20}$$

上式中：a_n—— 单个组成波的振幅；

ω_n—— 单个组成波的频率；

k_n—— 单个组成波的波数；

θ_n—— 单个组成波的传播方向角度，$0 < \theta_n \leqslant 2\pi$；

ε_n—— 单个组成波的初相位，是 $0 \sim 2\pi$ 之间均匀分布的随机量。

对某固定点的波面高度，波面表达式(5-20)可以简化为

$$\eta(t) = \sum_{n=1}^{\infty} a_n \cos(\omega_n t + \varepsilon_n) \tag{5-21}$$

平稳海况下的波面高度符合高斯分布，其形式如下

$$p(\eta) = \frac{1}{\sqrt{2\pi}\sigma_\eta} \exp\left(-\frac{\eta^2}{2\sigma_\eta^2}\right) \tag{5-22}$$

对窄带谱的海浪，其波浪能量集中在某一频率附近，波面过程的包络线如图 5-9 所示。各个波的振幅变化缓慢，振动频率远小于波面的变化频率，因此可以近似地取波面包络线的纵坐标值代替波面的振幅值，这样可以利用包络线讨论波面振幅的概率分布。

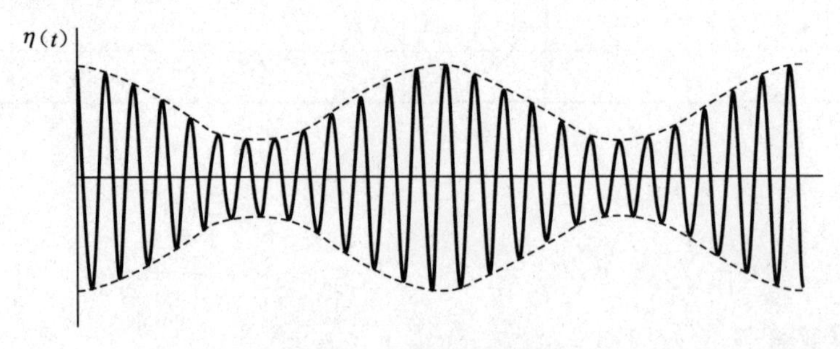

图 5-9 窄带谱的包络线

$$
\begin{aligned}
\eta(t) &= \sum_{n=1}^{\infty} a_n \cos(\omega_n t + \varepsilon_n) \\
&= \sum_{n=1}^{\infty} a_n \cos\{[(\omega_n - \hat{\omega})t + \varepsilon_n] + \hat{\omega} t\} \\
&= X_c(t)\cos\hat{\omega} t - X_s(t)\sin\hat{\omega} t \\
&= A(t)\cos[\hat{\omega} t + \varphi(t)]
\end{aligned}
\tag{5-23}
$$

式中,$\hat{\omega}$ 为能量集中的频带代表值。上式中

$$X_c(t) = \sum_{n=1}^{\infty} a_n \cos[(\omega_n - \hat{\omega})t + \varepsilon_n] = A(t)\cos\phi \tag{5-24}$$

$$X_s(t) = \sum_{n=1}^{\infty} a_n \sin[(\omega_n - \hat{\omega})t + \varepsilon_n] = A(t)\sin\phi \tag{5-25}$$

$$A(t) = \sqrt{X_c^2(t) + X_s^2(t)} \tag{5-26}$$

$$\phi(t) = \tan^{-1}(X_s(t)/X_c(t)) \tag{5-27}$$

为了研究 $A(t)$ 的概率分布,先研究 $X_c(t)$,$X_s(t)$ 的分布。同波面 $\eta(t)$ 的概率分布相同,$X_c(t)$,$X_s(t)$ 也是符合正态分布的平稳随机过程,于是其方差

$$\overline{X_c^2(t)} = \overline{X_s^2(t)} = \overline{\eta^2(t)} = \sigma^2 = m_0 \tag{5-28}$$

$$\overline{X_c(t)X_s(t)} = 0 \tag{5-29}$$

故 $X_c(t)$,$X_s(t)$ 是相互独立的,其联合概率分布为

$$p(X_c, X_s) = p(X_c)p(X_s) \tag{5-30}$$

$$p(X_c, X_s) = \frac{1}{2\pi m_0}\exp\left[-\frac{X_c^2 + X_s^2}{2m_0}\right] \tag{5-31}$$

由概率统计理论可知

$$p(A, \phi)\mathrm{d}A\mathrm{d}\phi = p(X_c, X_s)\mathrm{d}X_c\mathrm{d}X_s \tag{5-32}$$

$$p(A, \phi) = p(X_c, X_s)\frac{\mathrm{d}X_c\mathrm{d}X_s}{\mathrm{d}A\mathrm{d}\phi} = p(X_c, X_s)|J| \tag{5-33}$$

上式中 $|J|$ 为雅可比变换,即

$$|J| = \frac{\mathrm{d}X_c\mathrm{d}X_s}{\mathrm{d}A\mathrm{d}\phi} = \begin{vmatrix} \dfrac{\partial X_c}{\partial A} & \dfrac{\partial X_c}{\partial \phi} \\ \dfrac{\partial X_s}{\partial A} & \dfrac{\partial X_s}{\partial \phi} \end{vmatrix} \tag{5-34}$$

由式(5-34)可得 $|J| = A$,则

$$p(A, \phi) = \frac{A}{2\pi m_0}\exp\left[-\frac{A^2}{2m_0}\right] \tag{5-35}$$

上式中不包含 ϕ,说明 $p(\phi) = const$,因此可以认为 ϕ 在 $0\sim2\pi$ 之间均匀分布,即

$p(\phi) = 1/2\pi$。于是得到波幅 $A(t)$ 的概率分布密度函数为

$$p(A) = \int_0^{2\pi} p(A,\phi)\mathrm{d}\phi = \frac{A}{m_0}\exp\left[-\frac{A^2}{2m_0}\right] \tag{5-36}$$

上式为瑞利分布(Rayleigh Distribution)。因为理论上假定波形是线性的,即波峰与波高的概率分布是对称的,即可以认为 $H = 2A$,因此波高的概率密度分布函数

$$p(H) = \frac{H}{4m_0}\exp\left[-\frac{H^2}{8m_0}\right] \tag{5-37}$$

根据波高的概率密度分布函数可以求得平均波高与均方波高

$$\overline{H} = \int_0^{\infty} Hp(H)\mathrm{d}H = \sqrt{2\pi m_0} \tag{5-38}$$

$$H_{rms} = \int_0^{\infty} H^2 p(H)\mathrm{d}H = 8m_0 \tag{5-39}$$

将式(5-38)代入式(5-37),可以得到以平均波高来表示的概率密度分布函数

$$p(H) = \frac{\pi H}{2\overline{H}^2}\exp\left[-\frac{\pi H^2}{4\overline{H}^2}\right] \tag{5-40}$$

由上述推导可以看出,窄带谱的海浪波高符合瑞利分布,如图 5-10 所示。最可能出现的波高(即出现概率最大的波高)等于概率分布函数的众值。按照定义

$$\frac{\mathrm{d}p(H)}{\mathrm{d}H} = 0 \Rightarrow H_m = \sqrt{\frac{2}{\pi}}\overline{H} \approx 0.8\overline{H} \tag{5-41}$$

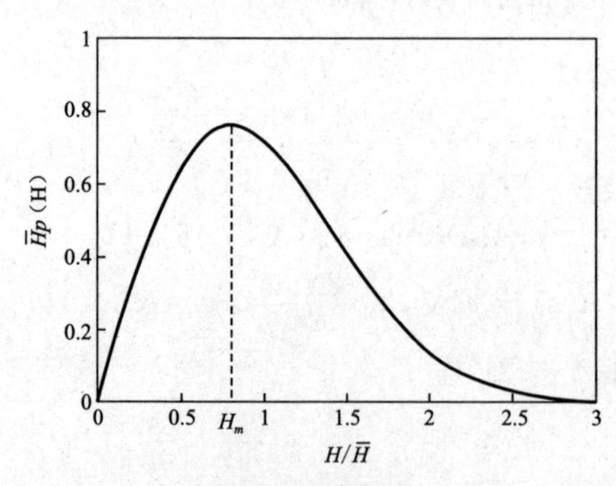

图 5-10 瑞利分布

大量的观测结果表明,瑞利分布对于深水的波浪是基本符合的。随着水深变浅,实测波高的分布逐渐偏离瑞利分布。前苏联格鲁霍夫斯基系统地观测与分析了浅水中的海浪波高分布,提出了与水深有关的经验概率分布公式,即

$$F(H)=P(H \geqslant H_F)=\exp\left[-\frac{\pi}{4\left(1+\frac{H^*}{\sqrt{2\pi}}\right)}\left(\frac{H}{\overline{H}}\right)^{2/(1-H^*)}\right] \tag{5-42}$$

对应的波高概率密度函数为

$$p(H)=\frac{\pi}{2\overline{H}(1-H^*)\left(1+\frac{H^*}{\sqrt{2\pi}}\right)}\left(\frac{H}{\overline{H}}\right)^{\frac{1+H^*}{1-H^*}}\exp\left[-\frac{\pi}{4\left(1+\frac{H^*}{\sqrt{2\pi}}\right)}\left(\frac{H}{\overline{H}}\right)^{2/(1-H^*)}\right] \tag{5-43}$$

以上两个公式中，参量 $H^*=\overline{H}/d$ 反映了水深 d 的影响。当水深比较大时，$H^* \to 0$，以上两式即分别转化为瑞利分布。

对应不同 H^* 的波高概率密度分布函数如图 5-11 所示。可以看出，随着水深变浅，波高的分布愈来愈集中在平均波高附近，这说明当波浪向浅水区域传播时，波高较大的波浪由于水深变浅而破碎，从而波列中的波高逐渐减小；而波高较小的波，则在传播过程中由于水深的变浅在传播过程中逐渐消失。

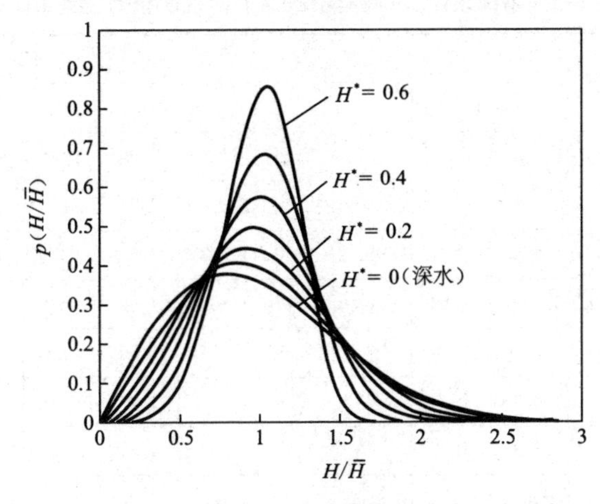

图 5-11　对应不同 H^* 的波高概率密度分布函数

有了波高的概率密度分布函数，就可以推求特征波高了。如 5.1 节所述，特征波高包括波列累积率波高和部分大波平均波高。

1. 波列累积率波高

波列累积率波高 H_F 是指波列中超过 H_F 的波高的概率为 F（百分数），或称为累积概率为 F 的波高。例如 $H_{1\%}$ 为波列累积概率 1% 的波高，也即波列中超过 $H_{1\%}$ 的波高的概率为 1%。假设某波列包含 1 000 个波，将之从大到小排列，第 10 个大波即为 $H_{1\%}$。

按照波列累积率波高的定义，如果已知波高的概率密度分布函数 $p(H)$，可以得到

$$F(H)=P(H\geqslant H_F)=\int_{H_F}^{\infty}p(H)\mathrm{d}H \tag{5-44}$$

将深水波高的概率密度分布函数式(5-40)代入上式，得到

$$F(H)=\exp\left(-\frac{\pi}{4}\frac{H^2}{\overline{H}^2}\right) \tag{5-45}$$

从而

$$H_F=\left(\frac{4}{\pi}\ln\frac{1}{F}\right)^{1/2}\overline{H} \tag{5-46}$$

将浅水波高的概率密度分布函数式(5-43)代入上式

$$H_F=\left[\frac{4}{\pi}\left(1+\frac{H^*}{\sqrt{2\pi}}\right)\ln\frac{1}{F}\right]^{\frac{1-H^*}{2}}\overline{H} \tag{5-47}$$

对应不同的 H^*，在不同的累积概率 F 下，表 5-2 列出了相对波高 $H_F/\overline{H}$ 的值，同时该表中也列出了对应的观测值。

表 5-2　不同水深、不同累积概率 F 对应的相对波高 $H_F/\overline{H}$

累积概率 F%	$H^*=\overline{H}/d$											
	0		0.1		0.2		0.3		0.4		0.5	
	计算	实测	计算	实测	计算	实测	计算	实测	计算	实测	计算	实测
0.1	2.965 7		2.707 4		2.460 6	2.48	2.226 7	2.24	2.007 1	2.01	1.802 2	
1	2.421 5	2.52	2.255 9	2.34	2.092 2	2.10	1.932 1	1.92	1.777 2	1.74	1.628 5	
5	1.953 0	1.91	1.859 0	1.88	1.761 6	1.77	1.662 2	1.66	1.562 1	1.54	1.462 5	
10	1.712 2	1.69	1.651 4	1.66	1.585 6	1.59	1.515 9	1.50	1.443 5	1.41	1.369 4	
20	1.431 5	1.38	1.405 6	1.36	1.373 9	1.34	1.337 3	1.30	1.296 5	1.27	1.252 1	
30	1.238 1	1.22	1.233 5	1.22	1.223 3	1.21	1.208 1	1.20	1.188 4	1.20	1.164 5	
50	0.939 4	0.93	0.962 1	0.94	0.980 9	0.96	0.995 8	0.98	1.007 0	1.00	1.014 3	
70	0.673 9	0.69	0.713 5	0.70	0.752 0	0.72	0.789 2	0.77	0.825 0	0.80	0.859 1	
90	0.366 3	0.37	0.412 2	0.42	0.461 7	0.49	0.515 0	0.53	0.572 2	0.57	0.633 4	
100	0	0	0	0	0	0	0	0	0	0	0	0

2. 部分大波平均波高

将波列中的波高由大到小排列，从大波算起，其中最大的 $1/p$ 部分(如 1/3)的平均值，称为 $1/p$ 部分大波平均波高，记为 $H_{1/p}$。如果已知波高的概率密度分布函数 $p(H)$，可以用下面的方法推求 $H_{1/p}$。

为求 $1/p$ 大波平均波高 $H_{1/p}$，先要确定累积率为 $1/p\times100\%$ 的波高，以 $H_{1/p\times\%}$ 表示。$H_{1/p\times\%}$ 和 $H_{1/p}$ 的区别可用图 5-12 来形象地说明，图中阴影部分的面积即为累积概率 $1/p\times100\%$。

根据超值累积概率的定义，可以确定 $H_{1/p\times\%}$，即

$$P(H\geqslant H_{1/p\times\%})=\int_{H_{1/p\times\%}}^{\infty}p(H)\mathrm{d}H=1/p\times100\% \tag{5-48}$$

$H_{1/p\times\%}$ 确定后，$1/p$ 大波平均波高 $H_{1/p}$ 可以由下式推求

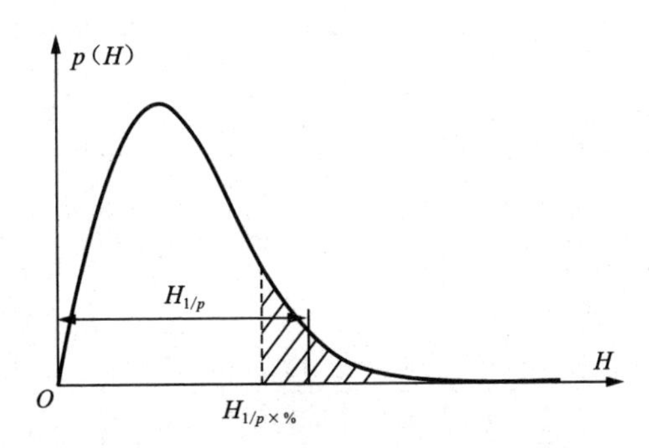

图 5-12 部分大波平均波高与累积率波高

$$H_{1/p}=\frac{\int_{H_{1/p\times\%}}^{\infty}Hp(H)\mathrm{d}H}{\int_{H_{1/p\times\%}}^{\infty}p(H)\mathrm{d}H}=p\int_{H_{1/p\times\%}}^{\infty}Hp(H)\mathrm{d}H \tag{5-49}$$

将深水波高概率密度分布函数(5-40)代入上式，利用分步积分法，可以导出

$$\frac{H_{1/p}}{\overline{H}}=\frac{2}{\sqrt{\pi}}(\ln p)^{1/2}+p\{1-erf[(\ln p)^{1/2}]\} \tag{5-50}$$

式中，$erf()$ 为误差函数，其定义为

$$erf(t)=\frac{2}{\sqrt{\pi}}\int_{0}^{t}\mathrm{e}^{-t^2}\mathrm{d}t \tag{5-51}$$

例如，将 $p=3$ 和 $p=10$ 代入上式中，可得 $\frac{H_{1/3}}{\overline{H}}=1.598$，$\frac{H_{1/10}}{\overline{H}}=2.033$。

格鲁霍夫斯基得到了浅水中的部分大波平均波高为

$$\frac{H_{1/p}}{\overline{H}}=p\left[\frac{2}{\pi}\left(1+\frac{H^*}{\sqrt{2\pi}}\right)\right]^{\frac{1-H^*}{2}}\int_{\sqrt{2\ln p}}^{\infty}x^{2-H^*}\mathrm{e}^{-x^2/2}\mathrm{d}x \tag{5-52}$$

对不同的 H^*，可以按照上式求得不同的 $1/p$ 大波平均波高 $H_{1/p}$，如表 5-3 所示。

表 5-3 不同水深时的部分大波平均波高 $H_{1/p}/\overline{H}$

1/p	$H^* = \overline{H}/d$					
	深海	过渡区				破碎区
	0.0	0.1	0.2	0.3	0.4	0.5
1/1 000	3.167	2.858	2.573	2.310	2.069	1.848
1/200	2.824	2.577	2.347	2.132	1.931	1.745
1/100	2.662	2.444	2.239	2.045	1.864	1.693
1/50	2.490	2.301	2.121	1.950	1.789	1.636
3/100	2.383	2.211	2.048	1.891	1.743	1.601
1/20	2.241	2.092	1.949	1.811	1.679	1.552
1/10	2.031	1.915	1.801	1.690	1.582	1.477
1/5	1.796	1.713	1.630	1.548	1.467	1.386
3/10	1.641	1.578	1.515	1.452	1.388	1.324
1/3	1.598	1.540	1.483	1.424	1.366	1.306
2/5	1.520	1.473	1.424	1.375	1.323	1.272
1/2	1.418	1.382	1.346	1.307	1.269	1.227
3/5	1.327	1.302	1.274	1.246	1.215	1.184
7/10	1.243	1.226	1.207	1.186	1.165	1.142
4/5	1.163	1.153	1.141	1.129	1.115	1.101
9/10	1.084	1.080	1.075	1.069	1.063	1.056
95/100	1.044	1.042	1.040	1.037	1.034	1.030
100/100	1.000	1.000	1.000	1.000	1.000	1.000

5.2.3 最大波高分布

在工程中，西方国家常取最大波作为设计波。从理论上讲，无论是瑞利分布还是格鲁霍夫斯基分布，波高的上限都是无穷大的。但是，在一定历时的波列中，其最大波高是有限的。显然，它是一个随机量，其分布取决于波高分布和样本长度(波列中波浪的个数)。Longuet-Higgins(1952)曾严密推导了最大波高的概率分布。以下按照邱大洪院士主编的《波浪理论及其在工程中的应用》一书论述。这里仅列出了主要研究结果。

在深水条件下，最大波高 $H_{\max}$ 的概率密度分布函数为

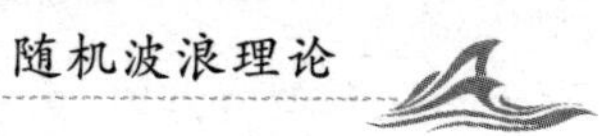

$$p^*(H_{max}) = N\frac{\pi}{2\overline{H}^2}H_{max}\exp\left[-\frac{\pi}{4}\left(\frac{H_{max}}{\overline{H}}\right)^2\right]\cdot\exp\left\{-N\exp\left[-\frac{\pi}{4}\left(\frac{H_{max}}{\overline{H}}\right)^2\right]\right\} \tag{5-53}$$

式中 N 为波高的个数。最大波高 H_{max} 的最可能发生值即众值 $(H_{max})_m$ 为

$$(H_{max})_m \approx \frac{2\overline{H}}{\sqrt{\pi}}(\ln N)^{1/2}\left[1+\frac{1}{4(\ln N)^2}+\cdots\right] \tag{5-54}$$

最大波高的均值 $\overline{H}_{max}$ 为

$$\begin{aligned}\overline{H}_{max} &= \int_0^{\infty} H_{max}p^*(H_{max})\mathrm{d}H_{max} \\ &= \frac{2\overline{H}}{\sqrt{\pi}}\left\{(\ln N)^{1/2}+\frac{\nu}{2(\ln N)^{1/2}}-\frac{\pi^2+6\nu^2}{48(\ln N)^{3/2}}+\cdots\right\}\end{aligned} \tag{5-55}$$

式中 $\nu = 0.577\ 22$(欧拉常数)。

一定累积概率 $F(\%)$ 对应的最大波高为

$$(H_{max})_F = \frac{2\overline{H}}{\sqrt{\pi}}\left\{\ln\left[\frac{N}{\ln\left(\frac{1}{1-F}\right)}\right]\right\}^{1/2} \tag{5-56}$$

对于浅水条件,最大波高 H_{max} 的概率密度分布密度函数为

$$p^*(H_{max}) = \frac{\pi}{2(1-H^*)(1+H^*/\sqrt{2\pi})\overline{H}^{\frac{2}{1-H^*}}}(H_{max})^{\frac{1+H^*}{1-H^*}}\zeta e^{-\zeta} \tag{5-57}$$

式中

$$\zeta = N\exp\left[-\frac{\pi}{4(1+H^*/\sqrt{2\pi})}\left(\frac{H_{max}}{\overline{H}}\right)^{\frac{2}{1-H^*}}\right] \tag{5-58}$$

最大波高 H_{max} 的最可能发生值即众值 $(H_{max})_m$ 为

$$(H_{max})_m \approx \overline{H}\left[1+\frac{H^*(1-H^*)}{2\sqrt{2\pi}}\right]\left(\frac{4}{\pi}\ln N\right)^{(1-H^*)/2}\left[1+\frac{1-H^{*2}}{4(\ln N)^2}+\cdots\right] \tag{5-59}$$

最大波高的均值 $\overline{H}_{max}$ 为

$$\overline{H}_{max} = \overline{H}\left[1+\frac{H^*(1-H^*)}{2\sqrt{2\pi}}\right]\left(\frac{4}{\pi}\ln N\right)^{(1-H^*)/2}\left[1+\frac{\nu(1-H^*)}{2\ln N}-\frac{(1-H^{*2})(\pi^2+6\nu^2)}{48(\ln N)^2}\right] \tag{5-60}$$

一定累积概率 $F(\%)$ 对应的最大波高为

$$(H_{max})_F \approx \overline{H}\left[1+\frac{H^*(1-H^*)}{2\sqrt{2\pi}}\right]\cdot\frac{4}{\pi}\left\{\ln\left[\frac{N}{\ln\left(\frac{1}{1-F}\right)}\right]\right\}^{(1-H^*)/2} \tag{5-61}$$

不同的 N 和 H^* 条件下的 $\overline{H}_{max}/\overline{H}$ 和 $(H_{max})_m/\overline{H}$ 分别见图 5-13 和图 5-14。

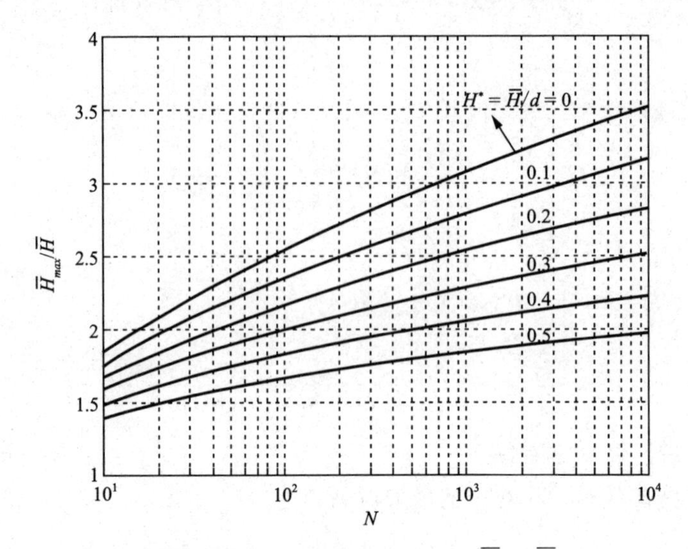

图 5-13 不同 N 和 H^* 条件下的 $\overline{H}_{max}/\overline{H}$

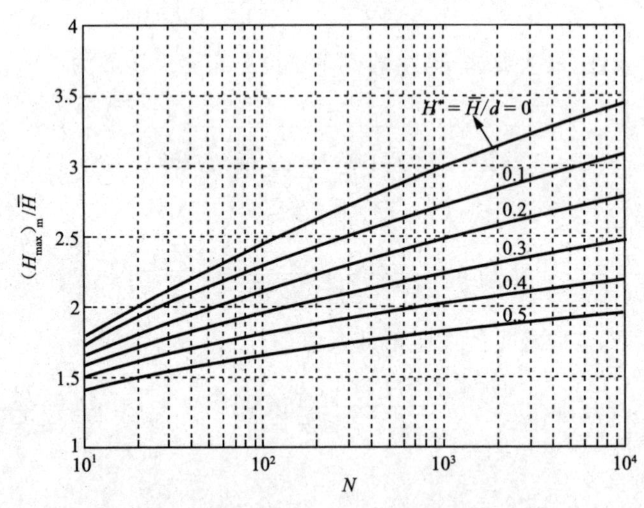

图 5-14 不同 N 和 H^* 条件下的 $(H_{max})_m/\overline{H}$

5.2.4 周期分布

如前所述，波浪的周期长短不齐，同样也存在着概率分布问题。如图 5-8 所示，波浪的周期可以定义为相邻上跨零点间的时距，则平均周期为不规则波在单位时间内横截零线的次数。在 20 世纪 70 年代，Longuet-Higgins 对此进行了研究，提出

了适合于窄谱海浪的理论周期分布，下面基于《随机波浪及其工程应用》(俞聿修，2000)一书对此作简单介绍。

1. 上跨零点法的平均周期

不规则波的波面表达式为

$$\eta(t)=\sum_{n=1}^{\infty}a_n\cos(\omega_n t+\varepsilon_n) \tag{5-62}$$

则波面随时间的变化(即波面的斜率)为

$$\dot{\eta}(t)=\frac{\mathrm{d}\eta(t)}{\mathrm{d}t}=-\sum_{n=1}^{\infty}a_n\omega_n\sin(\omega_n t+\varepsilon_n) \tag{5-63}$$

现在计算波面上升并横跨零线的次数。假定波面在 t 时刻时位于零线以下($\eta<0$)，波面的斜率为 $\dot{\eta}$；经过 $\mathrm{d}t$ 时段后，波面上升跨过零线，即 $t+\mathrm{d}t$ 时，$\eta+\mathrm{d}\eta>0$，波面的斜率 $\dot{\eta}+\mathrm{d}\dot{\eta}$。当 $\mathrm{d}t$ 很小时，此间隔内的波面近似为直线，$\mathrm{d}\eta=\dot{\eta}\mathrm{d}t$。则波形在 $t\sim t+\mathrm{d}t$ 时段内，以 $\dot{\eta}\sim\dot{\eta}+\mathrm{d}\dot{\eta}$ 间的斜率横截 $\eta=0$ 的概率为

$$p(\eta,\dot{\eta})\mathrm{d}\eta\mathrm{d}\dot{\eta}=p(0,\dot{\eta})\dot{\eta}\mathrm{d}t\mathrm{d}\dot{\eta} \tag{5-64}$$

上式中，$p(\eta,\dot{\eta})$ 为 $\eta,\dot{\eta}$ 的联合概率密度函数。当波面向上横截 $\eta=0$ 时，$\dot{\eta}$ 可在 $0\sim\infty$ 内任意取值，因此 $t\sim t+\mathrm{d}t$ 时段波面向上内横截 $\eta=0$ 的概率为

$$\mathrm{d}t\int_0^{\infty}p(0,\dot{\eta})\dot{\eta}\mathrm{d}\dot{\eta} \tag{5-65}$$

故单位时间内波面向上跨过零线的平均频率(即平均次数)为

$$N^{+}=\int_0^{\infty}p(0,\dot{\eta})\dot{\eta}\mathrm{d}\dot{\eta} \tag{5-66}$$

由概率统计理论可知，当 $\eta,\dot{\eta}$ 均服从均值为零的正态分布时，其方差

$$E[\eta^2]=m_0,E[\dot{\eta}^2]=m_2 \tag{5-67}$$

可以证明 $E[\eta\dot{\eta}]=0$，即 $\eta,\dot{\eta}$ 是统计独立的，所以其联合概率密度函数为其各自概率密度分布函数的乘积，即

$$p(\eta,\dot{\eta})=\frac{1}{2\pi\sqrt{m_0m_2}}\exp\left[-\frac{1}{2}\left(\frac{\eta^2}{m_0}+\frac{\dot{\eta}^2}{m_2}\right)\right] \tag{5-68}$$

代入式(5-66)，从而可以得到

$$N^{+}=\frac{1}{2\pi}(m_2/m_0)^{1/2} \tag{5-69}$$

由此可以得到上跨零点法定义的平均周期

$$\overline{T}=T_{0,2}=1/N^{+}=2\pi(m_0/m_2)^{1/2} \tag{5-70}$$

对于窄谱海浪，如果波浪的主要能量集中在 $\hat{\omega}$(即波谱 $S(\omega)$ 重心对应的频率)附近，则可以定义平均周期为

$$\overline{T} = 2\pi/\hat{\omega} \tag{5-71}$$

依据 $\hat{\omega}$ 的定义,海浪谱相对于 $\hat{\omega}$ 的一阶矩为零,即

$$\int_0^\infty (\omega - \hat{\omega})S(\omega)\mathrm{d}\omega = m_1 - \hat{\omega}m_0 = 0 \tag{5-72}$$

从而得到平均频率和平均周期分别为

$$\hat{\omega} = m_1/m_0 \tag{5-73}$$

$$\overline{T} = T_{0,1} = 2\pi/\hat{\omega} = 2\pi\frac{m_1}{m_0} \tag{5-74}$$

一般情况下,$T_{0,1} > T_{0,2}$,但在窄谱条件下,二者是比较接近的。在工程中,通常采用 $T_{0,2}$ 作为平均周期,它与以波浪周期的概率分布密度函数 $p(T)$ 得到的平均周期是一致的。

2. 周期分布

Longuet-Higgins(1975)采用波包线理论研究了窄谱海浪的周期分布。波浪周期 T 的概率分布密度函数 $p(T)$ 为

$$p(T) = \frac{\nu^2}{2\overline{T}[\nu^2 + (T/\overline{T} - 1)^2]^{3/2}} \tag{5-75}$$

需要注意的是,上式中的平均周期 $\overline{T} = T_{0,1}$,而 ν 为

$$\nu = \sqrt{\frac{m_0 m_2 - m_1^2}{m_1^2}} \tag{5-76}$$

无因次周期 $\tau = T/\overline{T}$ 的概率分布密度函数 $p(\tau)$ 为

$$p(\tau) = \frac{\nu^2}{2[\nu^2 + (\tau - 1)^2]^{3/2}} \tag{5-77}$$

无因次参量 ν 也是谱宽的一种量度。若波能集中在 $\hat{\omega}$ 附近,则 ν 较小;反之,若能量比较分散,则 ν 较大。

波周期的分布比波高的分布集中,其众值与平均周期非常接近。日本 Goda 根据现场观测资料分析,得出如下关系

$$T_{max} = (0.6 - 1.3)T_s,\ T_{\frac{1}{10}} = (0.9 - 1.1)T_s,\ T_s = (0.9 - 1.4)\overline{T}$$

作为近似,可以认为 $T_{max} \approx T_{\frac{1}{10}} \approx T_s \approx 1.2\overline{T}$。

需要说明的是,最大波的波高 H_{max} 和最大波的周期 T_{max} 并不一定对应在同一个波中;在一个波列中,最大波高的波,其周期不一定最长;同样,最小波高的波,其周期不一定最小。但为方便起见,在实际工程应用中,也常常将它们配对使用。

5.2.5 波高与周期联合分布

波高和周期的联合概率密度分布函数为

$$p(H,T)=\frac{\pi}{4\nu\overline{H}\overline{T}}\left(\frac{H}{\overline{H}}\right)^2\exp\left\{-\frac{\pi}{4}\left(\frac{H}{\overline{H}}\right)^2\left[1+\frac{1}{\nu^2}\left(1-\frac{T}{\overline{T}}\right)^2\right]\right\} \quad (5\text{-}78)$$

引入无因次波高参数 $x=H/\overline{H}$ 和无因次周期 $\tau=T/\overline{T}$，波高和周期的联合概率密度分布函数为

$$p(x,\tau)=\frac{\pi x^2}{4\nu}\exp\left[-\frac{\pi}{4}x^2\frac{\nu^2+(\tau-1)^2}{\nu^2}\right] \quad (5\text{-}79)$$

上式对 $x=0\sim\infty$ 作积分，即得到周期的概率密度分布函数(5-77)。

工程中常常需要对应于某一波高的周期分布情况，即求一定波高条件下的周期的条件概率密度如下

$$p(T\mid H)=p(H,T)/p(H)=\frac{\pi}{2\nu\overline{T}}\left(\frac{H}{\overline{H}}\right)^2\exp\left[-\frac{\pi}{4\nu^2}\left(1-\frac{T}{\overline{T}}\right)^2\right] \quad (5\text{-}80)$$

采用无因次形式为

$$p(\tau\mid x)=\frac{x}{2\nu}\exp\left[-\pi x^2\frac{(\tau-1)^2}{4\nu^2}\right] \quad (5\text{-}81)$$

上式为均值 $\tau=1$ 的正态分布，其标准差为

$$\sigma=\sqrt{\frac{2}{\pi}}\frac{\nu}{x} \quad (5\text{-}82)$$

即不同波高的周期分布宽度与波高成反比，与谱宽 ν 成正比。对于大的波高，其周期比较集中在平均周期附近；而对于小的波高，波周期的分布则比较分散。因此在工程设计中，若设计波高较大，相应的波周期不会比平均周期偏离很大；而对于小的设计波高，则可能出现相当大的波周期，这个结论对海洋工程设计是很有意义的。

5.3 随机波浪的谱特性

如前所述，可以将海浪视为平稳的随机过程，不仅可以从海浪的外在表现研究其特征，得出波浪要素的概率分布，而且可以从海浪的内部结构研究其特征，用海浪谱来描述其组成波的能量分布。谱分析就是阐明波浪的能量相对于频率、方向或其他变量的分布规律，建立其函数关系。常用的波浪谱有频谱和方向谱。频谱表明了波浪的能量相对于频率的分布；而方向谱则表明了波浪的能量相对于频率和

波浪传播方向的分布。

波浪谱在多个方面具有重要的作用。在波浪预报方面，利用谱进行波浪数值计算，已成为当今最有前途的预报方法；在海洋工程方面，波浪谱作为描述复杂波浪的有效手段，已应用于深水浮式平台的强度和稳定性的动力计算；在海洋环境研究方面，波浪谱是研究波浪影响海洋与大气的能量交换、海面磁场变化和声波传播、海水混合和内波的形成等问题的重要工具；在波浪本身的研究方面，波浪谱不仅揭示出波浪的内部结构，还可由其计算出波浪的一些外观统计特征。因此波浪谱有着重要的理论意义和广泛的应用价值。源于此故波浪谱已成为研究波浪的主要手段。

5.3.1 波浪谱

1. 波浪频谱

海浪是一个复杂的随机过程。20 世纪 50 年代 Pierson 最先将 Rice 关于无线电噪声的理论用于海浪，从此利用谱以随机过程来描述海浪成为主要的研究途径。按照 Longuet-Higgins 提出的海浪模型，固定点的波面表达式为

$$\eta(t)=\sum_{n=1}^{\infty}a_n\cos(\omega_n t+\varepsilon_n) \tag{5-83}$$

其中 a_n，ω_n 分别为组成波的振幅和圆频率，ε_n 为 $0\sim2\pi$ 之间均匀分布的初相位。单个组成波在单位面积铅直水柱内的能量为

$$E_n=\frac{1}{2}\rho g a_n^2 \tag{5-84}$$

海浪的总能量由其所有的组成波来提供。为了更好地理解频谱的物理意义及其与组成波的关系，先来看一个四个组成波的例子。图 5-15 为四个单个组成波及其合成波。计算每个组成波的圆频率 ω_n 及其提供的能量 $E_n=0.5a_n^2$（此处略去常值 ρg），以 ω_n 为横坐标、E_n 为纵坐标得到离散的 $\omega_n\sim E_n$，即得到四个组成波情况下的频谱，如图 5-16 所示。

若组成波的个数无限多，波浪的频率分布于 $0\sim\infty$ 之间，则位于频率间隔 $\omega\sim\omega+\mathrm{d}\omega$ 内的组成波提供的能量为

$$E=\sum_{\omega}^{\omega+\mathrm{d}\omega}\frac{1}{2}\rho g a_n^2 \tag{5-85}$$

引入 $S_\eta(\omega)$，令

$$S_\eta(\omega)\mathrm{d}\omega=\sum_{\omega}^{\omega+\mathrm{d}\omega}\frac{1}{2}a_n^2 \tag{5-86}$$

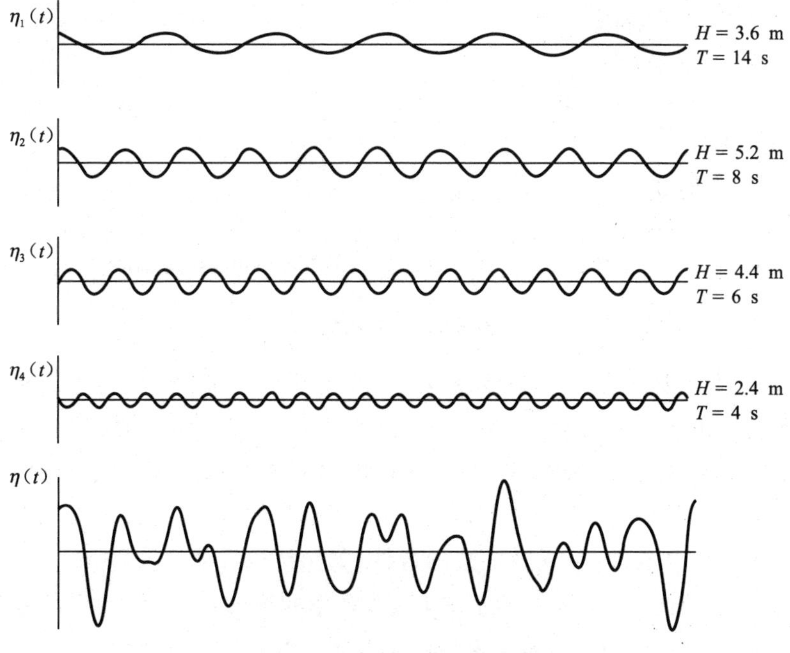

图 5-15　四个组成波及其合成波

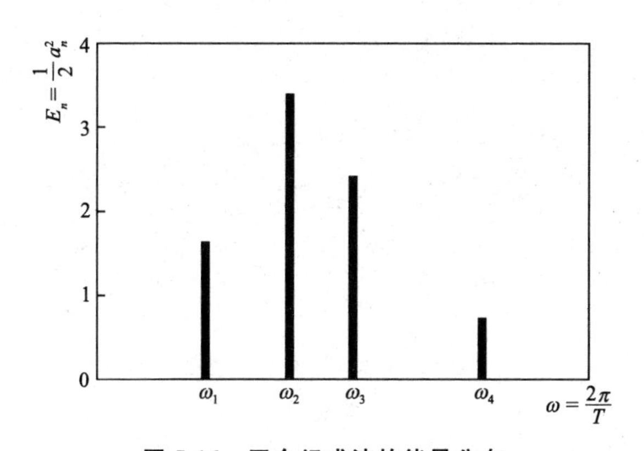

图 5-16　四个组成波的能量分布

显然，$S_\eta(\omega)$比例于频率间隔$\omega \sim \omega + \mathrm{d}\omega$内的组成波提供的能量。所以$S_\eta(\omega)$称为波能谱密度函数，简称能谱。也就是说$S_\eta(\omega)$给出了不同频率间隔内组成波提供的能量，代表的是海浪能量相对于组成波频率的分布，故又称为频谱。图 5-17 为海浪频谱示意图。

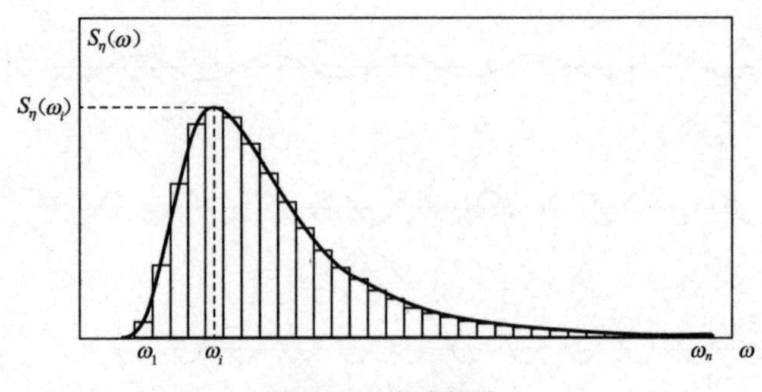

图 5-17 海浪频谱

图 5-18 为海浪频谱、单个组成波及合成波的关系示意图。该图可以更好地帮助读者理解三者之间的关系。在频率轴上，画出了随机波浪的频谱；在时间轴上为相应的随机波浪时间历程曲线（即波面高度随时间的变化曲线）；同时图中还画出了对应不同频率的单个组成波（余弦波）的时间历程曲线，这些波的叠加即可得到位于时间轴上的合成波（呈现随机波的特性，如果组成波的个数越多，不规则性越明显）。需要说明的是，沿频率轴正向，随着频率的增大，组成波的周期也越来越小。另外各个组成波的振幅（或波高）则与其对应频率处频谱的值有关，频谱值越大，振幅也越大。

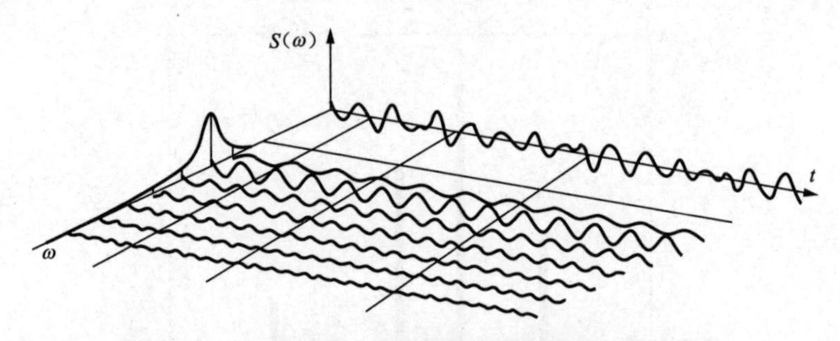

图 5-18 合成波、单个组成波及海浪频谱的关系示意图

从图 5-17 和图 5-18 中可以看出，波浪频谱具有以下特点。

(1) 在 $\omega=0$ 附近，$S_\eta(\omega)$的值很小。

(2) 随 ω 增加，$S_\eta(\omega)$先急剧增加再减小，当 $\omega\rightarrow\infty$ 时，$S_\eta(\omega)\rightarrow 0$。

(3) 按照频谱的定义可知海浪的总能量等于频谱曲线下的面积，即

$$E=\int_0^\infty S_\eta(\omega)\mathrm{d}\omega=\sum_{n=1}^{\infty}\frac{1}{2}a_n^2 \tag{5-87}$$

海浪波面高度的方差也比例于单位面积铅直水柱内各组成波的能量，即

$$\sigma_\eta^2 = \overline{\eta^2(t)} = \sum_{n=1}^{\infty} \overline{\eta_n^2(t)}$$
$$= \sum_{n=1}^{\infty} \frac{1}{2\pi}\int_0^{2\pi} a_n^2 \cos^2(\omega_n t + \varepsilon)\mathrm{d}\varepsilon \tag{5-88}$$
$$= \sum_{n=1}^{\infty} \frac{1}{2} a_n^2$$

因此

$$m_0 = \int_0^{\infty} S_\eta(\omega)\mathrm{d}\omega = \sigma_\eta^2 \tag{5-89}$$

也就是说，海浪的总能量等于频谱曲线下的面积，同时等于海浪波面 $\eta(t)$ 的方差 σ_η^2，所以海浪谱又叫方差谱。

在上述讨论中，海浪谱 $S_\eta(\omega)$ 是以圆频率 ω 来表示的，也可以将之转换为以频率 f 表示的谱 $S_\eta(f)$，其对应关系为：$S_\eta(f) = 2\pi S_\eta(\omega)$。

下面讨论一下海浪谱的带宽问题。理论上，海浪的频谱 $S_\eta(\omega)$ 分布于 $\omega = 0 \sim \infty$ 整个频率带内，但其显著部分却集中于一段狭窄的频带内。对于风浪，其能量分布于较宽的频带内，其对应的频谱一般为宽谱，如图 5-19(a)所示；对于涌浪，其对应的频谱一般为窄谱，如图 5-19(b)所示。同时这也表明，在构成海浪的组成波中，频率很小和很大的组成波提供的能量很小，能量主要部分由一狭窄频带内的组成波提供。海浪的这种内部结构的特点反映在海浪的外部表现上，就是频率很小(周期、波长大)和频率很大(周期、波长小)的海浪，其波高都很小。由此可见，对海浪进行谱分析，用一个非随机的谱函数来描述海浪随机过程，比用前述的概率密度分布函数更为深刻。

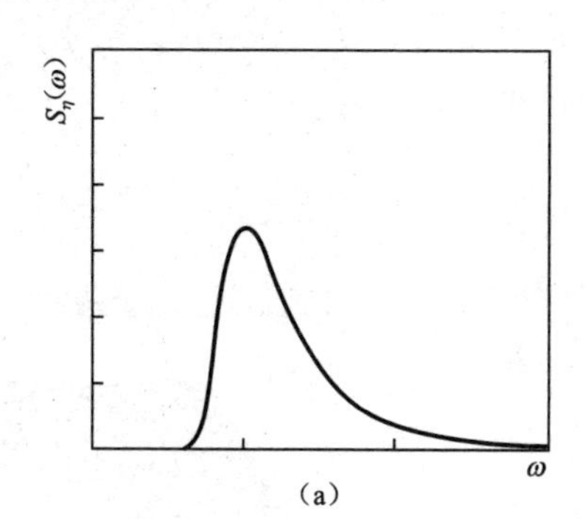

(a)

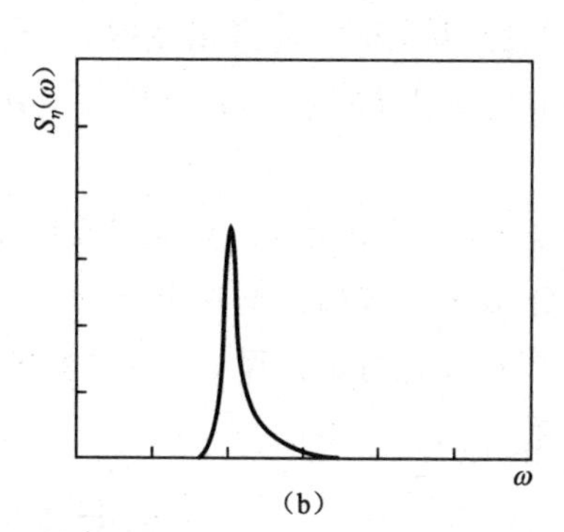

(b)

图 5-19　宽谱与窄谱

由于波谱的宽窄能影响到波浪的一些重要特性，Cartwright 等建议采用谱宽参数 ε 来表示的谱的宽窄，谱宽参数 ε 的定义如下

$$\varepsilon=\sqrt{1-\frac{m_2^2}{m_0 m_4}}$$

式中 $m_r=\int_0^{\infty}\omega^r S_\eta(\omega)\mathrm{d}\omega$ 为谱的第 r 阶矩，$0\leqslant\varepsilon\leqslant 1$，$\varepsilon$ 越大，谱越宽。

2. 方向谱

式(5-83)仅能描述固定点的波面随时间的变化，由此引入的频谱只与频率有关，而与组成波的传播方向是没有关系的。实际的海面是三维的，其能量不仅分布在一定的频率范围内，而且分布在相当宽的方向范围内。也就是说，海面上的波动除了由主波向的组成波引起外，还由从其他各个方向来的组成波所引起，实际的海面波动是由来自不同方向组成波叠加的结果（主波向与其他方向组成波叠加）。其波面高度为

$$\eta(x,y,t)=\sum_{n=1}^{\infty}a_n\cos(k_n x\cos\theta_n+k_n y\sin\theta_n-\omega_n t-\varepsilon_n) \tag{5-90}$$

上式表明，在时刻 t 的波面，是由具有各种方向角 $-\pi<\theta_n\leqslant\pi$ 和不同频率 ω_n 的无限多个组成波叠加而成，如图 5-20 所示。因此，能量不仅相对于组成波的频率有一定的分布，而且相对于组成波的传播方向也有一定的分布。把波能相对于频率和波向分布的谱称为方向谱，用 $S_\eta(\omega,\theta)$ 来表示。$S_\eta(\omega,\theta)$ 与组成波的振幅有如下关系

$$S_\eta(\omega,\theta)\mathrm{d}\omega\mathrm{d}\theta=\sum_{\omega}^{\omega+\mathrm{d}\omega}\sum_{\theta}^{\theta+\mathrm{d}\theta}\frac{1}{2}a_n^2 \tag{5-91}$$

图 5-21 为海浪方向谱示意图，它给出了不同传播方向上各组成波的能量相对于频率的分布。

理论上讲，$-\pi<\theta_n\leqslant\pi$，实际上海浪的能量主要分布于主传播方向两侧各 $\pi/2$ 范围内。由频谱及方向谱的定义可知，频谱及方向谱有如下关系

$$S_\eta(\omega)=\int_{-\pi}^{\pi}S_\eta(\omega,\theta)\mathrm{d}\theta \tag{5-92}$$

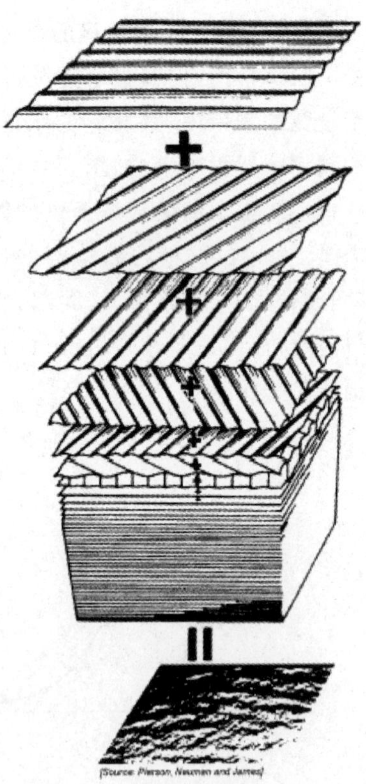

图 5-20　三维海浪的形成

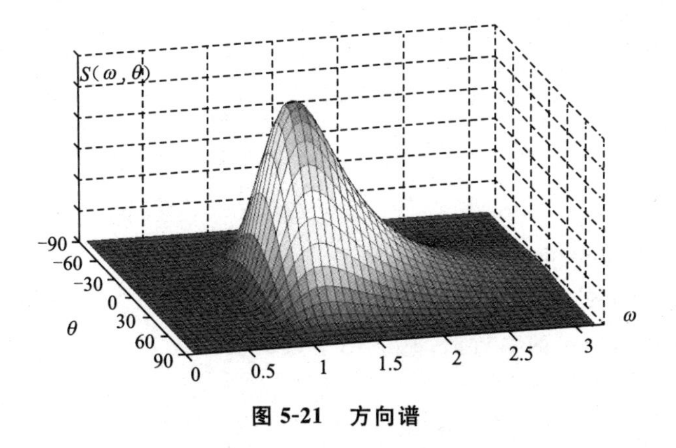

图 5-21　方向谱

5.3.2　常见的波浪频谱

迄今为止，已经提出了许多风浪频谱，其中相当大的部分具有纽曼(Neumann)最先于 1952 年提出的形式

$$S_\eta(\omega)=\frac{A}{\omega^p}\exp\left[-\frac{B}{\omega^q}\right] \tag{5-93}$$

式中，指数 p 常取 4～6，q 为 2～4，A，B 常常以风要素(风速、风时、风区)或海浪要素(波浪、周期)作为参量；p，q，A，B 由不同海区的实测资料确定。

在研究波浪统计特性时，常常用到谱的各阶矩，即

$$m_r=\int_0^\infty \omega_r S_\eta(\omega)\mathrm{d}\omega \tag{5-94}$$

将(5-93)代入，可以得到

$$m_r=AB^{(r-p+1)/q}\ \frac{1}{q}\Gamma\left(\frac{p-r-1}{q}\right) \tag{5-95}$$

由于谱的各阶矩之值不为负，因此该谱型不具有 $p-1$ 阶及高于 $p-1$ 阶矩，且谱宽参数 $\varepsilon=1$，属于宽谱。纽曼谱结构形式简单，使用方便，有四个系数可供调整，对外界因素的影响适应性强。但缺点是缺乏理论根据，不存在高阶矩，影响深入的研究。

下面介绍工程中常用的一些波浪频谱。

1. Neumann 谱

这种谱由 Neumann 于 1952 年最先提出，在部分工程问题中得到应用。Neumann 谱是单参数谱，谱公式定义如下

$$S_\eta(\omega)=C\omega^{-6}\exp(-2g^2\omega^{-2}V^{-2}) \tag{5-96}$$

式中，C 为经验常数，V 为风速，g 为重力加速度。根据不同风速和波高及周期的关

系，可以得到

$$S_\eta(\omega)=\frac{2.40}{\omega^6}\exp\left(-\frac{145.8}{\omega^2 H_s^{4/5}}\right) \tag{5-97}$$

式中，H_s 为有效波高（单位 cm）。纽曼谱的峰值频率为

$$\omega_m = 6.97/H_s^{2/5} \tag{5-98}$$

2. 布氏（Bretschneider）谱

在Neumann谱的基础上，Bretschneider于1959年由无因次波高和无因次波长的联合分布函数导出了两参数谱，它适用于成长阶段或充分成长的无限风区的海浪。

$$S(\omega)=\frac{1.25}{4}H_s^2\frac{\omega_m^4}{\omega^5}\exp[-1.25(\omega_m/\omega)^4] \tag{5-99}$$

式中 ω_m 为波谱的峰值频率，H_s 为有效波高。

$$\omega_m = 5.98/T_{H_{1/3}} \tag{5-100}$$

3. 光易（Mitsuyasu）谱

日本光易恒（Mitsuyasu）建议采用下式表示布氏谱

$$S(f)=0.257\left(\frac{H_s}{T_{H_{1/3}}^2}\right)^2\frac{1}{f^5}\exp\left[-1.03\left(\frac{H_s}{T_{H_{1/3}}f}\right)^4\right] \tag{5-101}$$

或

$$S(\omega)=400.5\left(\frac{H_s}{T_{H_{1/3}}^2}\right)^2\frac{1}{\omega^5}\exp\left[-1\,605\left(\frac{H_s}{T_{H_{1/3}}\omega}\right)^4\right] \tag{5-102}$$

此波谱在日本称之为布-光易谱（B-M 谱），并被日本港湾设施技术标准和各手册广泛使用。B-M 谱的峰值频率 $\omega_m = 5.98/T_{H_{1/3}}$。

4. ISSC 谱

国际船舶结构会议（ISSC，1964）推荐采用下式来表示波谱，常称之为 ISSC 谱。谱型如下

$$S(f)=0.110\,7\left(\frac{H_s}{T_{0,1}^2}\right)^2\frac{1}{f^5}\exp\left[-0.442\,7\left(\frac{H_s}{T_{H_{0,1}}f}\right)^4\right] \tag{5-103}$$

5. P-M 谱

该波浪谱于1963年Pierson和Moskowitz依据北大西洋的实测资料推导而得，适用于外海无限风区充分成长的波浪。P-M 谱为经验谱，由于所依据的资料比较充分，分析方法比较合理，使用也比较方便，因此在海洋工程和船舶工程中得到了广泛的应用。

$$S_\eta(\omega)=A\omega^{-5}\exp[-B\omega^{-4}] \tag{5-104}$$

P-M 谱实际上为单参数谱，因为在上式中，只有 B 随着海况的变化而变，

$$A = \alpha g^2 = 0.78 \tag{5-105}$$

式中 $\alpha = 8.1 \times 10^{-3}$ 为 Phillips 常数。

$$B = 0.74\left(\frac{g}{V_{19.4}}\right)^4 = \frac{3.11}{H_s^2} \tag{5-106}$$

$V_{19.4}$ 为海面以上 19.4 m 处的风速。$V_{19.4}$ 与 H_s 的关系是基于波浪可用窄带的高斯随机过程来表示，具体关系为

$$H_s = \frac{2.06}{g^2}V_{19.4}^2 \tag{5-107}$$

这就意味着有效波高正比于风速的平方。则以有效波高 H_s 表示的海浪频谱为

$$S_\eta(\omega) = \frac{0.78}{\omega^5}\exp\left(-\frac{3.11}{\omega^4 H_s^2}\right) \tag{5-108}$$

P-M 谱的谱峰频率为

$$\omega_m = 1.257/H_s^{1/2} \tag{5-109}$$

将之代入式(5-108)，可以得到

$$S_\eta(\omega) = \frac{0.78}{\omega^5}\exp\left[-\frac{5}{4}\left(\frac{\omega_m}{\omega}\right)^4\right] \tag{5-110}$$

6. 修正的 P-M 谱(Modified P-M spectrum)

由于P-M谱仅有 H_s 一个参数，不足以表征复杂的海浪状况。第13届国际拖曳水池会议(ITTC，1972)曾对此提出修改。第 15 届 ITTC(1978)推荐采用 P-M 谱的修正形式，即两参数谱

$$S_\eta(\omega) = \frac{A}{\omega^5}\exp(-B\omega^{-4}) \tag{5-111}$$

$$A = 173H_s^2 T_{0,1}^{-4} \tag{5-112}$$

$$B = 691T_{0,1}^{-4} \tag{5-113}$$

式中，$T_{0,1}$ 为谱矩计算的平均周期。

7. Jonswap 谱

1968～1969 年间，英、荷、美、德等国家联合进行“联合北海波浪计划(Joint North Sea Wave Project—JONSWAP)”期间提出 Jonswap 谱。当时在丹麦、德国交界处西海岸外的 Sylt 岛布置了一个测波断面，深入北海达 160 km，沿断面共布置了13个测站，分别采用5种观测仪器观测波浪，由测得的2 500个谱导出风浪谱。其谱型为

$$S_\eta(\omega) = \frac{\alpha g^2}{\omega^5}\exp\left[-\frac{5}{4}\left(\frac{\omega_m}{\omega}\right)^4\right]\gamma^{\exp\left[-\frac{(\omega-\omega_m)^2}{2\sigma^2\omega_m^2}\right]} \tag{5-114}$$

γ 为谱峰升高因子，定义为

$$\gamma = \frac{S_\eta(\omega_m)}{S_\eta(\omega_m)_{\text{P-M}}} \tag{5-115}$$

γ 的观测值为 1.5～6，平均值为 3.3。σ 为峰形系数，其值为

$$\begin{cases} \omega \leqslant \omega_m & \sigma = 0.07 \\ \omega > \omega_m & \sigma = 0.09 \end{cases} \tag{5-116}$$

系数 α 为无因次风区的函数，即

$$\alpha = 0.076\tilde{x}^{-0.22} = 0.076\left(\frac{gx}{U^2}\right)^{-0.22} \tag{5-117}$$

式中 U 为海面以上 10 m 高度处的风速，x 为风区长度。

谱峰频率为

$$\omega_m = 22\,\frac{g}{U}\tilde{x}^{-0.33} \tag{5-118}$$

为了便于工程应用，合田(Goda，1999) 建议采用下列改进的 Jonswap 谱。

$$S_\eta(\omega) = \alpha^* H_s^2 \frac{\omega_m^4}{\omega^5}\exp\left[-\frac{5}{4}\left(\frac{\omega_m}{\omega}\right)^4\right]\gamma^{\exp\left[-\frac{(\omega-\omega_m)^2}{2\sigma^2\omega_m^2}\right]} \tag{5-119}$$

其中系数 α^* 的定义如下

$$\alpha^* = \frac{0.0624}{0.230 + 0.0336\gamma - 0.185(1.9+\gamma)^{-1}} \tag{5-120}$$

Jonswap 谱是由中等风况和有限风距情况测得的，多数使用经验表明，此谱和实测结果是符合的，而且适用于不动成长阶段的风浪，因此日益得到广泛的应用。

P-M 谱和 Jonswap 谱的比较如图 5-22 所示。表 5-4 列出了国外不同海区采用的 Jonswap 谱的系数 γ 的选取。

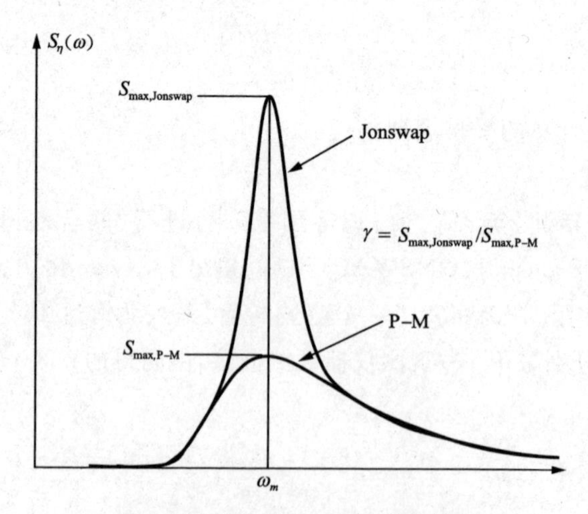

图 5-22　P-M 和 Jonswap 谱的比较

表 5-4 国外不同海区采用的 Jonswap 谱的系数 γ 的选取

海区	γ
North Sea 或 North Atlantic	3.3
Northern North Sea	Up to 7
West Africa	1.5 ± 0.5
Gulf of Mexico	当 $Hs\leqslant 6.5$ m 时, $\gamma=1$ 当 $Hs>6.5$ m 时, $\gamma=2$
Offshore Brazil	1～2

P-M 谱和 Jonswap 谱是目前国外用的最多的两种波浪频谱形式。表 5-5 列出国外不同海区采用的波浪频谱(S. K. Chakrabarti，2005)。

表 5-5 国外不同海区采用的波浪频谱

海区	操作工况(Operational)	生存工况(Survival)
Gulf of Mexico	P-M	P-M 或 Jonswap
North Sea	Jonswap	Jonswap
Northern North Sea	Jonswap	Jonswap
Offshore Brazil	P-M	P-M 或 Jonswap
Western Australia	P-M	P-M
Offshore Newfoundland	P-M	P-M 或 Jonswap
West Africa	P-M	P-M

8. 普遍风浪谱(文氏谱)

文圣常院士分析了各种谱的优缺点，结合我国不同海区的实测资料，提出了如下形式的普遍风浪谱。该谱计算比较简单，而且理论与观测结果符合较好，适用于深水和浅水。我国的《海港水文规范》已推荐采用此谱。

$0\leqslant f\leqslant 1.05/T_s$

$$S(f)=0.0687H_s^2T_sP\times \exp\left\{-95\times\left[\ln\frac{P(5.813-5.137H^*)}{(6.77-1.088P+0.013P^2)(1.307-1.426H^*)}\right](1.1T_sf-1)^{12/5}\right\} \tag{5-121a}$$

$f>1.05/T_s$

$$S(f)=0.0687H_s^2T_s\times\frac{(6.77-1.088P+0.013P^2)(1.307-1.426H^*)}{5.813-5.137H^*}\times\left(\frac{1.05}{T_sf}\right)^{(4-2H^*)} \tag{5-121b}$$

上式中，H^* 为考虑水深影响的水深因子，其定义为 $H^* = 0.626H_s/d$；P 为尖度因子，是一种谱宽的量度，$P = 95.3H_s^{1.35}/T_s^{2.7}$。谱峰频率为 $f_p = 0.91/T_s$。

除了上述介绍的波浪频谱外，还有一些谱型如 Wallops 谱（Huang，1981）、Scott 谱（Scott，1965）、六参数谱（Ochi/Hubble，1976）等。此处不再介绍。

5.3.3 方向谱

自 20 世纪 60 年代以来，对海浪方向谱的研究日益增多，但由于观测波浪传播方向及资料处理比较困难，所以迄今为止提出的方向谱远较频谱为少。方向谱一般具有如下形式

$$S_\eta(\omega,\theta) = S_\eta(\omega)G(\omega,\theta) \tag{5-122}$$

式中，$G(\omega,\theta)$ 为方向分布函数，满足如下条件

$$\int_{-\pi}^{\pi} G(\omega,\theta)\mathrm{d}\theta = 1 \tag{5-123}$$

通常认为波浪能量仅分布在主波向两侧 $-\pi/2 \sim \pi/2$ 内分布和传递，因此方向分布函数也可写为

$$\int_{-\pi/2}^{\pi/2} G(\omega,\theta)\mathrm{d}\theta = 1 \tag{5-124}$$

下面讨论几种方向分布函数的具体形式。

1. 简单的经验公式

一种最简单的方向分布函数为

$$G(\omega,\theta) = C(n)\cos^{2n}\theta \tag{5-125}$$

式中 θ 为组成波的方向，认为风浪组成波的能量分布在 $-\pi/2 \sim \pi/2$ 内。n 为方向分布参数，为常数数值。系数 $C(n)$ 为

$$C(n) = \frac{1}{\sqrt{\pi}} \frac{\Gamma(n+1)}{\Gamma\left(n+\frac{1}{2}\right)} \tag{5-126}$$

$\Gamma(\cdot)$ 为伽玛函数。当 $n = 1$ 时，$C(n) = 2/\pi$；当 $n = 2$ 时，$C(n) = 8/3\pi$；不同 n 时的方向分布函数 $G(\omega,\theta)$ 如图 5-23 所示。

2. 光易型方向分布函数

Longuet-Higgins（1962）把方向分布函数表示为

$$G(f,\theta) = G'(s)\left|\cos\frac{\theta}{2}\right|^{2s} \tag{5-127}$$

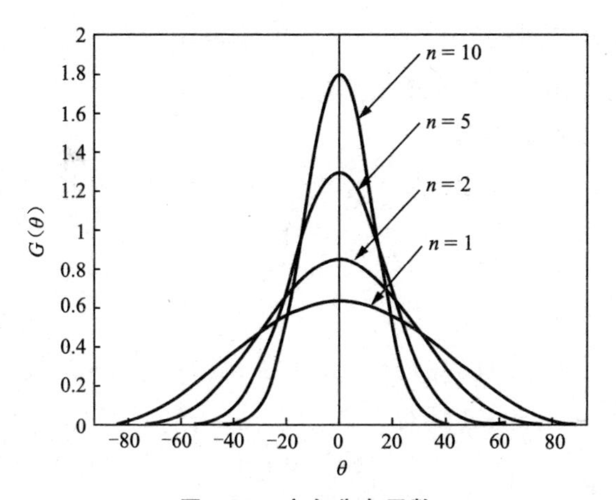

图 5-23　方向分布函数

式中

$$G'(s) = \left[\int_{\theta_{min}}^{\theta_{max}} \left(\cos\frac{\theta}{2}\right)^{2s} d\theta\right]^{-1} \tag{5-128}$$

如果取 $\theta_{min} = -\pi, \theta_{max} = \pi$，则

$$G'(s) = \frac{1}{\pi} 2^{2s-1} \frac{\Gamma^2(s+1)}{\Gamma(2s+1)} = \frac{1}{2} C(n) \tag{5-129}$$

Mitsuyasu(1975)采用三叶氏浮标得到参数 s 与频率 f 和风速 U 的关系

$$\left.\begin{aligned} s &= 11.5\bar{f}^{-2.5} & \bar{f} \geqslant \bar{f}_m \\ s &= 11.5\bar{f}_m^{-7.5}\bar{f}^{5.0} & \bar{f} < \bar{f}_m \end{aligned}\right\} \tag{5-130}$$

其中无因次频率为

$$\bar{f} = 2\pi f U/g, \bar{f}_m = 2\pi f_m U/g \tag{5-131}$$

上式中，U 为 10 m 高度处风速，f_m 为谱峰对应的频率。s 在谱峰处最大，在峰的两侧逐渐减小。谱峰对应的值为

$$s_m = 11.5\bar{f}_m^{-2.5} = s_{max} \tag{5-132}$$

Mitsuyasu 得到风浪的 $s_{max} = 5 \sim 30$，均值为 10。光易恒等还得到了无因次峰频 $\bar{f}_m$ 与无因次风距 $\bar{x} = gx/U^2$ 的关系

$$\bar{f}_m = 18.8\bar{x}^{-0.33} \tag{5-133}$$

为了便于应用，将式(5-132)和式(5-130)结合得到

$$\left.\begin{aligned} s &= s_{max}(f/f_m)^{5.0} & f \leqslant f_m \\ s &= s_{max}(f/f_m)^{-2.5} & f > f_m \end{aligned}\right\} \tag{5-134}$$

合田良实取 $f_m = 1/(1.05T_{1/3})$。式(5-127)与(5-134)联合起来称为光易型方向分布函数。因此只要确定 s_{max}，即可确定光易型分布函数 $G(f,\theta)$。在得到充分研

究之前，合田建议采用：① 风浪：$s_{\max}=10$；② 衰减距离短的涌浪(波陡较大)：$s_{\max}=25$；③ 衰减距离长的涌浪(波陡较小)：$s_{\max}=75$。

3. Donelan 方向分布函数

Donelan(1985)利用加拿大安大略湖风浪观测资料得到的方向分布函数

$$G(f,\theta)=\frac{1}{2}\beta\operatorname{sech}^2\beta\theta \tag{5-135}$$

式中

$$\left.\begin{array}{ll}\beta=2.61(f/f_m)^{1.3} & 0.56\leqslant f/f_m\leqslant 0.95\\ \beta=2.28(f/f_m)^{-1.3} & 0.95< f/f_m\leqslant 1.6\\ \beta=1.24 & \text{其他}\end{array}\right\} \tag{5-136}$$

4. 改进光易型方向分布函数

俞聿修等(1994)利用渤海中部的波浪观测资料，得到改进的 s 参数表达式用以代替(5-134)式

$$\left.\begin{array}{ll}s=s_{\max}(f/f_m)^{2.5} & f\leqslant f_m\\ s=s_{\max}(f/f_m)^{-2.5} & f>f_m\end{array}\right\} \tag{5-137}$$

式中，$s_{\max}=0.13(H_s/L_s)^{-1.28}$，其中，$L_s$ 为基于有效波周期利用线性弥散关系计算的有效波长。

由于与中国沿海现有的实测方向谱资料符合较好，因此 Donelan 方向分布函数和改进光易型方向分布函数已列入《海港水文规范》。

5. SWOP 谱的方向分布函数

Cote 等人在 1960 年分析北大西洋立体波浪观测计划(Stereo Wave Observation Project)观测资料后，得到了 SWOP 谱方向分布函数，形式如下

$$G(\omega,\theta)=\frac{1}{\pi}\left\{1+\left[0.5+0.82\exp\left(-\frac{\omega^4U^4}{2g^4}\right)\right]\cos2\theta+\left[0.32\exp\left(-\frac{\omega^4U^4}{2g^4}\right)\right]\cos4\theta\right\} \tag{5-138}$$

式中，$|\theta|\leqslant\pi/2$，U 为海面以上 5 m 高度处的风速。

5.3.4 谱与海浪要素的关系

以谱表示波浪和以海浪要素表示波浪，是从两个不同的角度来描述波浪，因此二者之间可以建立其相互关系。一方面，将波浪要素如有效波高、有效周期或平均周期代入谱的公式中，可以求得海浪谱；另一方面，由海浪谱也可以推算特征波高和周期。

对频谱或方向谱作积分，可以得到波浪的能量(零阶矩)

$$m_0=\int_0^{\infty}\int_{-\pi/2}^{\pi/2}S_\eta(\omega,\theta)\mathrm{d}\theta\mathrm{d}\omega \tag{5-139}$$

$$m_0=\int_0^{\infty}S_\eta(\omega)\mathrm{d}\omega \tag{5-140}$$

另外按照波高符合瑞利分布，由式(5-37)不难得到各种特征波高与谱矩 m_0 的关系如表 5-6 和表 5-7 所示。由表中数据可以看出，$H_{3.9\%}\approx H_{1/10}$，$H_{13.5\%}\approx H_{1/3}$，$H_{40.5\%}\approx\overline{H}$。

表 5-6　累积率波高与谱矩的关系

$F(\%)$	0.1	0.5	1	3	3.9	10	13.5	20	40.5
$H_F/\sqrt{m_0}$	7.40	6.50	6.08	5.28	5.09	4.30	4.00	3.58	2.50

表 5-7　部分大波平均波高与谱矩的关系

$1/p$	1/100	1/50	1/20	1/10	1/5	1/3	1/2	1/1
$H_{1/p}/\sqrt{m_0}$	6.68	6.24	5.62	5.09	4.50	4.00	3.55	2.51

由 5.2.4 节可知，相当于上跨零点定义的平均周期为

$$T_{0,2}=2\pi(m_0/m_2)^{1/2} \tag{5-141}$$

另外，由谱重心频率计算的平均周期为

$$T_{0,1}=2\pi m_1/m_0 \tag{5-142}$$

对于工程应用，合田建议采用 $T_{H,\max}\approx T_{H1/10}\approx T_{Hs}\approx(1.1\sim1.3)\overline{T}$，$T_p=1.05T_{Hs}$

5.4　随机波浪的数值模拟

5.4.1　二维不规则波的数值模拟

单向不规则波的数值模拟有多种方法，大多建立在线性波浪理论基础上，如线性叠加法和线性过滤法。本节介绍线性叠加法进行二维不规则波的模拟(俞聿修，2000)。

在工程中，如果已经得到了特征波的波参数如有效波高 H_s、周期 T 等参数，如何得到一列不规则波面时间历程呢？一般通过模拟靶谱法来完成。将有效波高 H_s、周期 T 等参数代入某波浪频谱形式中，得到的海浪谱即为靶谱。现在要模拟某波面不规则波面时间历程，使得模拟的波谱同靶谱一致。

平稳海况下的海浪可视为平稳的具有各态历经性的随机过程，波动可以看作

无限多个振幅不等、频率不等、初相位随机的简谐余弦波叠加而成，即

$$\eta(t)=\sum_{n=1}^{\infty}a_n\cos(\omega_n t+\varepsilon_n) \tag{5-143}$$

式中，a_n，ω_n 分别为组成波的振幅和圆频率，ε_n 为 $0\sim2\pi$ 之间均匀分布的初相位。

设欲模拟的靶谱用 $S_\eta(\omega)$ 表示，其能量分布于 $\omega_L\sim\omega_H$ 范围内，把频率分成 N 个区间，其间距为 $\Delta\omega_i=\omega_i-\omega_{i-1}$，取 $\hat{\omega}_i=(\omega_i+\omega_{i-1})/2$，则第 i 个组成波的振幅为

$$a_i=\sqrt{2S_\eta(\hat{\omega}_i)\Delta\omega_i} \tag{5-144}$$

将代表所有 N 个区间内波能的 N 个余弦波叠加起来，即可得到海浪的波面时程曲线

$$\eta(t)=\sum_{i=1}^{N}\sqrt{2S_\eta(\hat{\omega}_i)\Delta\omega_i}\cos(\tilde{\omega}_i t+\varepsilon_i) \tag{5-145}$$

式中，$\tilde{\omega}_i$ 为第 i 个组成波的代表性频率。用线性叠加法模拟波浪时应注意以下几点。

1. 频谱范围 $\omega_L\sim\omega_H$ 的选取

频谱范围 $\omega_L\sim\omega_H$ 的选取，取决于所要求的精度。设在频谱高低侧各允许略去总能量的 μ 部分（例如取 0.2%），对于可积分的频谱，可以得到上下限的理论值。若采用公式(5-108)表示的P-M谱，可以得到

$$\omega_L=\left(-\frac{3.11}{H_s^2\ln\mu}\right)^{1/4},\omega_H=\left(-\frac{3.11}{H_s^2\ln(1-\mu)}\right)^{1/4} \tag{5-146}$$

对不可积分的谱，可以采用数值计算的方法来确定 $\omega_L\sim\omega_H$。首先采用数值积分的方法计算波浪频谱的总能量 E，然后计算对应每个频率 ω_i 的累积能量 E_i，则 $E_i/E=\mu$ 对应的频率即为频率下限 ω_L，$E_i/E=1-\mu$ 对应的频率即为频率上限 ω_H。

应该看到，在 N 一定的情况下，不恰当的增大频谱范围，反而会降低模拟的精度。一般取谱峰频率的3~4倍作为 ω_H 就可以了。

2. 频率区间的划分

频率区间的划分方法，有等分频率法和等分能量法两种。

(1) 等分频率法

取频率间隔 $\Delta\omega=(\omega_H-\omega_L)/N$（$N$ 一般为50~100）。但若采用式 $\hat{\omega}_i=(\omega_i+\omega_{i-1})/2$ 作为第 i 区间的代表性频率，则由式(5-145)模拟的波浪将以周期 $2\pi/\Delta\omega$ 重复出现。所以应在各区间内随机选取频率 $\tilde{\omega}_i$ 作为该区间的代表性频率。由于波能集中在谱峰附近，如果 N 值较小，只有少数位于谱峰处的组成波起主要作用，可能产生较大的误差。

(2) 等分能量法

定义累积谱为

$$E(\omega)=\int_0^{\omega}S_\eta(\omega)\mathrm{d}\omega \tag{5-147}$$

如果按照等分能量法分成 N 份，则分界频率 ω_i 可以用下式来确定。

$$E(\omega_i)=\frac{iE(\infty)}{N}=\frac{im_0}{N} \tag{5-148}$$

对 P-M 等可积分的谱，则

$$\omega_i=\left[\frac{B}{\ln(N/i)}\right]^{1/4} \tag{5-149}$$

各组成波的振幅 a 相等

$$a_i=\sqrt{2S_\eta(\hat{\omega}_i)\Delta\omega_i}=\sqrt{\frac{2m_0}{N}} \tag{5-150}$$

此时式(5-143)变为

$$\eta(t)=\sqrt{\frac{2m_0}{N}}\sum_{i=1}^{N}\cos(\hat{\omega}_i t+\varepsilon_i) \tag{5-151}$$

$$\hat{\omega}_i=(\omega_i+\omega_{i-1})/2 \tag{5-152}$$

3. 随机相位的选取

随机初相位 ε_n 应在 $0\sim2\pi$ 之间均匀分布，如果组成波的个数 N 不够大，则计算机产生的随机数不够均匀，对模拟结果就有影响。

采用前述的等分频率法来模拟随机海浪时程，模拟的靶谱为P-M谱，有效波高为 2.5 m，峰值频率为 1.047 rad/s(对应的周期为 6 s)。数值模拟中频率下限为 $\omega_L=0.0123$ rad/s；高频截止频率为 3 倍的峰值频率，即 $\omega_H=3.14$ rad/s；频率分段数为 $N=256$。靶谱如图 5-24 所示，模拟得到的波浪时程曲线如图 5-25 所示。对得到的波浪时程曲线进行统计分析可知，模拟得到的波浪序列的有效波高为 2.46 m，同靶谱的波高 2.5 m 非常接近。

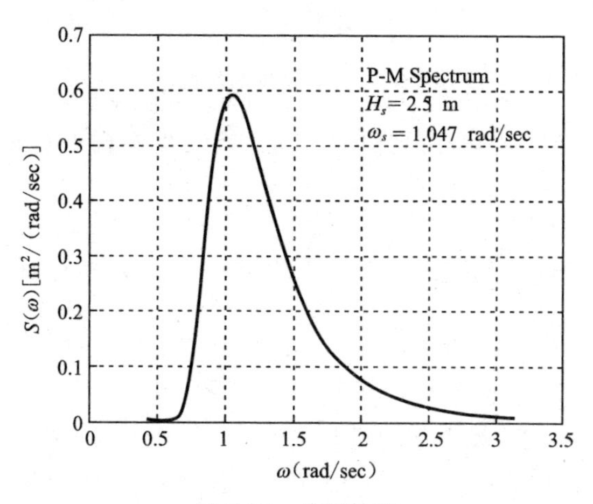

图 5-24　模拟靶谱

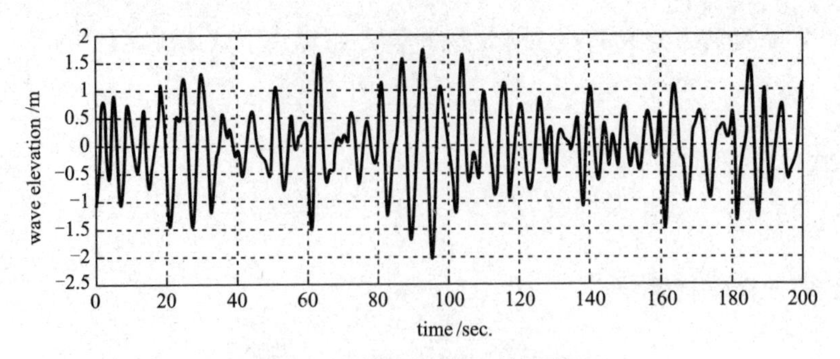

图 5-25 模拟的波面时间历程

5.4.2 三维波面的数值模拟

在二维不规则长峰波海浪模拟中，对于任意一个波浪频率指定了波高，波浪只从海面的一个方向而来。实际上，海浪具有三维不规则性，海上的波浪不仅波高不同、频率不同，而且会从各个方向传到某一点。这些谐波除沿主风向产生的主浪向以外，在主浪向两侧 $\pm\pi$ 角度范围内都有谐波的扩散，这样的海浪是三维不规则短峰波海浪，如图 5-26 所示。

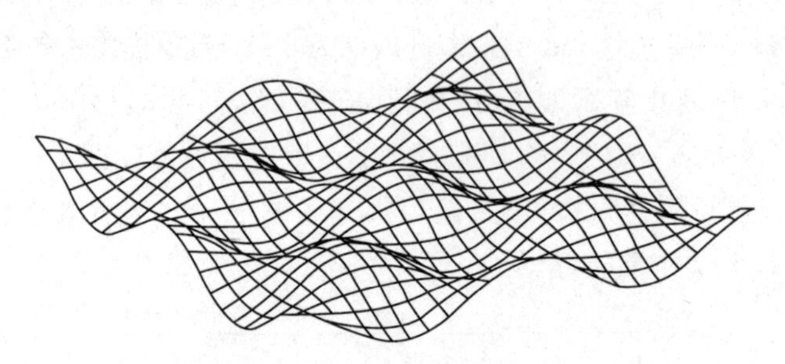

图 5-26 三维不规则短峰波

如果把频率分成 N 份，把方向分成 M 份，则三维不规则短峰波海浪的双叠加法模型为

$$\eta(x,y,t)=\sum_{i=1}^{N}\sum_{j=1}^{M}a_{ij}\cos(k_i x\cos\theta_j+k_i y\sin\theta_j-\omega_i t-\varepsilon_{ij}) \tag{5-153}$$

式中

$$a_{ij}=\sqrt{2S_\eta(\omega_i,\theta_j)\Delta\omega_i\Delta\theta_j} \tag{5-154}$$

ε_{ij} 为 $0\sim2\pi$ 之间均匀分布的随机初相位。

图 5-27 为采用 P-M 波浪频谱和 SWOP 方向谱得到的三维不规则波面。

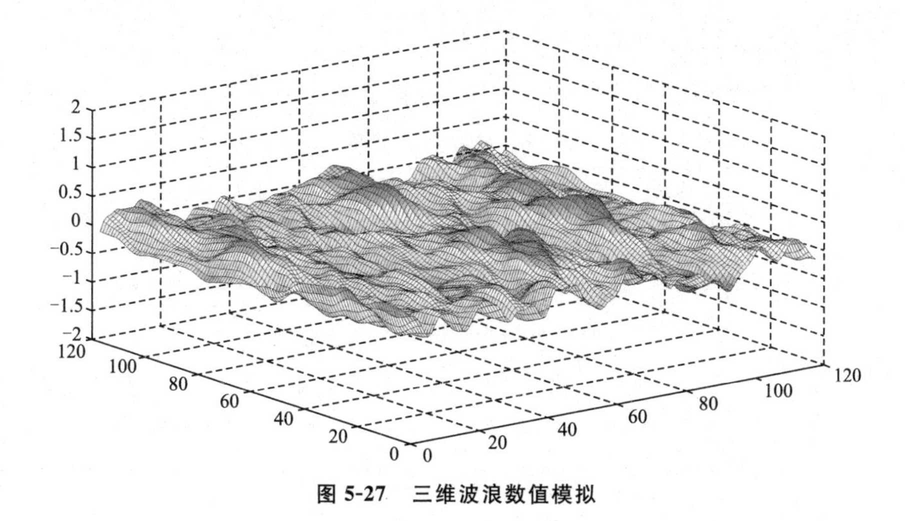

图 5-27　三维波浪数值模拟

5.5　海浪的长期统计分布规律

以上讨论的波浪分布都是在短时间(几十分钟到两三个小时)内的分布。海洋工程结构的使用寿命一般为几十年,它要抵抗使用期内的最大波作用,有些结构物还要考虑长期波浪荷载作用下的疲劳损伤,这就要求研究波浪的长期分布和长时期内的波浪极值的统计分布。

5.5.1　波浪散布图

利用海洋观测台站的长期波浪观测资料(数个月或几年),可以得到波高和周期的联合分布图,即波浪散布图(Scatter Diagram),如表 5-8 所示。平面 $H_s \times T_z$ 被分成了网格状,每个网格内记录了波浪观测期间对应海况出现的次数。每种海况用一组(H_s, T_z)来表示,一般持续时间为 3 个小时。

波浪散布图可以用来确定波浪超过某个给定海况的概率。事实上方格内的每个数字都代表海况位于给定波高和周期区间的概率。该概率等于方格内的数字与总出现次数的比值。例如

$$P\{4 < H_s < 5 \text{ 且 } 8 < T_z < 9\} = \frac{47\ 072}{999\ 995} = 4.7\%$$

另外,波浪超过某海况的概率可以用大于该波高 H_s 的方格内数字的和与总出现次数的比值来表示。如大于 10 m 波高出现的概率为

$$P\{H_s > 10\} = \frac{6\ 189 + 3\ 449 + 1\ 949 + 1\ 116 + 1\ 586}{999\ 995} = 1.4\%$$

需要注意的是，表5-8所示的波浪散布可以是以某月、某季、某年或多年的波浪观测数据统计分析得到的，另外还可以是按方向表示的波浪散布。

表 5-8　波高-周期分布

H_s(m) \ T_z(s)	3.5	4.5	5.5	6.5	7.5	8.5	9.5	10.5	11.5	12.5	13.5	*Total*
14.5	0	0	0	0	2	30	154	362	466	370	202	1 586
13.5	0	0	0	0	3	33	145	293	322	219	101	1 116
12.5	0	0	0	0	7	72	289	539	548	345	149	1 949
11.5	0	0	0	0	17	160	585	996	931	543	217	3 449
10.5	0	0	0	1	41	363	1 200	1 852	1 579	843	310	6 189
9.5	0	0	0	4	109	845	2 485	3 443	2 648	1 283	432	11 249
8.5	0	0	0	12	295	1 996	5 157	6 323	4 333	1 882	572	20 570
7.5	0	0	0	41	818	4 723	10 537	11 242	6 755	2 594	703	37 413
6.5	0	0	1	138	2 273	10 967	20 620	18 718	9 665	3 222	767	66 371
5.5	0	0	7	471	6 187	24 075	36 940	27 702	11 969	3 387	694	111 432
4.5	0	0	31	1 586	15 757	47 072	56 347	33 539	11 710	2 731	471	169 244
3.5	0	0	148	5 017	34 720	74 007	64 809	28 964	7 804	1 444	202	217 115
2.5	0	4	681	13 441	56 847	77 259	45 013	13 962	2 725	381	41	210 354
1.5	0	40	2 699	23 284	47 839	34 532	11 554	2 208	282	27	2	122 467
0.5	5	350	3 314	8 131	5 858	1 598	216	18	1	0	0	19 491
Total	5	394	6 881	52 126	170 773	277 732	256 051	150 161	61 738	19 271	4 863	999 995

5.5.2　年极值波高的长期分布

为确定今后多年内可能出现的最大波高(即设计波浪)，需要对历史上的年最大波高进行统计分析。假设从每年的波浪资料中提取一个有效(或最大)波高的极值，构成了年极值波高序列。将 N 个极值由大到小排列，则排列顺序为 m 的波高出现的累积概率为

$$F(H_m)=\frac{m}{N+1}\times 100\% \tag{5-155}$$

计算各个波高经验累积概率，可以绘制经验累积概率曲线。但由于实测的年极值资料较少，一般很难直接得到多年一遇的设计波高，因此需要对经验累积概率曲线进行外延。为了减少外延的主管随意性，需要借助于波高的理论分布函数。

例如某测站在 1963～1976 年内的年极值波高如表 5-9 所示，则据此可以得到其经验累积概率曲线如图 5-28 所示。

表 5-9　某测站 1963～1976 年极值波高

年份	1963	1964	1965	1966	1967	1968	1969
波高	3.5	3.6	3.5	2.7	2.8	3.7	5.0
年份	1970	1971	1972	1973	1974	1975	1976
波高	3.4	2.5	3.0	4.3	4.0	2.3	3.1

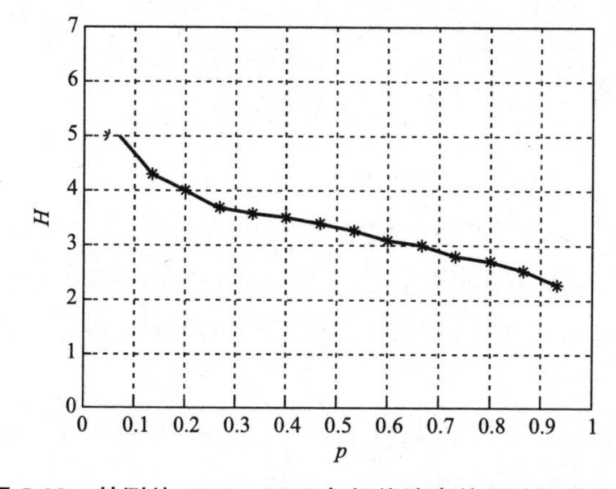

图 5-28　某测站 1963～1976 年极值波高的经验概率分布

对波浪多年分布规律的计算方法，国内外学者提出了很多不同的研究结果。常用的有极值 Ⅰ 型分布(Gumbel 分布)、Weibull 分布、Pearson Ⅲ 型曲线分布、对数-正态分布等(孙意卿，1989)。

5.5.3　重现期

在研究海浪的长期分布规律中，常用重现期(Return Period) 表示随机变量在多年期间可能出现的概率，以避免与波列累积概率混淆。例如 50 年一遇的 1/100 大波，就是可能在 50 年中出现一次 1/100 大波。"50 年一遇"就是重现期。可见重现期是指在多年期间可能出现某一特征波高的平均时间间隔(单位为年)。

假设某要素年最大值的概率密度分布函数为 $f(x)$，若满足

$$P(x < x_p) = P \tag{5-156}$$

$$P(x \geqslant x_p) = P' \tag{5-157}$$

$$T = 1/P' = 1/(1-P) \tag{5-158}$$

则称 x_p 为 T 年一遇值，T 即为重现期，P' 为设计概率。

5.5.4 设计波浪要素

在工程设计中，确定波浪力之前要先确定设计波要素，即根据结构物的重要性、结构型式以及设计内容来确定设计波浪的标准。所谓设计波浪要素，就是指在某一确定的重现期、某一特征波所对应的波高和周期。包括两个方面：① 设计波浪的重现期；② 设计特征波，比如：设计波高采用 50 年一遇、波列累积概率为 1% 的波高 $H_{1\%}$，设计波周期采用平均周期 T。

5.5.5 遭遇概率

重现期为 T_R 年一遇的波浪是从统计意义上讲平均 T_R 年出现一次这样大的波浪，但并非正好 T_R 年出现一次。也就是说，可能在一段 T_R 年内不出现，而在另一段 T_R 年内出现多次。那么在结构物的使用期内，波高超过设计波高的大浪出现的概率是多少呢？Borgman(1963) 称之为遭遇概率(Encounter Probablity)，并导出了其为重现期的函数。

假设特征波高的年最大值不超过 H_R 的概率是 $P(H \leqslant H_R)$，则一年内出现超过 H_R 的概率(危险概率、累积概率)为 $1 - P(H \leqslant H_R)$，即

$$T_R = \frac{1}{1 - P(H \leqslant H_R)} \tag{5-159}$$

波高 H_R 称为重现期为 T_R 年一遇的特征波高。假设某海工结构物设计寿命为 T_L 年，则 T_L 年内特征波高最大值不超过 H_R 的概率为 $[P(H \leqslant H_R)]^{T_L}$，超过 H_R 概率(遭遇概率)为

$$F(H \geqslant H_R) = 1 - [P(H \leqslant H_R)]^{T_L} = 1 - \left(1 - \frac{1}{T_R}\right)^{T_L} \tag{5-160}$$

当 T_R 很大时，上式近似为

$$F(H \geqslant H_R) \approx 1 - \exp\left(-\frac{T_L}{T_R}\right) \tag{5-161}$$

从上式可以看出，如果按照重现期等于设计寿命来确定设计波高，则结构物在设计寿命内的危险概率为 63.2%。

63.2% 的危险概率是一个相对较大的数值。为了工程结构的安全，常常需要增大重现期来降低危险概率。如果要求危险概率低于 0.2，重现期将为使用期的 4.5 倍左右。对 20 年的设计寿命的建筑物，采用的重现期一般为 100 年一遇。

例 5.2

某海洋平台的设计寿命为20年，设计波高的重现期为100年，试确定其设计使用期内的危险概率？

解　根据公式(5-146)，危险概率

$$F \approx 1-\exp\left(-\frac{20}{100}\right)=0.183$$

例 5.3

某海洋平台的设计寿命为15年，如果要求其危险概率不高于0.2，试确定设计波高的重现期应不低于多少年？

解　根据公式(5-146)，可以得到

$$T_R=-\frac{T_L}{\ln(1-F)}=-\frac{15}{\ln(1-0.2)}=67\ 年$$

思考题与习题

1. 如何从定点观测记录中定义有效波高和波周期？

2. 请解释随机波可以用无限多个简单余弦波叠加而成。

3. 波高的瑞利分布是如何定义的？

4. 试证明当 Jonswap 谱中 $\gamma=1$ 时退化为 P-M 谱。

5. 试推导以圆频率 ω 和频率 f 表示的波谱之间的关系。

6. 什么是大波平均波高和累积率波高？已知波高的概率密度分布函数 $f(x)$，如何求这两种波高？

7. 设计波浪要素的含义是什么？

8. 什么是波浪谱？什么是方向谱？已知海浪谱为 $S(\omega)$，则海浪的总能量为多少？

9. 研究海浪，为什么要把海浪视为平稳、各态历经的随机过程？

10. 某平台设计寿命20年，可否采用20年一遇的特征波高作为设计波高，为什么？

11. 假设波高符合瑞利分布，已知波高的平均值为 0.8 m，试求有效波高。

12. 已知某波高序列为(单位 m)：1.2，1.5，1.7，2.1，1.4，1.3，1.9，2.2，2.5，1.6，2.3，2.7，1.0，0.8，2.4，2.9，1.1，3.0，试求该波高序列的有效波高 H_s 和累积率波高 $H_{33.3\%}$。

第6章　作用在小尺度结构物上的波浪力

6.1　概述

对海洋工程结构，如各种固定式平台、移动式平台和浮式结构，水面以下的结构构件，都会受到波浪荷载的作用。平台结构上的波浪诱导载荷是由于波浪产生的压力场所致，一般波浪诱导载荷可以分为三种(Hogben，1976)：拖曳力、惯性力和绕射力。对于具体的结构对象来讲，上述各波浪诱导载荷分量并不都是同等重要的，其大小取决于结构的型式和尺度，以及所选取的波浪工况。拖曳力一般是由于(流体的速度)流动分离产生的，对大波高小直径结构占主导；惯性力是由于流体加速度引起的压强变化造成的，包含 Froude-Krylov 力(入射波压力场引起的作用力——简称 F-K 力)和附加质量力，对较大尺度结构物占主导；绕射力是由于考虑物体的作用，而使波浪发生绕射时引起的作用力，一般对尺寸非常大(与波长可比拟)的结构物必须利用绕射理论来计算绕射力。

在海洋工程结构中，通常是根据大尺度结构还是小尺度结构来决定选用哪种计算波浪载荷的方法。对于小尺度结构，波浪的拖曳力和惯性力是主要的分量；而对于大尺度结构，波浪的惯性力和绕射力是最主要的分量。在工程设计中，波浪力的计算按照其尺度大小的不同而导致受力特性的不同，采用了两种不同的计算方法。

1. 对于与入射波的波长相比尺度较小的结构物，例如孤立桩柱、各种立管、海底管道等，此类结构物的存在对波浪运动无显著影响，波浪对结构物的作用主要为黏滞效应和附加质量效应。此种情况下，可以采用由 Morison 等人提出的莫里森公式来计算波浪力。该方法的基本假定是认为当柱体尺度与波长相比较小时，桩柱所受的波浪力取决于未被扰动的波动场内在柱体轴线处的水质点速度和加速度，并与柱体尺度有关。Morison 方程是一种带有经验性的半理论公式，它包含两项，即惯性力和拖拽力。其关键在于选定一种适宜的波浪理论和相应的拖曳力系数和惯性力系数。这个方程的应用，要求桩柱直径 D 与波长 L 之比较小，在一般情况下，当 $D/L < 0.2$ 时适用。

2. 随着结构物尺度相对于波长比值的增大，例如大型石油贮罐、Spar/Semi 平

台的大直径柱体、超大型浮体结构（VLFS）等，此类尺度较大的结构物本身的存在对波浪运动有显著影响，对入射波浪的散射（Scattering）效应必须考虑。此时要采用绕射理论（Mac Camy 和 Fuchs）计算波浪力。

绕射理论假定流体是不可压缩的理想流体，运动是有势的，将结构物边界作为波动着的流体边界的一部分，找出在结构物边界上结构物对入射波的绕射速度势和未受结构物扰动的入射波的速度势。两者迭加后即为结构物边界上扰动后的速度势，然后应用线性化 Bernoulli 方程确定结构物边界上的波压强分布，从而可计算出波浪在结构物上的力和力矩。绕射理论由于采用了线性化的自由水面边界条件，故只有在波动幅度相对较小时才能使用。根据一些实验研究的结果，当波动的水质点在一个波周期内运动的振幅与墩柱尺度相比较小时，流体与墩柱表面将不发生分离现象，因而由于流体的黏性在墩柱表面产生的的阻力将很小。从大量的实验结果可知，当 $H/l<1.0$ 时，由于流体黏性引起的阻力对波浪力的影响一般不超过 5%，所以线性化的绕射理论的适用范围为 $H/l<1.0$。图 6-1 所示为两种波浪力方法的适用范围（Garrison，C J，1972）。

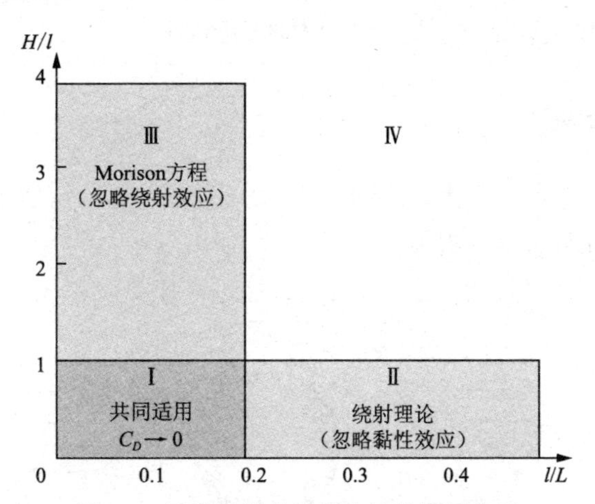

图 6-1　两种波浪力计算方法的适用范围

在区域Ⅰ内，$H/l<1.0$，$l/L<0.2$，此时由于流体黏性的影响和柱体绕流的影响都较小，因此在计算波浪力时可以采用 Morison 方程，且只计算其中的惯性力项。

在区域Ⅱ内，$H/l<1.0$，$l/L>0.2$，此时由于柱体相对尺寸较大，柱体绕流影响增大，但流体黏性影响仍较小，因此可以采用不考虑流体黏性的波浪绕射理论。

在区域Ⅲ内，$H/l>1.0$，$l/L<0.2$，桩柱尺寸相对较小，柱体绕流影响可不考虑，但由于波高较大，因流体黏性而引起的阻力增大，在计算波浪力时，可以采用

Morison 方程。

在区域Ⅳ内，$H/l>1.0$，$l/L>0.2$，由波浪理论可知，一般深水波浪的极限波陡$(H/L)_{\max}$不超过 1/7，而浅水波浪的极限波陡则更小，因此在实际计算中，基本上不会出现此类状况。

由于小尺度和大尺度结构物上的波浪力计算方法不同，所以需要分别介绍。本章首先介绍小尺度结构物上波浪力的计算，有关大尺度结构物波浪力的计算将在下一章讲述。另外，由于波浪对小尺度结构物的作用力与流体绕固体流动时所产生的绕流现象紧密相关，波浪力的计算以绕流理论为基础进行分析，所以首先介绍绕流力。

6.2 海流中的圆柱体

海洋工程结构物中，经常采用细长圆柱体作为基本构件，因此采用圆柱体进行分析。为了更好地理解圆柱体上的作用力，首先分析势流理论中的受力，然后讨论实际黏性流体及其他情况下水流对圆柱体的作用力。

6.2.1 势流理论

考虑如图 6-2 所示半径为 a 的圆柱体，置于速度为 $U(t)$ 的流场中，则柱坐标下的速度势函数的 Laplace 方程为

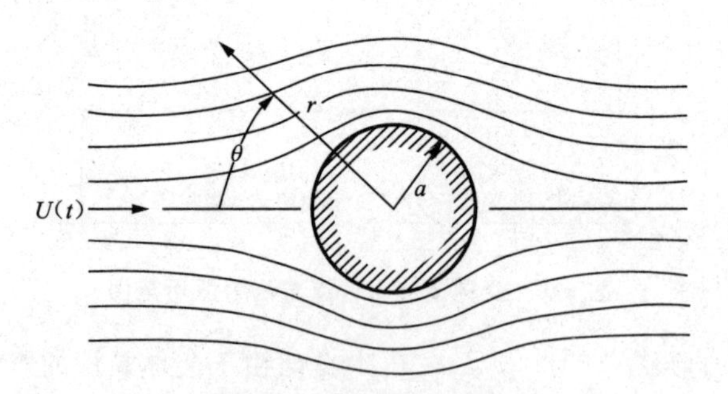

图 6-2　势流中的圆柱体

$$\nabla^2\Phi=\frac{\partial^2\Phi}{\partial r^2}+\frac{1}{r}\frac{\partial\Phi}{\partial r}+\frac{\partial^2\Phi}{r^2\partial\theta^2}+\frac{\partial^2\Phi}{\partial z^2}=0 \tag{6-1}$$

其中速度分量与速度势函数的关系为

$$u_r=-\frac{\partial\Phi}{\partial r},u_\theta=-\frac{1}{r}\frac{\partial\Phi}{\partial\theta},u_z=-\frac{\partial\Phi}{\partial z} \tag{6-2}$$

方程(6-1) 的解为

$$\Phi(r,\theta) = U(t)r\left(1 + \frac{a^2}{r^2}\right)\cos\theta \tag{6-3}$$

式中,$U(t)$ 为无穷远处来流(对波浪而言,是周期为 T 的正弦函数)。注意到在圆柱体的表面($r = a$),沿径向的流体速度为零,即

$$u_r(a,\theta) = -\left.\frac{\partial\Phi}{\partial r}\right|_{r=a} = 0 \tag{6-4}$$

为了计算圆柱体表面的压强分布,应用非定常无旋运动的Bernoulli方程(上游取在 $r = l,\theta = 0, l \gg a$ 处),则

$$\left[\frac{p(r,\theta)}{\rho} + gz + \frac{u_r^2 + u_\theta^2}{2} - \frac{\partial\Phi}{\partial t}\right]_{r=a} = \left[\frac{p(r,\theta)}{\rho} + gz + \frac{u_r^2 + u_\theta^2}{2} - \frac{\partial\Phi}{\partial t}\right]_{\substack{r=l\\ \theta=0}} \tag{6-5}$$

对直立柱体不考虑重力项,代入速度势函数表达式并忽略 $O(a^2/l^2)$ 项,则

$$p(a,\theta) - p(l,0) = \rho\left[\frac{U^2(t)}{2}(1 - 4\sin^2\theta) + 2a\frac{\mathrm{d}U}{\mathrm{d}t}\cos\theta - l\frac{\mathrm{d}U}{\mathrm{d}t}\right] \tag{6-6}$$

从上式可以看出,压强差主要由两部分组成:① 同流体速度的平方成正比的速度项;② 同加速度成正比的惯性项。

首先看一下速度项产生的作用力。由速度项产生的压强差为

$$p(a,\theta) - p(l,0) = \frac{\rho U^2(t)}{2}(1 - 4\sin^2\theta) \tag{6-7}$$

如果定义压力系数

$$C_p = \frac{\Delta p}{\frac{1}{2}\rho U^2} = 1 - 4\sin^2\theta \tag{6-8}$$

则由势流理论给出的压力系数如图 6-3 所示。可以看出,基于势流理论的压强分布是关于柱体前后对称的,对定常流体根据势流理论可得圆柱体的合力为零(即著名的达朗贝尔佯谬),即

$$f_D = \int_0^{2\pi} p(a,\theta)a\cos\theta\mathrm{d}\theta = 0 \tag{6-9}$$

对实际黏性流体,由于边界层的形成及流动分离,造成尾涡区内的压强变化,不同雷诺数情况下的压力分布如图 6-3 所示。压力分布系数只有在 θ 角(从上游驻点算起)较小时二者才比较一致;在圆柱体的下游,随着 θ 角的增大,势流理论和实验值差异显著。当 θ 角超过某值(该值取决于雷诺数 $\mathrm{Re} = UD/\nu$,通常在 $80° \sim 120°$ 之间)时,压力系数几乎为一常值。较低的下游压力表明边界层已经发生分离。当发生边界层分离时,柱体前后的压强分布不再对称,柱体后面的压强小于柱体前面

的压强，于是压强在来流方向会产生一个压差力。

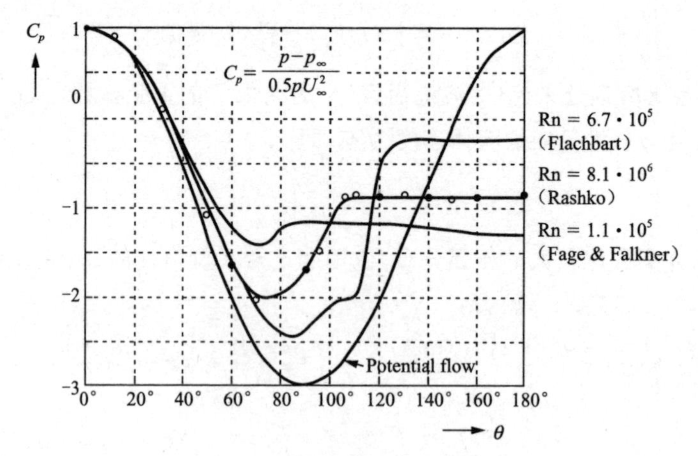

图 6-3 绕流压强分布

$$
\begin{aligned}
f_D &= 2\int_0^{\theta_s}\frac{\rho U^2(t)}{2}(1-4\sin^2\theta)a\cos\theta\mathrm{d}\theta+2\int_{\theta_s}^{\pi}p_{wake}a\cos\theta\mathrm{d}\theta \\
&= \rho U^2(t)a\left[\int_0^{\theta_s}(1-4\sin^2\theta)a\cos\theta\mathrm{d}\theta+\int_{\theta_s}^{\pi}\frac{p_{wake}}{\rho U^2(t)/2}\cos\theta\mathrm{d}\theta\right]
\end{aligned}
\tag{6-10}
$$

式中，θ_s 为从上游驻点起算流动分离角，其大小与雷诺数有关。公式(6-10)中括号内的积分是雷诺数的函数，用拖曳力系数(Drag Coefficient)C_D 表示，则单位柱长上的作用力为

$$
f_D = C_D\rho D\,\frac{U^2(t)}{2}=\frac{1}{2}C_D\rho AU^2(t) \tag{6-11}
$$

式中 D 为柱体直径；A 为投影面积；拖曳力系数 C_D 集中反映了流体的黏滞性而引起的黏滞效应，与雷诺数 Re 和柱面粗糙度有关。根据实测资料，一些具有不同形状的光滑柱体的拖曳力系数 C_D 随着雷诺数 Re 的变化见图 6-4。从图中可以看出，当雷诺数在 $1\times10^4\sim2\times10^5$ 之间时，阻力系数 C_D 几乎不变，接近 1.2；当雷诺数达到 2×10^5 时，层流边界层开始向紊流边界层转变，使得分离点向后移动(层流分离点在 80° 左右，而紊流分离点在 120° 度左右)。尾涡区大大变窄，从而使阻力系数显著降低。当雷诺数位于 $2\times10^5\sim5\times10^5$ 之间时，阻力系数迅速从 1.2 下降至 0.3～0.4；然后随着雷诺数的进一步增大，阻力系数上升至 0.6～0.7。

下面来研究公式(6-6)中的加速度项。对其沿柱体表面积分，则

$$
f_I=\int_0^{2\pi}\rho\,\frac{\mathrm{d}U}{\mathrm{d}t}2a^2\cos^2\theta\mathrm{d}\theta-\int_0^{2\pi}\rho\,\frac{\mathrm{d}U}{\mathrm{d}t}la\cos\theta\mathrm{d}\theta \tag{6-12}
$$

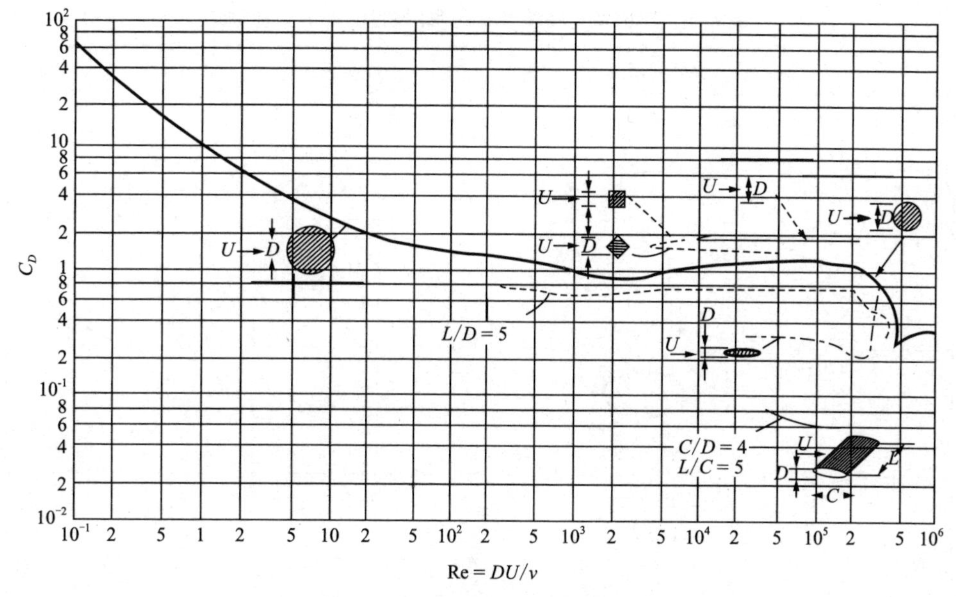

图 6-4　光滑柱体的拖曳力系数 C_D 随着雷诺数 Re 的变化

上式中第二项积分为零。第一项积分结果为

$$f_I = 2\pi\rho a^2 \frac{\mathrm{d}U}{\mathrm{d}t} = C_M\rho V \frac{\mathrm{d}U}{\mathrm{d}t} \tag{6-13}$$

式中，V 为单位长度柱体的体积($V = \pi a^2$)；C_M 称之为惯性力系数，它集中反映了由于流体的惯性以及柱体的存在，使柱体周围流场的速度改变而引起的附加质量效应。对圆柱体为 2.0。因此由加速度产生的作用力称之为惯性力。常常把惯性力系数写成 $C_M = 1 + C_m$ 的形式，其中 C_m 为附加质量系数。可见在非定常绕流运动中，绕流流体对圆柱体的作用除了拖曳力外还有流体加速度引起的惯性力。

尽管公式(6-13)是由圆柱体推导而得，但该表达式同样适用于任意形状二维和三维结构物，只是不同形状结构物的惯性力系数不同而已。对于少数几种规则形状的物体的附加质量可以采用势流理论从理论上来推求，而对大多数形状的物体的附加质量需要通过实验来确定。表 6-1 给出了几种常见物体形状的附加质量系数[SY/T 10050-2004]。

表 6-1　几种常见物体形状的附加质量(无限长柱体)

物体剖面		运动方向	C_m	V_n
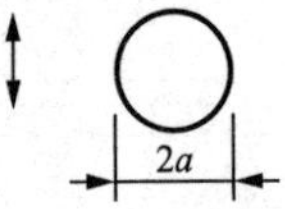 $2a$		竖向	1.0	πa^2
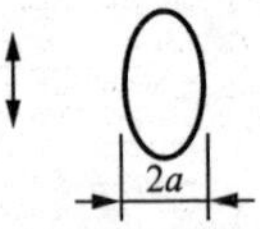 $2a$		竖向	1.0	πa^2
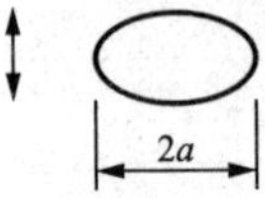 $2a$		竖向	1.0	πa^2
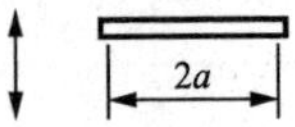 $2a$		竖向	1.0	πa^2
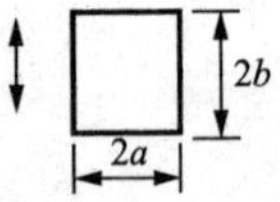 $2b$ $2a$	$a/b=\infty$ $a/b=10$ $a/b=5$ $a/b=2$ $a/b=1$ $a/b=0.5$ $a/b=0.2$ $a/b=0.1$	竖向	1.0 1.14 1.21 1.36 1.51 1.70 1.98 2.23	πa^2
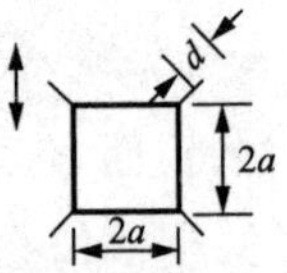 d $2a$ $2a$	$d/a=0.05$ $d/a=0.10$ $d/a=0.25$	竖向	1.61 1.72 2.19	πa^2
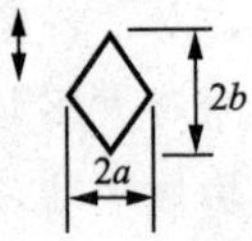 $2b$ $2a$	$a/b=2$ $a/b=1$ $a/b=0.5$ $a/b=0.2$	竖向	0.85 0.76 0.67 0.61	πa^2
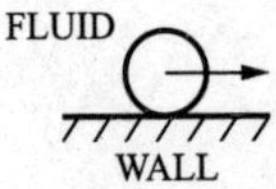 FLUID WALL		水平向	2.29	πa^2
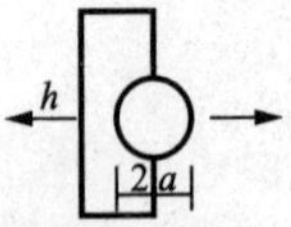 h $2a$		水平向	$1+\left(\frac{h}{2a}-\frac{2a}{h}\right)^2$	πa^2

6.2.2　粗糙圆柱体

在海洋工程中，经常会遇到“粗糙”圆柱体，如海生物附着的管道或自然形成的锚缆。粗糙圆柱体的粗糙程度一般用相对粗糙度 k/D 来表示。定常水流中光滑柱体与不同粗糙度圆柱体的拖曳力系数 C_D 随 Re 的变化见图 6-5。从图中可以看出，当雷诺数位于 $4\times10^4\sim2\times10^5$ 时，粗糙圆柱体的阻力系数小于光滑圆柱体的阻力系数。

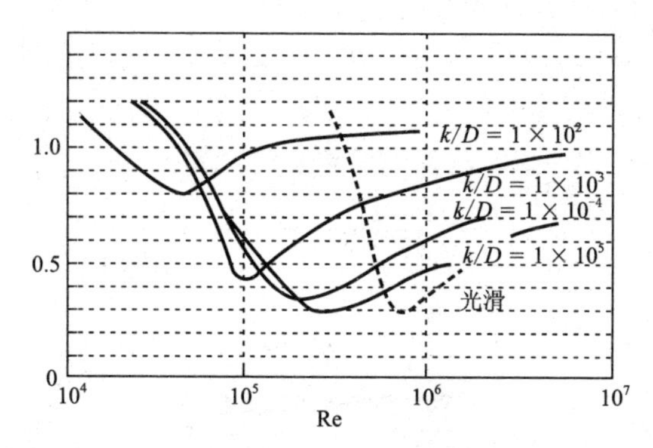

图 6-5　不同粗糙度圆柱体的拖曳力系数随的变化(SY/T 10050-2004)

6.2.3　倾斜圆柱体

海洋工程中常常会遇到倾斜的圆柱体结构，如导管架式海洋平台中的斜撑构件。对相对于来流倾斜的圆柱体，可以将来流速度 U 分解为与柱体垂直的法向速度 U_n 以及与柱体轴线平行的切向速度 U_t，然后分别计算法向分力 f_n 和切向分力 f_t

$$f_n=\frac{1}{2}C_D\rho DU_n^2 \tag{6-14}$$

拖曳力系数 C_D 可以采用与正向来流相同的系数。

$$f_t=\frac{1}{2}C_f\rho DU_t^2 \tag{6-15}$$

摩擦系数 C_f 的典型值为 0.1。多数情况下切向力分量可以忽略。

6.2.4　绕流升力

由于圆柱体尾流涡街的形成，圆柱体除了在流动方向上会受到时均拖曳力和脉动拖曳力外，在垂直于流动方向上还会产生脉动横向力(升力 —Lift Force)f_L。升力 f_L 主要是由于涡街形成时，涡旋交替自柱体脱落而使柱体两侧压力产生脉动而造成的。脉动横向力(升力)f_L 是周期性的力，其频率等于漩涡的泄放频率

(Vortex Shedding Frequency)。

对于圆柱绕流,涡旋脱落的频率 f_v 可以定义为

$$f_v = \frac{S_t U}{D} \tag{6-16}$$

式中,S_t 称为斯特鲁哈尔数(Strouhal Number),是 Re 数与结构截面形状等物理量的无量纲相似准数,通常由实验获得。图 6-6 给出了圆柱绕流的 S_t 数和 Re 数之间的关系曲线。在亚临界阶段,即 $300 \leqslant \mathrm{Re} < 3\times10^5$ 时,S_t 值基本上保持恒定,约为 0.2;在超临界阶段,即 $\mathrm{Re} \geqslant 3.5\times10^6$ 时,S_t 也有确定值;而在过渡阶段,即 $3\times10^5 \leqslant \mathrm{Re} < 3.5\times10^6$ 时,由于出现随机性的涡旋脱落而不能明确定义 S_t 值,这时可以定义带宽频率的主频率为这一阶段的涡旋发放频率。

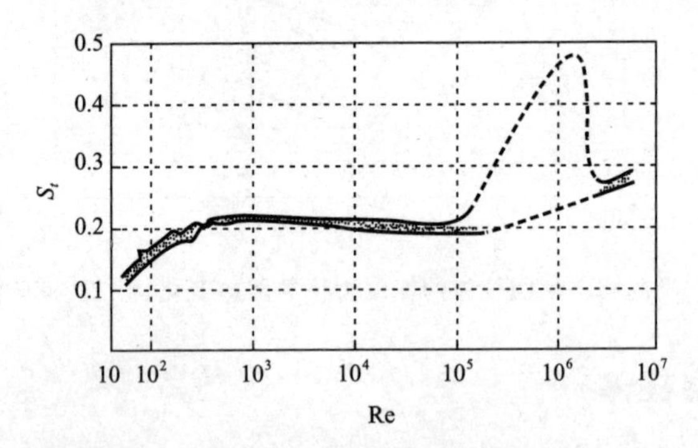

图 6-6 圆柱绕流的 S_t 数与 Re 数的关系曲线[Lienhard, J. H., 1966]

由于漩涡泄放产生的升力可以表示为

$$f_L = \frac{1}{2} C_L \rho D U^2 \cos(2\pi f_v t) \tag{6-17}$$

式中,C_L 为脉动横向力系数(升力系数)。

由于圆柱体尾流涡街的形成,圆柱体除了受到沿流向稳定的(按照时间平均计算)拖曳力 f_D 外,还会受到一个沿流动方向的脉动拖曳力 f'_D。脉动拖曳力主要是由于涡旋周期性发放引起的柱体前后产生压强差产生脉动而造成的。脉动拖曳力 f'_D 呈如下形式

$$f'_D = \frac{1}{2} C'_D \rho D U^2 \cos(4\pi f_v t) \tag{6-18}$$

式中,C'_D 为脉动拖曳力系数;f_v 为涡旋脱落的频率。可见脉动拖曳力的频率等于漩涡泄放频率的 2 倍。

对光滑圆柱体来说,C_L,C'_D 都是雷诺数 Re 的函数。图 6-7 和图 6-8 表示了圆柱体均方根脉动横向力系数和均方根脉动拖曳力系数与雷诺数 Re 的关系。可以看

出，脉动拖曳力系数在 Re 整个区域内容变化都不大，在高雷诺数时约为 0.05。

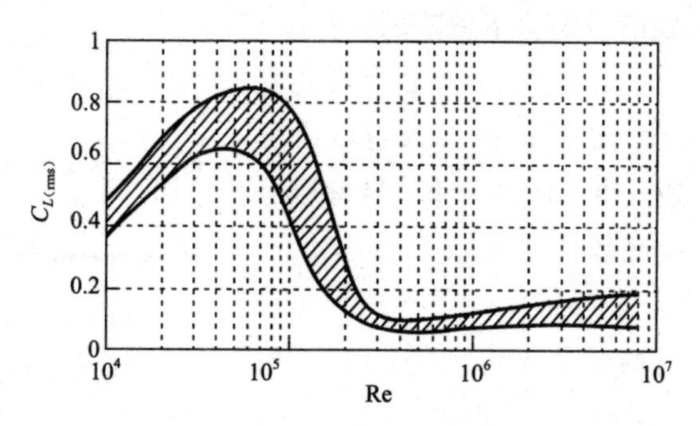

图 6-7　圆柱体的均方根脉动横向力系数与雷诺数的关系

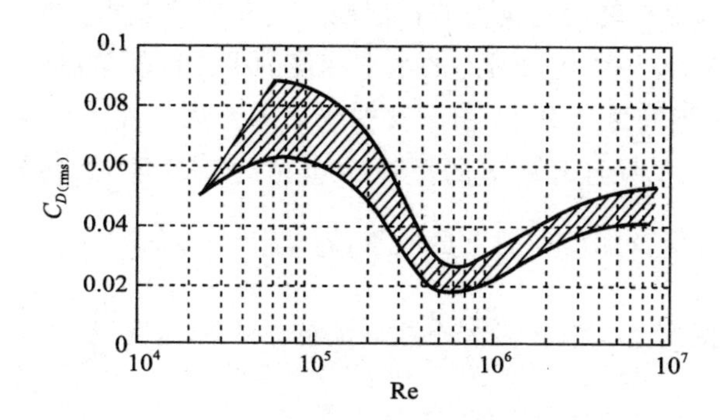

图 6-8　圆柱体的均方根脉动拖曳力系数与雷诺数的关系

在工程设计中，一定要避免漩涡泄放频率接近于结构的自振频率，否则将发生涡激共振(Vortex Induced Vibration，VIV)，导致结构发生破坏。

6.3　作用在直立柱体上的波浪力

6.3.1　莫里森方程

到目前为止，对作用在同波长相比较小的物体上的波浪力，莫里森(Morison)方程仍被广泛采用。该理论假定，柱体的存在对波浪运动无显著影响，认为波浪对柱体的作用主要是黏滞效应和附加质量效应引起。其基本思想是把波浪力分成两部分：一项为同加速度成正比的惯性力项，另一项为同速度的平方成正比的阻力项。速度和加速度应当从未加扰动的流体运动求得，作用力的幅值通过无量纲的系数来调节，该系数主要由物体的形状来决定。

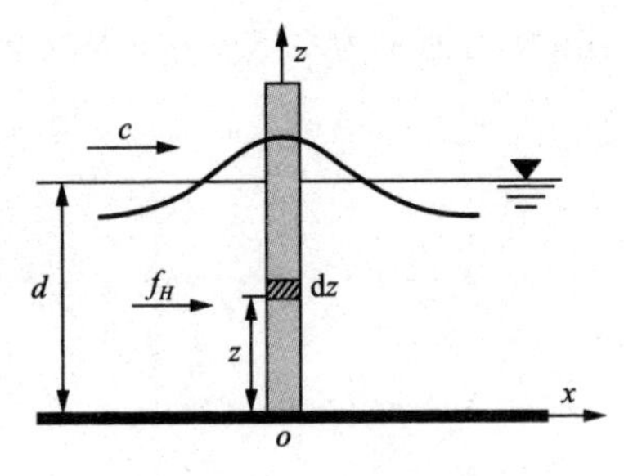

图 6-9　小尺度直立柱体波浪力计算的坐标系统

该方程由Morison等人在1950年提出，是一个以绕流理论为基础的半经验半理论的方法。

如图6-9所示，在水深为 d 的海底上直立着一直径为 D 的圆柱体，波高为 H 的入射波沿海面向前传播。建立如图所示的坐标系。坐标原点 o 位于柱体轴线与海底线的交点，x 轴沿波浪的传播方向，z 轴竖直向上。Morison等人认为作用于柱体任意高度 z 处的水平波力 f_H 包括以下两部分。

(1) 水平拖曳力 f_D。由波浪水质点运动的水平速度 u_x 引起的对柱体的作用力。同时认为波浪对柱体的拖曳力的作用模式与单向定常水流作用在柱体的拖曳力的模式相同，即 f_D 与波浪水质点的水平速度的平方以及单位柱高垂直于波向的投影面积成正比；不同之处在于，由于波浪水质点作周期性的往复的振荡运动，水平速度 u_x 时正时负，因而对柱体的拖曳力也是时正时负，故在拖曳力公式中以 $u_x|u_x|$ 代替 u_x^2，以保持拖曳力的正负性质，即 $f_D=\frac{1}{2}C_D\rho Au_x|u_x|$。

(2) 水平惯性力 f_I。由波浪水质点运动的水平加速度 $\frac{\mathrm{d}u_x}{\mathrm{d}t}$ 所引起的对柱体作用力，即 $f_I=C_M\rho V_0\frac{\mathrm{d}u_x}{\mathrm{d}t}$。

于是作用于直立柱体任意高度 z 处单位柱高上的水平波力为

$$\begin{aligned}f_H&=f_D+f_I\\&=\frac{1}{2}C_D\rho Au_x|u_x|+\rho V_0\frac{\mathrm{d}u_x}{\mathrm{d}t}+C_m\rho V_0\frac{\mathrm{d}u_x}{\mathrm{d}t}\\&=\frac{1}{2}C_D\rho Au_x|u_x|+C_M\rho V_0\frac{\mathrm{d}u_x}{\mathrm{d}t}\end{aligned}\tag{6-19}$$

式中，u_x 和 $\frac{\mathrm{d}u_x}{\mathrm{d}t}$ 分别为柱体轴线位置任意高度 z 处波浪水质点的水平速度和水平加速度；A 为垂直于波浪传播方向的单位柱体高度的投影面积；V_0 为单位柱体高度的排水体积；ρ 为海水的密度；C_D 为垂直于柱体轴线方向的拖曳力系数，该系数集中反映了由流体的黏滞性而引起的黏滞效应；C_m 为附加质量系数；C_M 为惯性力系数(又称为质量系数)，$C_M=C_m+1$。

对于圆柱体，由于 $A=1\times D$，$V_0=\pi D^2/4$，则式(6-19)可以写成

$$f_H=\frac{1}{2}C_D\rho Du_x|u_x|+C_M\rho\frac{\pi D^2}{4}\frac{\mathrm{d}u_x}{\mathrm{d}t}\tag{6-20}$$

当$D/L<0.2$时，可以认为柱体的存在对波浪运动无显著影响，所以上式中的u_x和$\frac{\mathrm{d}u_x}{\mathrm{d}t}$可以近似地分别采用柱体未插入波浪场中时相应于柱体轴中心位置处的水质点的水平速度u_x和水平加速度$\frac{\partial u_x}{\partial t}$。所以对于固定于海底的柱体，波浪力可以写成

$$f_H=\frac{1}{2}C_D\rho Du_x|u_x|+C_M\rho\frac{\pi D^2}{4}\frac{\partial u_x}{\partial t} \tag{6-21}$$

该式即为波浪作用于固定柱体的 Morison 方程。

如果柱体在波浪中发生振动(图 6-10)，设振动柱体的振动方向与波浪运动方向一致，在高度z处的水平位移为x，速度为$\dot{x}$以及加速度为$\ddot{x}$，则应用于振动柱体的 Morison 方程如下

$$f_H=\frac{1}{2}C_D\rho D(u_x-\dot{x})|u_x-\dot{x}|+\rho\frac{\pi D^2}{4}\frac{\partial u_x}{\partial t}+C_m\rho\frac{\pi D^2}{4}\left(\frac{\partial u_x}{\partial t}-\ddot{x}\right) \tag{6-22}$$

或

$$f_H=\frac{1}{2}C_D\rho D(u_x-\dot{x})|u_x-\dot{x}|+C_M\rho\frac{\pi D^2}{4}\frac{\partial u_x}{\partial t}-C_m\rho\frac{\pi D^2}{4}\ddot{x} \tag{6-23}$$

必须指出，Morison 方程在理论上是有缺陷的。方程中的拖曳力是按真实黏性流体的定常均匀水流绕过柱体时，对柱体的作用力的分析得到的；而惯性力是按理想流体的有势非定常流理论分析得到的。两者没有共同的理论基础。因此，将它们迭加是缺乏理论依据的。虽然存在上述缺陷，但是目前还没有一个更好的方程能够取代它。多年的工程使用经验表明，Morison 方程尚能给出比较准确的结果。因此，Morison 方程至今仍然是小尺度结构波浪力计算的主要方程。

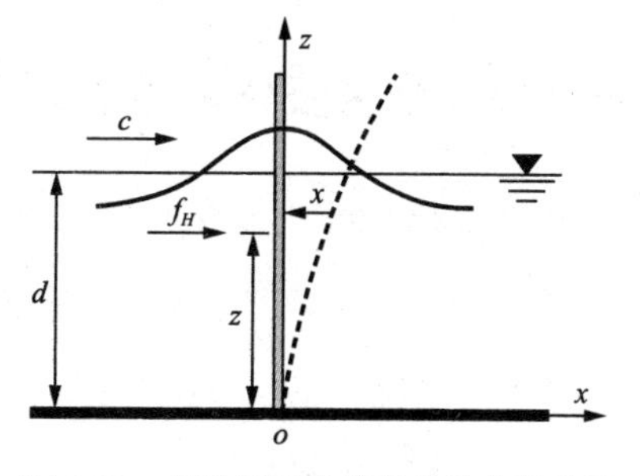

图 6-10　振动的直立柱体波浪力的计算

6.3.2　作用在单柱体上的波浪力

对如图 6-9 所示的坐标系统，圆柱体任意高度z处、柱高$\mathrm{d}z$上的水平波浪力为

$$\mathrm{d}F_H=f_H\mathrm{d}z=\frac{1}{2}C_D\rho Du_x|u_x|\mathrm{d}z+C_M\rho\frac{\pi D^2}{4}\frac{\partial u_x}{\partial t}\mathrm{d}z \tag{6-24}$$

则某一段柱体($z_1\sim z_2$)上的水平波浪力可以积分得到

$$F_H = \int_{z_1}^{z_2} f_H \mathrm{d}z = \int_{z_1}^{z_2} \frac{1}{2} C_D \rho D u_x \left| u_x \right| \mathrm{d}z + \int_{z_1}^{z_2} C_M \rho \frac{\pi D^2}{4} \frac{\partial u_x}{\partial t} \mathrm{d}z \tag{6-25}$$

整个柱体上的水平波浪力为

$$F_H = \int_0^d f_H \mathrm{d}z = \int_0^d \frac{1}{2} C_D \rho D u_x \left| u_x \right| \mathrm{d}z + \int_0^d C_M \rho \frac{\pi D^2}{4} \frac{\partial u_x}{\partial t} \mathrm{d}z \tag{6-26}$$

同理可以得到整个柱体上的水平波力矩为

$$M_H = \int_0^d z f_H \mathrm{d}z = \int_0^d \frac{1}{2} C_D \rho D u_x \left| u_x \right| z \mathrm{d}z + \int_0^d C_M \rho \frac{\pi D^2}{4} \frac{\partial u_x}{\partial t} z \mathrm{d}z \tag{6-27}$$

合力作用点位于海底以上

$$e = \frac{M_H}{F_H} \tag{6-28}$$

由式(6-26)和式(6-27)可以看出，Morison 方程中的 u_x 和 $\frac{\partial u_x}{\partial t}$ 都是与波浪理论有关的。因此正确计算作用在直立柱体上的水平波浪力 F_H 和波浪力矩 M_H 的关键在于两点：① 针对结构所在海区的水深 d 和设计波的波高 H、周期 T 等条件选择一种合适的波浪理论来计算 u_x 和 $\frac{\partial u_x}{\partial t}$；② 选择合适的拖曳力系数 C_D 和惯性力系数 C_M。

6.3.3 线性波作用下直立圆柱体上的波浪力

线性波是海洋工程中经常使用的波浪理论。下面以线性波为例，来计算单个直立圆柱体上的水平波浪力和波浪力矩。其中 u_x 和 $\frac{\partial u_x}{\partial t}$ 可以根据第 2 章中有关公式计算。对线性波，水质点运动的水平速度和加速度分别为

$$u_x = \frac{\pi H}{T} \frac{\cosh kz}{\sinh kd} \cos(kx - \omega t)$$

$$\frac{\partial u_x}{\partial t} = \frac{2\pi^2 H}{T^2} \frac{\cosh kz}{\sinh kd} \sin(kx - \omega t)$$

需要说明的是，在第 2 章线性波理论中，坐标原点是在静水面上，而本章直立柱体波浪力计算的坐标原点在海底（如上图 6-9 所示），因此本处的水质点运动速度和加速度表达式中已经用 z 代替了 $z + d$。

对线性波，圆柱体任意高度 z 处、柱高 $\mathrm{d}z$ 上的水平波浪力为

$$\begin{aligned} \mathrm{d}F_H = f_H \mathrm{d}z &= \frac{1}{2} C_D \rho D \left(\frac{\pi H}{T} \frac{\cosh kz}{\sinh kd} \right)^2 \cos\theta \left| \cos\theta \right| \mathrm{d}z \\ &\quad + C_M \rho \frac{\pi D^2}{4} \frac{2\pi^2 H}{T^2} \frac{\cosh kz}{\sinh kd} \sin\theta \mathrm{d}z \end{aligned} \tag{6-29}$$

式中，$\theta = kx - \omega t$。

某一段柱体($z_1 \sim z_2$)上的水平波浪力为

$$F_H = \int_{z_1}^{z_2} f_H \mathrm{d}z \int_{z_1}^{z_2} \frac{1}{2} C_D \rho D \left(\frac{\pi H}{T} \frac{\cosh kz}{\sinh kd}\right)^2 \cos\theta |\cos\theta| \mathrm{d}z + \int_{z_1}^{z_2} C_M \rho \frac{\pi D^2}{4} \frac{2\pi^2 H}{T^2} \frac{\cosh kz}{\sinh kd} \sinh\theta \mathrm{d}z \tag{6-30}$$

式中

$$K_1 = \frac{2k(z_2 - z_1) + \sinh 2kz_2 - \sinh 2kz_1}{8\sinh 2kd} \tag{6-31}$$

$$K_2 = \frac{\sinh kz_2 - \sinh kz_1}{\cosh kd} \tag{6-32}$$

于是整个柱体上的水平波浪力为

$$F_H = \int_0^d f_H \mathrm{d}z = C_D \frac{\gamma D H^2}{2} K_1 \cos\theta |\cos\theta| + C_M \frac{\gamma \pi D^2 H}{8} K_2 \sin\theta \tag{6-33}$$

式中

$$K_1 = \frac{2kd + \sinh 2kd}{8\sinh 2kd} \tag{6-34}$$

$$K_2 = \tanh kd \tag{6-35}$$

由于作用于整个柱体上的最大总水平拖曳力和最大总水平惯性力分别为

$$F_{HD\max} = \int_0^d f_{HD\max} \mathrm{d}z = C_D \frac{\gamma D H^2}{2} K_1 \tag{6-36}$$

$$F_{HI\max} = \int_0^d f_{HI\max} \mathrm{d}z = C_M \frac{\gamma \pi D^2 H}{8} K_2 \tag{6-37}$$

因此在任何位相时作用于整个柱体上的总水平波浪力又可以近似为

$$F_H = F_{HD\max} \cos\theta |\cos\theta| + F_{HI\max} \sin\theta \tag{6-38}$$

可以看出，总水平波浪力取决于 $F_{HD\max}$，$F_{HI\max}$ 和位相 θ；而 $F_{HD\max}$，$F_{HI\max}$ 并不发生在同一位相 θ。此时总水平波浪力的最大值发生的时刻及数值可以通过以下方式来确定。

公式(6-38)对位相 θ 求导，并令导数为零，则

$$\begin{aligned} \frac{\mathrm{d}F_H}{\mathrm{d}\theta} &= -2F_{HD\max} \cos\theta \sin\theta + F_{HI\max} \cos\theta \\ &= \cos\theta(-2F_{HD\max} \sin\theta + F_{HI\max}) \\ &= 0 \end{aligned} \tag{6-39}$$

公式(6-39)成立的条件为

(1) $\cos\theta = 0$ (6-40a)

(2) $-2F_{HD\max}\sin\theta+F_{HI\max}=0$ (6-40b)

另外，由于$|\sin\theta|\leqslant 1$，公式(6-40b)只能在$F_{HI\max}\leqslant 2F_{HD\max}$时才可能成立。由此可以确定最大水平波力发生的相位及其数值分别为

(1) 当$F_{HI\max}>2F_{HD\max}$，最大水平波力只能发生在$\cos\theta=0$，此时$\theta=\frac{\pi}{2}$，即静水面通过柱体垂直中心轴线位置瞬间，最大水平波力等于最大水平惯性力。

$$F_{H\max}=F_{HI\max} \tag{6-41}$$

(2) 当$F_{HI\max}=2F_{HD\max}$，此时$\sin\theta=1$，亦即$\cos\theta=0$，此时最大水平波力发生的相位与情况1相同。

(3) 当$F_{HI\max}<2F_{HD\max}$，最大水平波力发生的相位和数值分别为

$$\theta=\arcsin\left(\frac{F_{HI\max}}{2F_{HD\max}}\right) \tag{6-42}$$

$$F_{H\max}=F_{HD\max}\left[1+\frac{1}{4}\left(\frac{F_{HI\max}}{F_{HD\max}}\right)^2\right] \tag{6-43}$$

下面讨论水平波力矩的计算。在任何位相时作用在柱段($z_1\sim z_2$)上对截面z_1的水平波力矩为

$$\begin{aligned}M_H&=\int_{z_1}^{z_2}(z-z_1)f_H\mathrm{d}z\\&=C_D\frac{\gamma DH^2L}{2\pi}K_3\cos\theta|\cos\theta|+C_M\frac{\gamma D^2HL}{16}K_4\sin\theta\end{aligned} \tag{6-44}$$

式中

$$\begin{aligned}K_3=\frac{1}{32\sinh 2kd}&[2k^2(z_2-z_1)^2+2k(z_2-z_1)\sinh 2kz_2\\&-(\cosh 2kz_2-\cosh 2kz_1)]\end{aligned} \tag{6-45}$$

$$K_4=\frac{1}{\cosh 2kd}[k(z_2-z_1)\sinh kz_2-(\cosh kz_2-\cosh kz_1)] \tag{6-46}$$

于是整个柱体上的水平波力矩

$$\begin{aligned}M_H&=\int_0^d zf_H\mathrm{d}z=\int_0^d\frac{1}{2}C_D\rho Du_x|u_x|z\mathrm{d}z+\int_0^d C_M\rho\frac{\pi D^2}{4}\frac{\partial u_x}{\partial t}z\mathrm{d}z\\&=C_D\frac{\gamma DH^2L}{2\pi}K_3\cos\theta|\cos\theta|+C_M\frac{\gamma D^2HL}{16}K_4\sin\theta\end{aligned} \tag{6-47}$$

式中

$$K_3=\frac{1}{32\sinh 2kd}[2k^2d^2+2kd\sinh 2kd-\cosh 2kd+1] \tag{6-48}$$

$$K_4=\frac{1}{\cosh 2kd}[kd\sinh kd-\cosh kd+1] \tag{6-49}$$

采用与总水平波浪力相同的方法，可以得到在任何相位时作用在整个柱体上的总水平波浪力矩

$$M_H = M_{HD\max}\cos\theta|\cos\theta| + M_{HI\max}\sin\theta \tag{6-50}$$

总水平波浪力矩的最大值的确定方式同前述总水平波浪力的确定方法。

例 6.1

如图 6-11 所示的直立柱体，假设波高为 0.6 m，周期 10 s，水深 20 m，柱体直径为 1 m，试确定整个柱体上的最大水平波浪力及发生的相位。($C_D = 1.2, C_M = 2.0$)

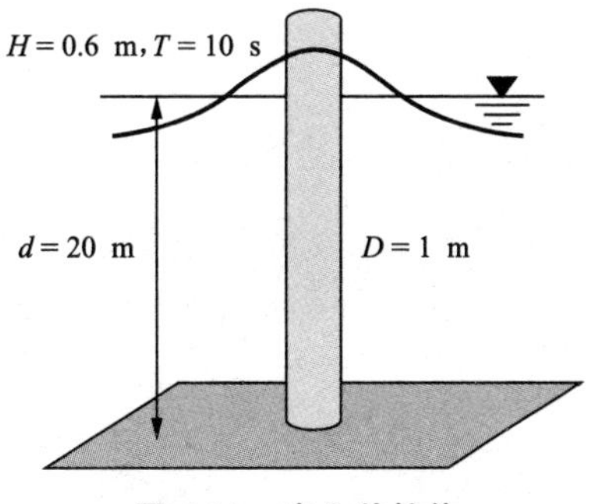

图 6-11 直立单柱体

解 采用线性波理论的弥散关系，可以确定波长和波数分别为

$$L = 121.22, k = 0.051\ 8$$

波浪的圆频率为 $\omega = 0.628$ rad/s；代入公式(6-34)和(6-35)得到系数

$$K_1 = \frac{2kd + \sinh 2kd}{8\sinh 2kd} = 0.191\ 2$$

$$K_2 = \tanh kd = 0.776\ 6$$

于是得到最大水平拖曳力和最大水平惯性力分量为

$$F_{HD\max} = C_D \frac{\gamma D H^2}{2} K_1 = 415\ \text{N}$$

$$F_{HI\max} = C_M \frac{\gamma \pi D^2 H}{8} K_2 = 3\ 679\ \text{N}$$

由于 $F_{HI\max} > 2F_{HD\max}$，则最大水平波力只能发生在 $\cos\theta = 0\left(\theta = \frac{\pi}{2}\right)$，即静水面通过柱体垂直中心轴线位置瞬间，最大水平波力等于最大水平惯性力，即

$$F_{H\max} = F_{HI\max} = 3\ 679\ \text{N}$$

6.3.4 单柱体上的横向力

上面讨论的是波浪沿传播方向对直立柱体的作用力。由于在柱体后面会形成漩涡，在垂直于波浪传播方向上会产生横向力。

细长圆柱体在波浪场中的漩涡泄放要比定常均匀水流中的情况复杂得多。这是由于波浪场是非定常、非均匀的振荡水流，其方向是变化的。在多数情况下，此水流在一个方向上持续时间不够长，在水流改变方向以前不一定能够在柱后形成涡街；或者即使形成了涡街，在水流转向前，在一个方向形成的涡街也不能保持足够长的距离。

波浪是振荡水流，判断振荡水流中漩涡发生的条件主要取决于两个无因次参数。一是雷诺数 Re，另一个是波浪周期参数 Keulegan-Carpenter 数（KC 数）。其定义分别为

$$\mathrm{Re} = \frac{u_m D}{\nu} \tag{6-51}$$

$$KC = \frac{u_m T}{D} \tag{6-52}$$

式中，u_m 为波浪水质点的最大水平速度，D 为柱体的直径，T 为波浪周期。

Bidde(1970)给出了如图 6-12 所示的波浪振荡水流中漩涡尾流的发展。

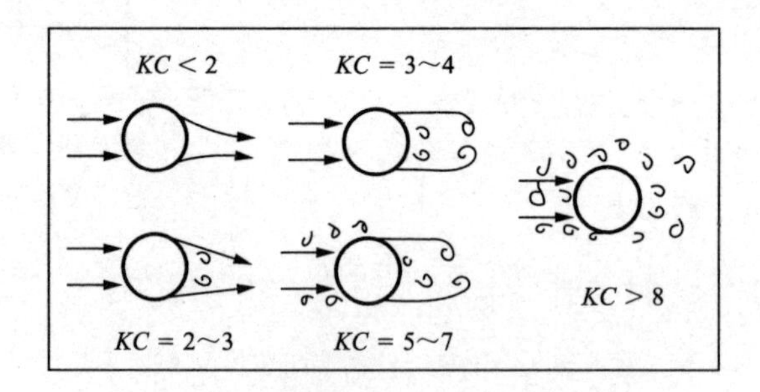

图 6-12　波浪振荡水流中漩涡尾流的发展

Keulegan-Carpenter 提出，当 $KC>15$ 时，漩涡泄放将会引起横向力，横向力与拖曳力一样，与波浪水质点的水平速度的平方成正比。Chakrabarti 提出横向力计算公式如下

$$f_L = \frac{1}{2}\rho D u_m^2 \sum_{n=1}^{N} C_L^n \cos(n\omega t + \theta_n) \tag{6-53}$$

式中，u_m 为水质点的最大水平速度，ω 为波浪的圆频率，θ_n 为 n 次谐力的相位角，C_L^n 为 n 次谐力的横向力系数，是 KC 数的函数。

关于横向力系数，Chakrabarti(1976)实验结果如图 6-13 所示。可以看出，在大部分 KC 范围内，$C_L^2 \gg C_L^n (n=1,3,4,5)$；可知，横向力中最主要的频率成分是二阶波浪频率。Sarpkaya 研究发现，当 $KC=13$ 时，横向力中主要的频率成分为波浪频率的二倍；当 $KC=18$ 时，主要频率成分将出现三倍波浪频率。在工程设计中，整个柱体上的横向力可以按照下式来估算

$$F_L = C_L \frac{\gamma D H^2}{2} K_1 \cos 2(kx - \omega t) \tag{6-54}$$

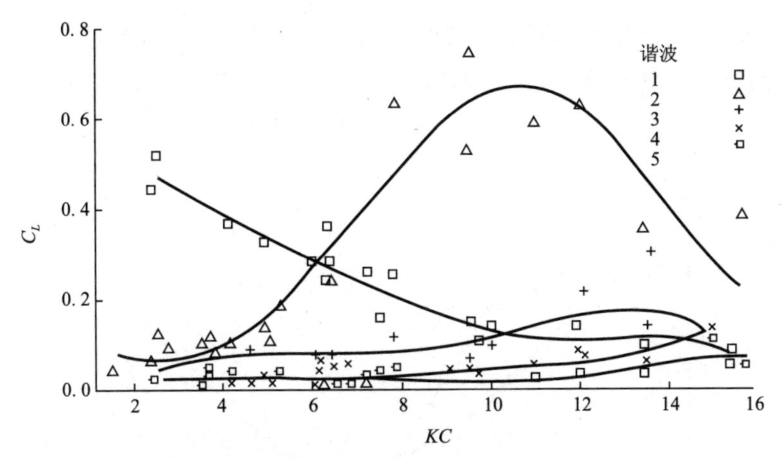

图 6-13 横向升力系数

6.3.5 群柱体上的波浪力

前面讲述了作用在单根柱体上最大波浪力的计算方法。实际海洋平台都是由多根桩腿组成的，对于每一根柱的最大水平总波浪力可以用以上所述的方法计算；但是当计算作用在整个平台上的最大水平总波浪力时，其最大受力情况并不是各个柱体最大受力的和，因为对于各桩柱而言，最大水平总波浪力出现的时刻是不相同的，它们之间有相位差。

考虑如图 6-14 所示的海洋平台，它由四根桩柱支撑。波浪沿 x 轴正向传播，前后两个柱体的中心距为 l。当迎波向的前柱体处于最大水平波力的位相时，和同时刻后面柱体所受的水平波力叠加，并不一定就是前后两柱体在同一时刻可能受到的最大水平合波力。因为同一时刻，后面柱体所受的水平波力随着前后两个柱体的间距 l 和波长 L 的不同比值，可能处于任何或大或小、或正或负的水平波力区间，这种影响称为波剖面影响。

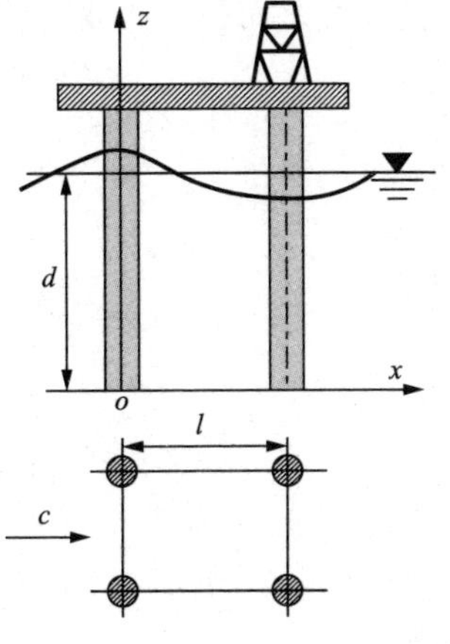

图 6-14 群柱体波浪力的计算

要计算前后两个柱体发生最大水平合波力的位相和最大数值，可以用前柱体为基准，先绘制出前柱体波浪力随着位相 θ 的变化曲线（如图 6-15 中曲线 A），后面柱体（如果直径相同的话）所受水平波浪力随着位相的变化曲线同前柱体完全相同，只不过同前面柱体有一个相位差 $\Delta\theta = 2\pi \dfrac{l}{L}$。因此只要将曲线 A 沿

x 轴负方向移动 $\Delta\theta$ 角度，便得到了相应于前柱体位相的作用在后面柱体上波浪力曲线 B。将曲线 A 和曲线 B 叠加，就得到作用于前后柱体水平合波力随位相的变化曲线。从该合成曲线上不难看出最大波浪力发生的位相及其数值大小。

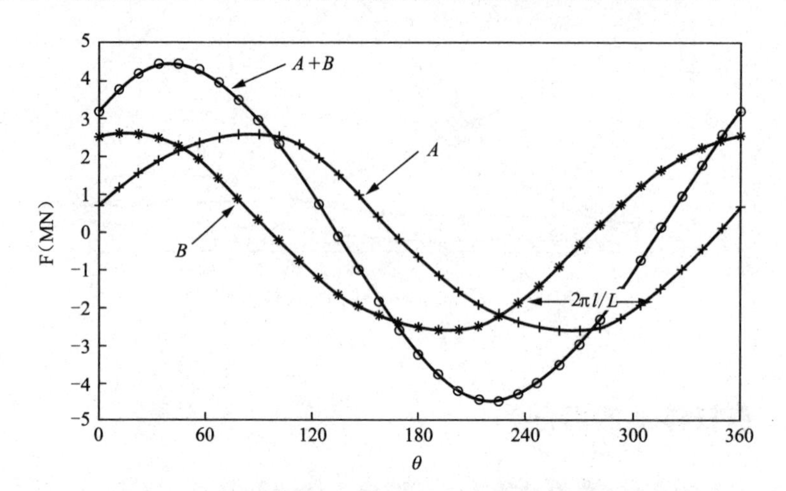

图 6-15　前后两柱体受到的水平合力随位相的变化曲线

对如图 6-16 所示的柱群，则作用在柱体(i,j)上的水平波浪力为

$$F_{Hij}=F_{HD\max ij}\cos(kx_{ij}-\omega t)\left|\cos(kx_{ij}-\omega t)\right|+F_{HI\max ij}\sin(kx_{ij}-\omega t) \quad (6\text{-}55)$$

于是总的波浪力为

$$F_H=\sum_i\sum_j F_{Hij} \quad (6\text{-}56)$$

在上面的计算式中，只考虑了由于波剖面在各桩柱间的相位差而引起的各桩柱上波浪力的变化，但在波浪对柱群的作用中，除了这个影响外，还有一个由于各桩柱绕射而引起的波动场的变化对柱体波力的影响，即遮蔽效应和干扰效应。

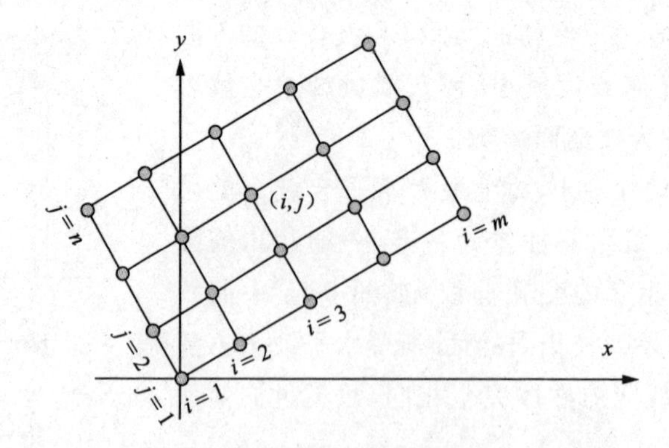

图 6-16　群桩上的波浪力

(1) 对于排成一行的桩柱(即桩柱行的轴线垂直于波浪传播方向),当柱间距离较小时,中间桩柱上的波浪力将比单个桩柱上所受波浪力大,称之为干扰效应。随着间距的加大,这种作用逐渐减小直至消失。

(2) 对于排成一列的小桩柱(即桩柱列的轴线平行于波浪传播方向),当桩柱间距较小时,后面桩柱上的波浪力由于受到前面柱体的遮蔽,比单个桩柱所受的波浪力小,称之为遮蔽效应。随着间距的加大,这种作用逐渐减小直至消失。

实验研究认为,群柱体上波浪力的遮蔽效应和干扰效应取决于柱体的直径 D 和柱体间距 l,当时 $l/D \geqslant 4$,可以忽略遮蔽效应和干扰效应;而当 $l/D < 4$,必须考虑遮蔽效应和干扰效应。在我国交通部制定的《海港水文规范 JTJ 213—98》中建议了表 6-2 中所列的波浪力柱群系数 K_{ij},其中 l 为桩柱中心距,D 为柱径。

当考虑柱群的遮蔽效应和干扰效应时,则作用在桩群上的总水平波浪力为

$$F_H = \sum_i \sum_j K_{ij} F_{Hij} \tag{6-57}$$

表 6-2　群柱系数

柱间距 l/D	2	3	4
垂直于波向(干扰效应)	1.5	1.25	1.0
平行于波向(遮蔽效应)	0.85	0.9	1.0

例 6.2

在水深 $d = 26$ m 的海域有两根间距为 30 m 的直立圆柱体。圆柱体的直径 $D = 1.25$ m,设计波高 $H = 3.0$ m,周期 $T = 10$ s。波浪的传播方向与圆柱体的连线间的夹角为 30°。试求作用在两根柱体上的最大水平波浪力(假设 $C_D = 0.7, C_M = 1.5$)。

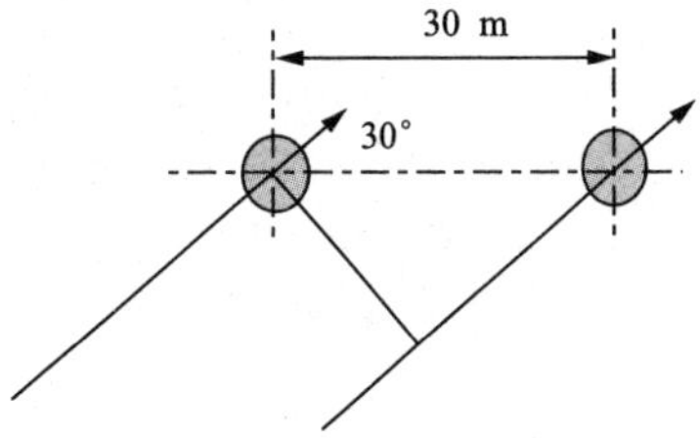

解　采用线性波理论的弥散关系,可以确定波长和波数分别为

$$L = 168.36, k = 0.037\,3$$

于是系数

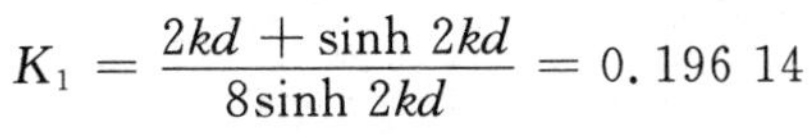

$$K_1 = \frac{2kd + \sinh 2kd}{8\sinh 2kd} = 0.196\,14$$

$$K_2 = \tanh kd = 0.748\,8$$

图 6-17　柱体排列与波浪传播方向

因此得到最大水平拖曳力和最大水平惯性力分别为

$$F_{HD\max} = C_D \frac{\gamma D H^2}{2} K_1 = 86.287 \text{ KN}$$

$$F_{HI\max} = C_M \frac{\gamma \pi D^2 H}{8} K_2 = 69.303 \text{ KN}$$

从而前柱体上的波浪力随相位的变化如表 6-3 和图 6-18 中前柱体波浪力所示。

表 6-3　前柱体水平波浪力随相位的变化

θ	$F_{HD} = F_{HD\max}\cos(\theta)\,\lvert\cos(\theta)\rvert$	$F_{HI} = F_{HI\max}\sin(\theta)$	$F_H = F_{HD} + F_{HI}$
0	86.287	0	86.287
20	76.193	23.703	99.896
40	50.635	44.547	95.182
60	21.572	60.018	81.590
80	2.602	68.250	70.852
100	−2.602	68.250	65.648
120	−21.572	60.018	38.446
140	−50.635	44.547	−6.089
160	−76.193	23.703	−52.491
180	−86.287	0	−86.287

以前柱体作为基准，在波浪传播方向上后柱体距前柱体的距离为

$$x_n = l\cos(\alpha) = 30 \times \cos(30) = 26 \text{ m}$$

则后柱体的波浪力与前柱体波浪力的相位差为

$$\theta_n = k \times x_n = 0.96 \text{ rad 或 } 54.7^\circ$$

将图 6-18 中的前柱体波浪力曲线沿 x 轴前移 54.7°，即得到后柱体的波浪力曲线。两者叠加即得到作用在前后两根柱体上的波浪力曲线。可以看出，最大波浪力为 173 KN，发生在相位角 65° 左右。

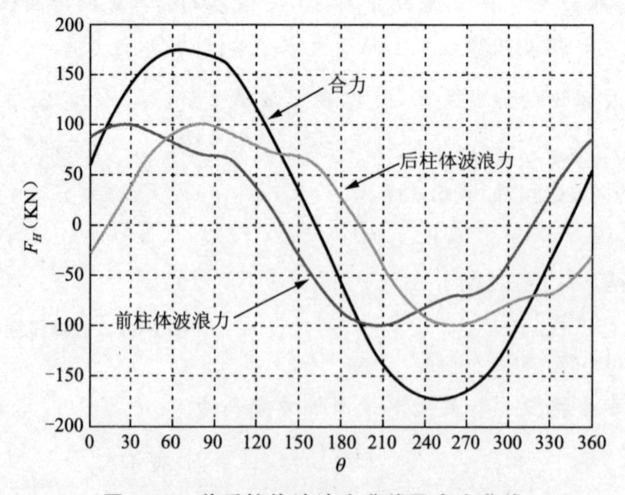

图 6-18　前后柱体波浪力曲线及合力曲线

6.4　水动力系数

6.4.1　水动力系数的确定方法

在计算小直径柱体上的波浪作用力(顺向波浪力及横向力)时需要确定拖曳力系数 C_D、惯性力系数 C_M 以及升力系数 C_L，其正确取值是使用Morision公式计算波浪力的关键。要确定水动力系数，首先需要获得试验数据(一般为波浪力及速度随时间的变化曲线)，然后利用不同的方法来求得这些系数。

常用的试验包括：

(1) 在大型U型管生成振荡流(正弦流)，记录圆柱体受力及流体速度随时间的变化。该类试验的优点是可以生成严格意义上的正弦流，但由于激振设备问题使得振荡流的频率受限。

(2) 向静水中的圆柱体施加一个强迫振动。从运动学角度来讲，二者是等价的;但在动力学意义上，二者的F-K力是不同的。

(3) 在试验水槽中进行规则波试验。根据线性波理论，波浪水质点的速度和加速度分别为

$$u_x = \frac{\pi H}{T}\frac{\cosh k(z+d)}{\sinh kd}\cos(\omega t) = u_m\cos(\omega t)$$

$$a_x = -\frac{2\pi^2 H}{T^2}\frac{\cosh k(z+d)}{\sinh kd}\sin(\omega t) = -\omega u_m\sin(\omega t)$$

通过上述试验可以获得一批试验数据，一般为作用于圆柱体上的波浪力及量测或计算得到的速度、加速度随时间的变化曲线。得到这些试验数据后，就可以采用合适的方法来估算水动力系数了。

下面简要讲述水动力系数的估算方法。

1. 莫里森方法

莫里森(Morison，1950)提出了一种简洁的方法用于水动力系数 C_D 和 C_M 的确定。假设已经获得了如图6-19所示的水质点速度、加速度及作用力时间历程曲线，则可以通过下述方法计算水动力系数，即

(1) 在水质点速度达到极值 u_m、加速度为零的时刻，根据莫里森公式(6-21)得到 $f = f_D$，则拖曳力系数为

$$C_D = \frac{2f}{\rho D u_m |u_m|} \tag{6-58}$$

(2) 在水质点加速度达到极值、速度为零的时刻，根据莫里森公式(6-21)得到 $f = f_I$，则惯性力系数为

$$C_M = \frac{4f}{\rho \pi D^2 \omega u_m} \tag{6-59}$$

上述方法仅需两个时刻的数据即可确定水动力系数，简单直观。但速度记录的一个较小的相位误差将会引起水动力系数较大误差。

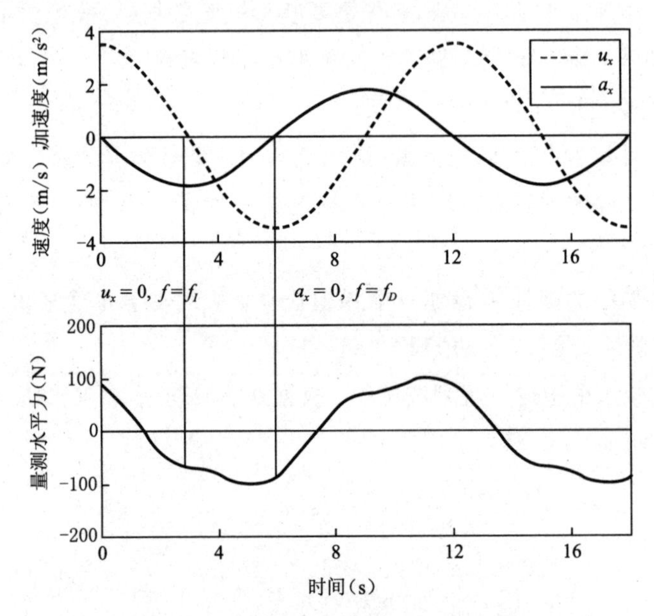

图 6-19 量测波浪力和速度及加速度

2. 傅里叶级数法

将线性波水质点速度和加速度表达式代入莫里森公式(6-21)，可得

$$f_H(t) = C_D K_D u_m^2 \cos \omega t \,|\cos \omega t| - C_M K_I \omega u_m \sin \omega t \tag{6-60}$$

在 $f_H(t)$ 已知的条件下，利用三角函数的正交性，可以得到沿整个周期 T 的水动力系数的平均值为

$$C_D = \frac{3}{8} \frac{1}{K_D u_m^2} \int_0^T f_H(t) \cos \omega t \, dt \tag{6-61}$$

$$C_M = -\frac{1}{\pi\omega} \frac{1}{K_I u_m} \int_0^T f_H(t) \sin \omega t \, dt \tag{6-62}$$

3. 最小二乘法

假设实测波浪力和用 Morison 公式计算的波浪力存在一个误差，通过拟合水动力系数使得该误差最小，即极小化下述函数可以得到最优的水动力系数。

$$R(C_M, C_D) = \int_0^T [f(t)_{measured} - f(t, C_M, C_D)_{computed}]^2 \mathrm{d}t \tag{6-63}$$

6.4.2　影响因素

国内外许多学者对此进行大量的实验研究和现场测试，并利用前面讲述了水动力系数的确定方法进行了计算，但所得到的结果却有较大的离散性。

从模型实验和现场实测资料研究表明，影响三大系数的主要因素包括雷诺数 Re、波浪周期参数 KC 数、柱体表面粗糙度 $\dfrac{\Delta}{D}$ 及波浪的位相等有关。即

$$C_D = f_1\left(\mathrm{Re}, KC, \frac{\Delta}{D}, \frac{t}{T}\right) \tag{6-64}$$

$$C_M = f_2\left(\mathrm{Re}, KC, \frac{\Delta}{D}, \frac{t}{T}\right) \tag{6-65}$$

$$C_L = f_3\left(\mathrm{Re}, KC, \frac{\Delta}{D}, \frac{t}{T}\right) \tag{6-66}$$

式中，$\mathrm{Re} = u_m D/\nu$，$Kc = u_m T/D$。由上述公式可以看出，水动力系数在一个波浪周期内随时间是变化的。一般取一个波浪周期内的平均值，则

$$\{C_D \quad C_M \quad C_L\} = f_1\left(\mathrm{Re}, KC, \frac{\Delta}{D}\right) \tag{6-67}$$

在公式(6-67)中，Re 和 KC 中都出现了 u_m。因此引入频率参数 β，其定义为

$$\beta = \frac{\mathrm{Re}}{KC} = \frac{D^2}{\nu T} \tag{6-68}$$

从量纲分析的观点来看，Re 和 β 都可以用来表示一个独立的参量。很明显，对一个固定的圆柱体(直径 D 为常数)和恒定的水温(ν 为常数)，频率参数 β 也为恒定值(同一波浪)，这样就可以画出以 β 为参变量的水动力系数随 KC 变化的曲线。同时由于 $\mathrm{Re} = \beta \times KC$，所以也很容易得到水动力系数随 Re 的变化情况。

在众多的研究工作中，Keulegan-Carpenter 及 Sarpkaya 的工作具有重要的影响。1976 年 Sarpkaya 等人广泛研究了三大系数与雷诺数 Re 和数 KC 的关系，如图 6-20 和图 6-21 所示。从图中可以看出，C_D 随 Re 数的增大先减小至约 0.5，然后增加趋于一常数；C_M 随 Re 的增大先增大至一最大值，然后趋于一常数。Sarpkaya 和

Isaacson 建议，当 $Re > 1.5 \times 10^6$，可取 $C_D = 0.62, C_M = 2.0$。

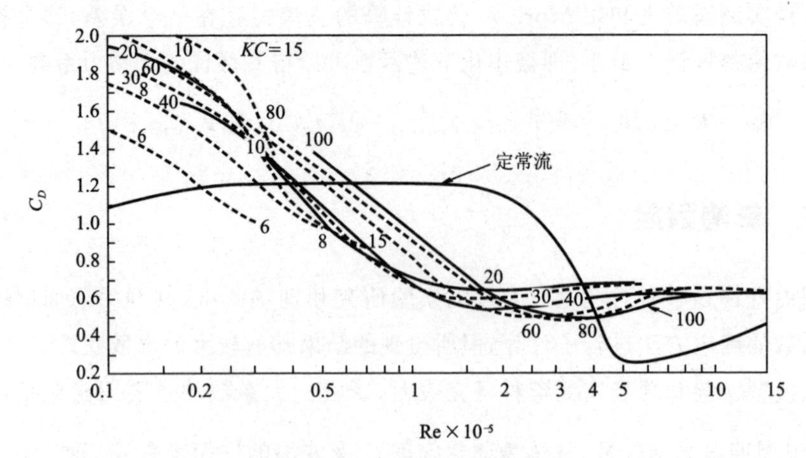

图 6-20 C_D 与 Re，KC 数的关系

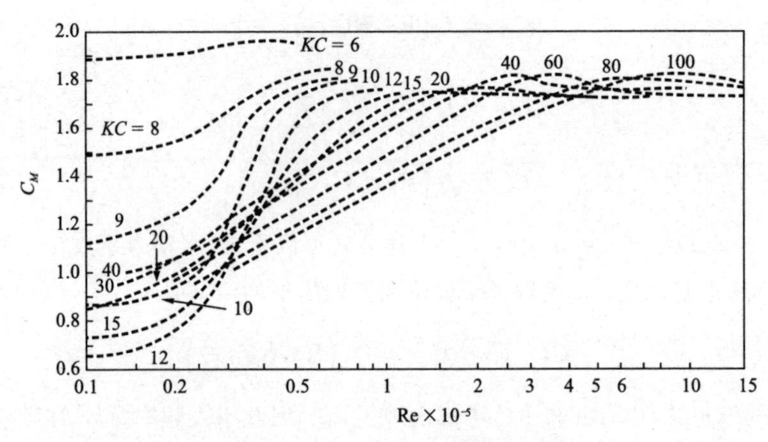

图 6-21 C_M 与 Re，KC 数的关系

关于升力系数 C_L，有许多学者在简谐振荡水流及波浪场中进行了研究。Sarpkaya 的研究结果如图 6-22，图 6-23 所示。从图中可以看出，当 $Re < 2 \times 10^4$ 时，C_L 主要取决于 KC 数；当 $2 \times 10^4 < Re < 1 \times 10^5$ 时，C_L 主要取决于 KC 数和 Re 数；当 $Re \geqslant 1 \times 10^5$，$C_L$ 约等于常数。Sarpkaya 和 Isaacson 建议，当 $Re > 1.5 \times 10^6$，可取 $C_L = 0.2$。

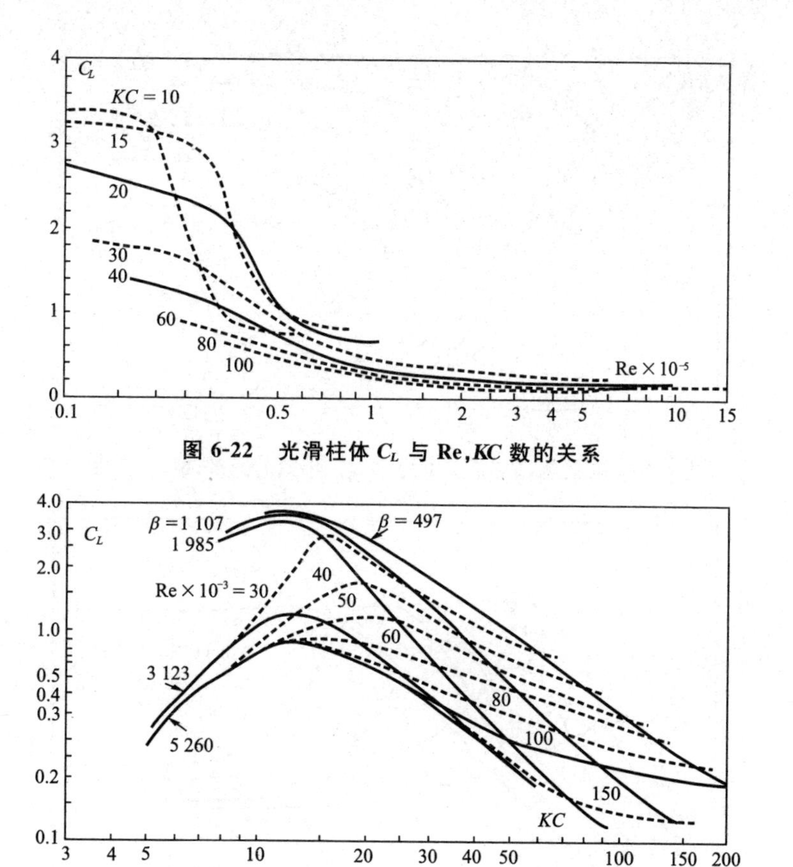

图 6-22 光滑柱体 C_L 与 Re,KC 数的关系

图 6-23 光滑柱体 C_L 与 β,KC 数的关系

上面介绍的为光滑圆柱体上的水动力系数的研究成果。实际上,海洋工程中柱体的表面经常会有海生物附着,造成柱体表面凹凸不平。海洋生物附着在结构上,会造成构件尺度增大、水动力系数改变等影响。在实验室内,海生物附着引起的粗糙度的变化是用表面喷沙粗化来进行模拟的。Sarpkaya(1977)采用表面喷砂粗化处理的柱体在水平放置的 U 型管内进行了振荡流试验。其表面粗糙度为 1/800,1/400,1/200,1/100,1/50,并选择了 5 种具有代表性的 KC 数($KC=20$,30,40,60,100)。图 6-24 和图 6-25 为 $KC=20$ 时 C_D,C_M 随 Re 的变化规律。从图中可以看出,一方面不同粗糙度对应的 C_D 随着 Re 的增加首先减小至某最小值,然后随着雷诺数的增大而增加并趋于常值;另一方面,当雷诺数较小时,不同粗糙度柱体对应的 C_D 小于光滑柱体的 C_D,而当雷诺数较大时,不同粗糙度柱体对应的 C_D 远大于光滑柱体的 C_D。对 C_M,在雷诺数较小时,C_M 随着雷诺数的增加而增加。

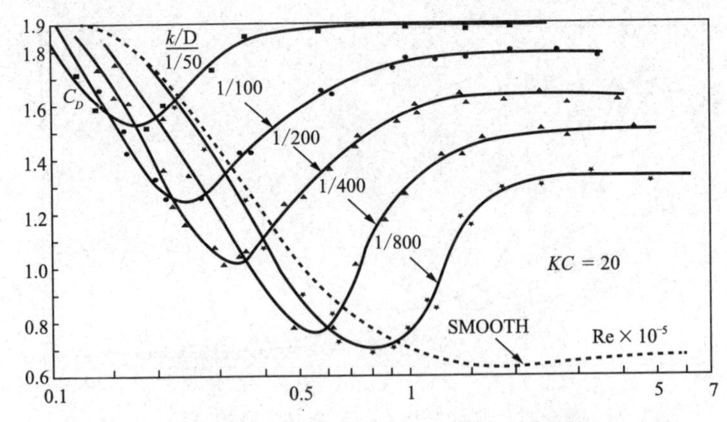

图 6-24 不同粗糙度情况下的 C_D 与 Re 数的关系($KC = 20$)

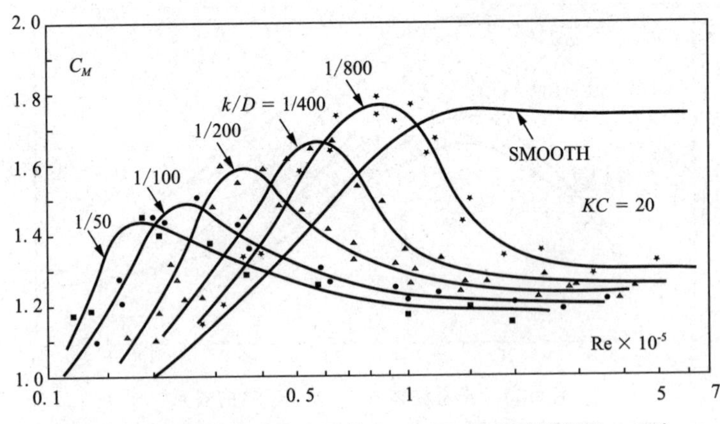

图 6-25 不同粗糙度情况下的 C_M 与 Re 数的关系($KC = 20$)

6.4.3 规范建议值

中华人民共和国石油天然气行业标准(SY/T 10050—2004)、挪威船级社规范(DNV-RP-C205)等对不同粗糙度情况下的水动力系数都有建议取值,如表 6-4 所示。对于组合柱体形状、其他截面形状以及考虑漩涡脱落等因素情况下的水动力系数,也有相关规定和建议。

表 6-4 高 KC 值振荡流中圆柱体的水动力系数

表面状况	C_D	C_m
多年粗糙度 $\Delta/D > 1/100$	1.05	0.8
移动式平台(清理过)$\Delta/D < 1/100$	1.0	0.8
光滑柱体 $\Delta/D < 1/10\,000$	0.65	1.0

为了使用方便，各国船级社和有关部门都对拖曳力系数 C_D 和质量系数 C_M 的取值范围作出了建议。如表 6-5 所示。

表 6-5　各国规范或船级社的建议值

规范名称	API	DNV	CCS
采用的波浪理论	Stokes 五阶波或流函数	Stokes 五阶波	按照水深采用适宜的波浪理论
C_D	0.6～1.0	0.5～1.0	0.6～1.2
C_M	1.5～2.0	2.0	1.3～2.0
备　注	要考虑 C_D,C_M 的选取与波浪理论一致	高雷诺数时，$C_D>0.7$	

6.5　莫里森公式的修正

6.5.1　倾斜柱体上的波浪力

海洋工程结构物中，通常还以倾斜的柱体作为支撑或连接构件。对于倾斜柱体上波浪力的计算，其基本原理同直立柱体上波浪力的计算是相同的，后者可以作为前者的一种特殊情况。

对如图 6-26 所示的空间倾斜构件，其轴线单位矢量为 **e**，该倾斜构件与 z 轴的夹角为 φ，在水平面的投影与 y 轴的夹角为 ϕ。假设波浪沿 x 轴正向传播，则作用于该倾斜柱体高度 z 处单位长度柱体上的波浪力，可以用矢量形式的 Morison 公式来计算。

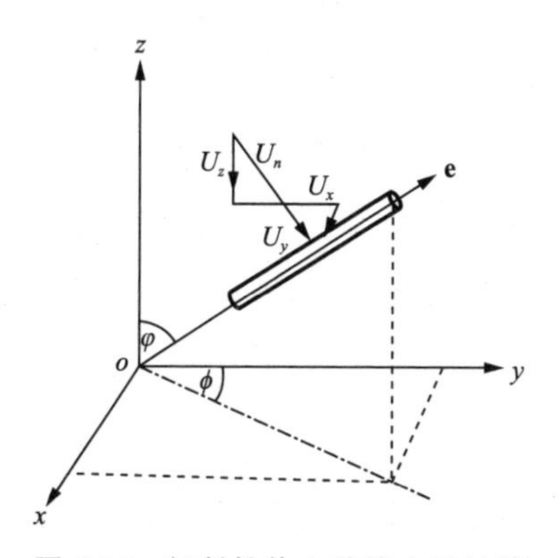

图 6-26　倾斜柱体上波浪力的计算

$$\boldsymbol{f} = \frac{1}{2}C_D\rho D\mathbf{U}_n\,|\mathbf{U}_n| + C_M\rho\,\frac{\pi D^2}{4}\dot{\mathbf{U}}_n \tag{6-69}$$

或

$$\begin{Bmatrix} f_x \\ f_y \\ f_z \end{Bmatrix} = \frac{1}{2}C_D\rho D\,|\mathbf{U}_n|\begin{Bmatrix} U_x \\ U_y \\ U_z \end{Bmatrix} + C_M\rho\,\frac{\pi D^2}{4}\begin{Bmatrix} \dot{U}_x \\ \dot{U}_y \\ \dot{U}_z \end{Bmatrix} \tag{6-70}$$

上式中,各项符号的含义如下

$\boldsymbol{f} = f_x\mathbf{i} + f_y\mathbf{j} + f_z\mathbf{k}$ 为作用在倾斜柱体任意高度 z 处单位长度柱体上的波浪力矢量;

$\boldsymbol{U}_n = U_{nx}\mathbf{i} + U_{ny}\mathbf{j} + U_{nz}\mathbf{k}$ 为与柱体轴线正交的水质点速度矢量;

$\dot{\boldsymbol{U}}_n = \dot{U}_{nx}\mathbf{i} + \dot{U}_{ny}\mathbf{j} + \dot{U}_{nz}\mathbf{k}$ 为与柱体轴线正交的水质点加速度矢量;

从上述公式可以看出,求倾斜柱体上的波浪力矢量,关键是如何确定 $\boldsymbol{U}_n$,$\dot{\boldsymbol{U}}_n$ 或其分量。对如图 6-26 所示的倾斜构件,设柱体轴线单位矢量为 $\mathbf{e}$,则对于直角坐标系,可以表示为

$$\mathbf{e} = e_x\mathbf{i} + e_y\mathbf{j} + e_z\mathbf{k} \tag{6-71}$$

式中 $e_x = \sin\varphi\cos\phi$,$e_y = \sin\varphi\sin\phi$,$e_z = \cos\varphi$。与柱轴正交的速度矢量 $\boldsymbol{U}_n$ 可表示为

$$\mathbf{U}_n = \mathbf{e}\times(\mathbf{u}\times\mathbf{e}) \tag{6-72}$$

上式中,$\boldsymbol{u}$ 为波浪水质点运动速度矢量。对于如图所示沿 x 轴正向传播的波浪来说,

$$\boldsymbol{u} = u_x\mathbf{j} + u_z\mathbf{k} \tag{6-73}$$

从而根据式(6-72),可以得到

$$U_x = u_x(1-e_x^2) - u_z e_x e_z = u_x - e_x(e_x u_x + e_z u_z) \tag{6-74}$$

$$U_y = -u_x e_x e_y - u_z e_z e_y = -e_y(e_x u_x + e_z u_z) \tag{6-75}$$

$$U_z = -u_x e_x e_z + u_z(1-e_z^2) = u_z - e_z(e_x u_x + e_z u_z) \tag{6-76}$$

$$|\mathbf{U}_n| = [U_x^2 + U_y^2 + U_z^2]^{1/2} = [u_x^2 + u_z^2 - (e_x u_x + e_z u_z)^2]^{1/2} \tag{6-77}$$

相应的,可以把加速度相关量求出。

$$\dot{U}_x = (1-e_x^2)\frac{\partial u_x}{\partial t} - e_z e_x\frac{\partial u_z}{\partial t} \tag{6-78}$$

$$\dot{U}_y = -e_x e_y\frac{\partial u_x}{\partial t} - e_z e_y\frac{\partial u_z}{\partial t} \tag{6-79}$$

$$\dot{U}_z = -e_x e_z\frac{\partial u_x}{\partial t} + (1-e_z^2)\frac{\partial u_z}{\partial t} \tag{6-80}$$

对于直立柱体，$\boldsymbol{U}_n = u_x$，式(6-69)退化为直立柱体上的 Morision 公式(6-21)。

6.5.2　海底管道上的作用力

海洋工程中经常会铺设海底管道(图 6-27)以输送油气资源，海底管道的设计与运行必须考虑波浪的作用力。一般来说，海底管道与海底的接触关系有三种情况：① 将管道埋入海底土壤中；② 海底管道暴露在海床上；③ 由于海底表面的凹凸不平或因海底管道周围土壤受到局部冲刷作用，使管道与箱底表面之间有一定的间隙。对于后两种情况必须考虑波浪对海底管道的作用力。

研究成果表明，波浪对海底管道的作用力不仅与雷诺数、波浪周期参数 KC、管道表面相对粗糙度有关，还与管道到海底的间隙 e 有关。一般情况下海底管道的直径 D 与波长 L 比值 $D/L < 0.2$，故海底管道的波力计算仍然采用莫里森方程。

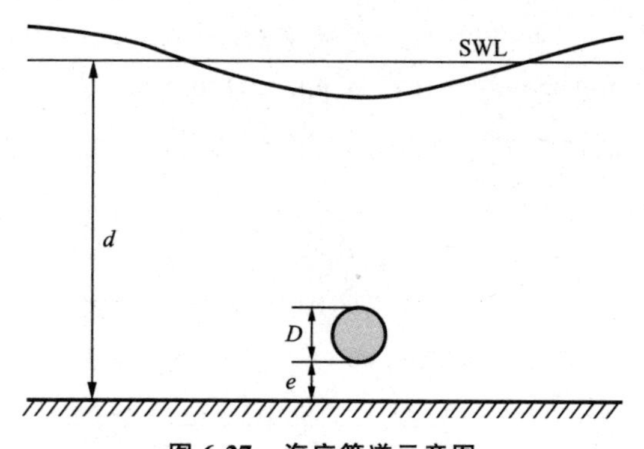

图 6-27　海底管道示意图

设管轴线平行于波峰线，作用于单位管道长度上的水平波浪力和垂直波浪力分别为

$$f_H = \frac{1}{2}C_D\rho Du_x|u_x| + C_M\rho\frac{\pi D^2}{4}\frac{\partial u_x}{\partial t} \tag{6-81}$$

$$f_V = \frac{1}{2}C_D\rho u_z|u_z| + C_M\rho\frac{\pi D^2}{4}\frac{\partial u_z}{\partial t} + \frac{1}{2}C_L\rho Du_x^2 \tag{6-82}$$

由于近海底的波浪水质点的垂直速度和垂直加速度，数值均较小，故垂直方向的拖曳力和惯性力可以忽略不计。但是近海底的波浪以速度 u_x 绕管道流动，由于管道靠近海底，使得管道上部和下部的流线疏密程度不等，造成上部压强低于下部而形成了压力差。又由于管道漩涡尾流区的形成，所以将产生垂直方向的举力。于是垂直分力式(6-82)又可写为

$$f_V = \frac{1}{2}C_D\rho Du_x^2 \tag{6-83}$$

式中的 u_x，$\frac{\partial u_x}{\partial t}$ 需要根据管道所在海区的水深 d、波高 H 和周期 T 等条件选取一种适宜的波浪理论经计算确定。拖曳力系数 C_D、质量系数 C_M 和升力系数 C_L 对于表面光滑的管道来说，与雷诺数 Re、波浪周期参数 KC、相对间隙 e/D 等有关。由于海底管道周围波动场的复杂性，不同学者得出的 C_D，C_M 和 C_L 试验结果差别很大。

利用势流理论研究圆柱绕流（没有流动分离），Yamamoto（1974）研究了惯性力系数。研究结果表明，当间隙比非常大时，C_M 近似等于 2；而当间隙比为零（即柱体落在海底上）时，C_M 达到理论值 3.29（即附加质量系数为 2.29）。

Sarpkaya（1980）利用 U 型管在不同间隙比（$e/D=0.1,0.2,0.5,1.0$ 和 ∞）时进行了试验研究，得到了 C_D，C_M 与雷诺数的关系。研究发现，C_D，C_M 值随着相对间隙 e/D 的减小而增大。当 $e/D<0.5$ 时增大较多；当 $e/D>0.5$ 与 $e/D=\infty$ 时的值相差不多。

中华人民共和国石油天然气行业标准（SY/T 10050—2004）、挪威船级社（DNV-RP-C205）等规范给出了在 $KC>20$，雷诺数 $10^5<\text{Re}<2\times10^5$ 时的振荡水流中，固定边界对圆柱体拖曳力系数 C_D 和附加质量系数 C_m 的影响曲线分别如图 6-28、图 6-29 所示。

由于流动的不对称性，即使在势流中也会产生横向升力。当圆柱体与海床之间的距离非常小时，柱体上会产生向下的吸力，横向力系数非常大。一旦柱体接触海底，净横向力变向，且横向力系数可达 4.49。

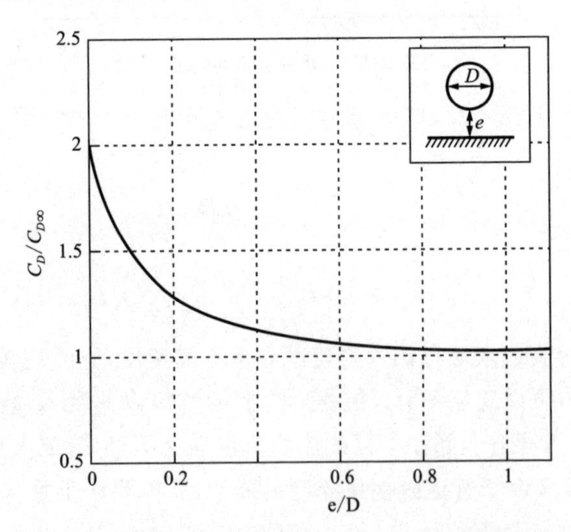

图 6-28　固定边界对圆柱体拖曳力系数的影响曲线

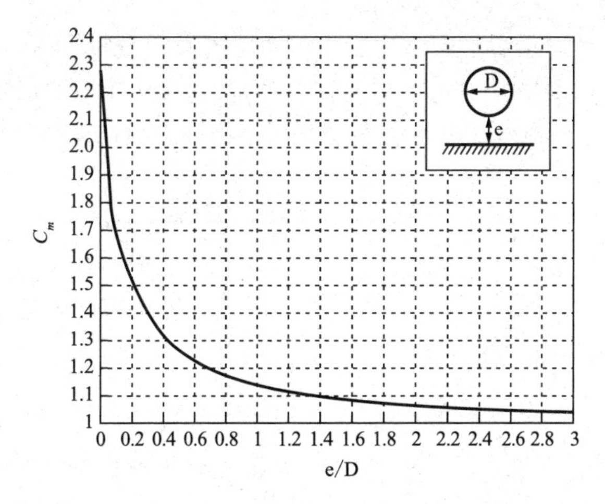

图 6-29　固定边界对圆柱体附加质量系数的影响曲线

6.5.3　自由液面影响

注意到 6.3.3 节中用线性波理论计算作用在直立柱体上的波浪作用力时，是从海底到静水面积分的，未考虑自由液面的影响。这种影响在水深较大、波高较小时可以忽略。但当波高相对水深是较大的量时，自由液面变化对总波浪力的影响将变得相当重要。

在利用线性波浪理论计算总的波浪作用力时，为什么不能直接积分到自由液面呢？这同线性波浪理论的适用条件和推导过程有关(参见第 2 章)，因为线性波理论计算运动参数(如水质点运动速度)仅对静水面以下部分有效。而如果直接采用线性波理论来计算静水面以上的运动参数，计算结果将严重偏大。

要考虑自由液面的影响，一种办法可以采用非线性波浪理论，如斯托克斯五阶波。另一种办法就是设法把线性波理论延伸到自由液面，即需要对线性波理论中的运动学量进行修正。Chakrabarti(1971)推荐采用等效水深的方法来修正水质点速度(进而加速度)，即

$$u_x = \frac{gHk}{2\omega}\frac{\cosh k(z+d)}{\cosh k(d+\eta)}\cos(kx-\omega t) \tag{6-84}$$

采用上式来计算总的波浪力时，莫里森方程可以积分到自由液面。

Wheeler(1969)采用修正垂向坐标的方式来修正水质点速度，即

$$u_x = \frac{gHk}{2\omega}\frac{\cosh\left[k(z+d)\dfrac{d}{d+\eta}\right]}{\cosh kd}\cos(kx-\omega t) \tag{6-85}$$

可以看出，经过修正后水质点速度在波峰和波谷处是相等的。不过在其他点，速度值略有不同，如图 6-30 所示。需要注意的是，这些修正形式都不满足拉普拉斯方程，除非含 $d+\eta$ 的项在速度势函数关于变量微分是当作常数来处理。

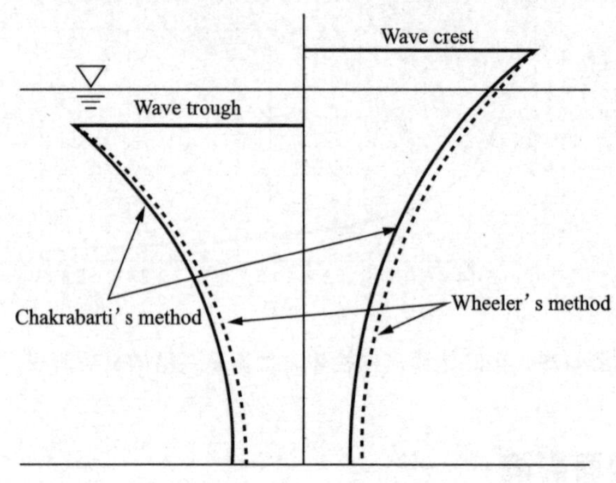

图 6-30　波峰和波谷时水质点水平速度的垂向分布

6.6　波流共同作用下的波浪力计算

海洋中通常是波浪与水流共同存在的，波浪在传播过程中总是伴有水流。水流与波浪之间存在着相互作用，水流对波浪的作用称之为 Doppler 效应，该效应对波浪参数产生影响，有时会使波高加大 3 倍之多，从而显著地影响到波浪力，对工程具有重要的意义。本节简要讲述海流对波浪及波浪力计算的影响，详细内容可参见《水波理论及其应用》(邹志利，2005)。

6.6.1　水流对波浪运动特性的影响

首先假设均匀流与波浪都沿 x 传播，海洋中的海流多以潮流或风生流为主，相对于波浪，潮流或风生流随距离变化小很多。因此，对于波浪波长尺度范围，可将水流看作稳定的均匀流。此时波流场的速度势函数 ϕ' 可以用下式表示

$$\phi' = Ux + \phi \tag{6-86}$$

式中，U 为均匀流速，ϕ 为考虑海流影响时的波浪速度势函数。

由于前提假定相同，自由水面边界条件不变，其中运动学边界条件仍为

$$\frac{\partial \eta}{\partial t} + \frac{\partial \eta}{\partial x}\frac{\partial \phi'}{\partial x} - \frac{\partial \phi'}{\partial z} = 0, \quad z = \eta \tag{6-87}$$

线性化后的一阶近似形式为

$$\frac{\partial \eta}{\partial t}+\frac{\partial \eta}{\partial x}U-\frac{\partial \phi}{\partial z}=0,\quad z=0 \tag{6-88}$$

自由水面的动力学边界条件为

$$\frac{\partial \phi'}{\partial t}+\frac{1}{2}\left[\left(\frac{\partial \phi'}{\partial x}\right)^2+\left(\frac{\partial \phi'}{\partial z}\right)^2\right]+g\eta=f(t),\quad z=\eta \tag{6-89}$$

线性化后的一阶近似形式为

$$\frac{\partial \phi}{\partial t}+U\frac{\partial \phi}{\partial x}+\frac{1}{2}U^2+g\eta=f(t),\quad z=0 \tag{6-90}$$

无穷远处，仅有水流，没有波浪，即 $\phi=0$，将其代入至上式，可确定 $f(t)=\frac{1}{2}U^2$，因此式(6-90)成为

$$\frac{\partial \phi}{\partial t}+\frac{\partial \phi}{\partial x}U+g\eta=0,\quad z=0 \tag{6-91}$$

联合式(6-88)和式(6-91)，并消去 η 得

$$\left(\frac{\partial}{\partial t}+\frac{\partial}{\partial x}U\right)^2\phi+g\frac{\partial \phi}{\partial z}=0,\quad z=0 \tag{6-92}$$

ϕ 仍满足拉普拉斯方程和海底表面边界条件，所以，其形式如下

$$\phi=\frac{A^*\cosh k(z+d)}{\cosh kd}\sin(kx-\omega t) \tag{6-93}$$

式中，A^* 为待定常数。波面仍可表示为

$$\eta=a\cos(kx-\omega t) \tag{6-94}$$

将 ϕ 和 η 表达式代入(6-88)，可得 $A^*=\frac{ag}{\omega_r}$，式中 $\omega_r=\omega-Uk$ 为相对圆频率。因此，水流存在时波浪速度势函数为

$$\phi=\frac{ag\cosh k(z+d)}{\omega_r\cosh kd}\sin(kx-\sigma t) \tag{6-95}$$

将上式代入(6-92)，得

$$\omega_r^2=gk\tanh kd \tag{6-96}$$

上式即为水流影响下的波浪弥散关系。由上述速度势和弥散关系的表达式可见，它们与无流时的形式相同，只是用 ω_r 代替了原来无流时 ω。下面来看波浪传播速度的差别。由式(6-96)可得

$$\frac{\omega}{k}=U+\sqrt{\frac{g}{k}\tanh kd} \tag{6-97}$$

即 $C=U+c$，$C=\omega/k$ 是波浪相对于绝对坐标的速度，称为波浪表观波速，$c=$

$\sqrt{\frac{g}{k}\tanh kd}$ 为波浪相对于水流的传播速度。如果 $U=-c$，则波浪停滞。

如果波浪传播方向与 x 轴交角为 α，水流速度场为 (U,V)，则

$$\theta=(k_x x+k_y y-\omega t)=\mathbf{k}\cdot\mathbf{x}-\omega t \tag{6-98}$$

$$\omega_r=\omega-Uk_x-Vk_y \tag{6-99}$$

假定水流可沿程变化，但水流在一个波长范围内变化缓慢。波速和波长的变化规律可用波浪守恒方程导出，即

$$\omega=Uk+\omega_r=const \tag{6-100}$$

对于深水波，$\omega_r^2=gk$，$\omega_r=kc=g/c$

$$\omega=U\frac{g}{c^2}+\frac{g}{c}=const \tag{6-101}$$

取参考点在 $U=0$，此处 $c=c_0$，上式成为

$$U\frac{g}{c^2}+\frac{g}{c}=\frac{g}{c_0} \tag{6-102}$$

$c_0=g/\omega$ 为 $U=0$ 处波浪相对传播速度，上式简化为

$$\frac{c}{c_0}=\frac{1}{2}\left[1+\sqrt{1+4U/c_0}\right] \tag{6-103}$$

从而可得波长

$$\frac{L}{L_0}=\frac{k_0}{k}=\frac{c}{c_0}=\frac{1}{2}\left[1+\sqrt{1+4U/c_0}\right] \tag{6-104}$$

由以上两式可知，在波流共线运动中，当 $U>0$，波顺流传播，波速和波长随着水流速度的增大而增大。当 $U<0$，波逆流传播，波速和波长随着水流速度绝对值的增大而减小。

水流中波浪振幅变化可用波作用量方程导出。在稳定波场、波向不变、无流情况下，能量守恒表示为 $Ec_g=$ 常数。对于深水波，$c_g=c/2$。有流动时，可以引入波作用量 $A_\omega=E/\omega_r$，来简化能量守恒表达式

$$A_\omega C_g=A_\omega(U+c_g)=\frac{E}{\omega_r}\left(U+\frac{c}{2}\right)=const \tag{6-105}$$

考虑到 $\omega_r=kc=g/c$，$E=\rho g a^2/2$，取参考点在 $U=0$，此处 $c=c_0$，$a=a_0$，上式成为

$$\frac{a}{a_0}=\frac{c_0}{\sqrt{c(c+2U)}}=\left[\frac{c}{c_0}\left(\frac{c}{c_0}+2\frac{U}{c_0}\right)\right]^{-\frac{1}{2}} \tag{6-106}$$

由上式可知，当 $U>0$，波顺流传播，波浪振幅减小。当 $U<0$，波逆流传播，波浪振幅增加。$U\rightarrow-c_0/4$ 处，波浪振幅 $a\rightarrow\infty$，$c=c_0/2$，$c_g=c/2=c_0/4$，绝对群速

度 $C_g = c_g + U = 0$，此时能量停止传播。

6.6.2　波浪力的计算

前述莫里森方程仅是波浪作用的结果，没有考虑海流或潮流与波浪的联合作用。当波浪场中存在水流流动时，需要考虑波和海流联合作用引起的作用力。

如前所述，海流的速度相对于波浪水质点的速度来说，随时间 t 的变化是缓慢的，所以视海流是一定常水流，对柱体的作用力仅为拖曳力。另外，如果海流沿水深的变化缓慢，也可以认为海流是均匀流。海流的速度 u_c 与波浪水质点速度 u 的联合作用必然会影响作用在柱体上的拖曳力。由于拖曳力正比于速度的平方，所以这个影响很显著。

如前所述，波和流的联合作用极为复杂，不能认为波流联合作用在柱体上的拖曳力就是简单地将波和流各自作用的拖曳力分别计算，然后线性迭加。目前工程设计中，经常按下列公式近似计算。

设海流的速度矢量 $\mathbf{u}_c$ 与 x 轴的夹角为 α，其在三个坐标轴上的投影为 $\{u_c\cos\alpha, u_c\sin\alpha, 0\}$，则波流联合作用在倾斜柱体单位柱长上的拖曳力矢量为

$$f_D = \frac{1}{2}C_D\rho D\mathbf{U}_{nr}\left|\mathbf{U}_{nr}\right| \tag{6-107}$$

式中 $\mathbf{U}_{nr} = \mathbf{e}\times(\mathbf{u}_r\times\mathbf{e})$，$\mathbf{u}_r = \mathbf{u}+\mathbf{u}_c$；$\mathbf{U}_{nr}$ 为与柱轴正交的波浪速度矢量和海(潮)流速度矢量之和；$|U_{nr}|$ 为 $\mathbf{U}_{nr}$ 的模。

对于直立柱体，单位柱高上的拖曳力矢量为

$$f_D = \frac{1}{2}C_D\rho A(\mathbf{u}+\mathbf{u}_c)\left|\mathbf{u}+\mathbf{u}_c\right| \tag{6-108}$$

其分量为

$$f_{Dx} = \frac{1}{2}C_D\rho A(u_x + u_c\cos\alpha)\left|\mathbf{u}+\mathbf{u}_c\right| \tag{6-109}$$

$$f_{Dy} = \frac{1}{2}C_D\rho A u_c\sin\alpha\left|\mathbf{u}+\mathbf{u}_c\right| \tag{6-110}$$

$$f_{Dz} = 0 \tag{6-111}$$

其中 $|\mathbf{u}+\mathbf{u}_c| = [(u_x + u_c\cos\alpha)^2 + (u_c\sin\alpha)^2]^{1/2}$，$u_x$ 为波浪引起的水质点速度的 x 向分量。

6.7　随机波浪力的计算

本章前述各节都是在规则波作用下柱体上波浪力的分析计算方法，它们将成

为不规则波(随机波)对柱体作用力的基础。作用于柱体上的随机波浪力主要有特征波法、谱分析法及概率分析法等(李玉成,2000)。本处仅介绍特征波法和谱分析法。

6.7.1 特征波法

特征波法又称设计波法,是从统计意义上在随机波浪系列中选用某一特征波(例如有效波或最大波)作为单一的规则波近似分析随机波浪对海工结构物的作用。

在工程设计中,确定作用在不同型式海工结构物上的设计波浪力之前应首先确定设计波浪要素。所谓设计波浪要素,就是指在某一确定的重现期、某一特征波所对应的波高和周期。包括两个方面:① 设计波浪的重现期;② 设计特征波。比如,设计波高采用 50 年一遇、波列累积概率为 1% 的波高 $H_{1\%}$,设计波周期采用平均周期 T。当设计波浪要素被确定后,就可以根据已确定的设计波浪要素和结构物所在海区的水深,选用适宜的确定性波浪理论,然后进行波浪力计算。

中华人民共和国《海上移动平台入级及建造规范》(2005)规定,极端环境条件的设计波浪重现期不宜小于 50 年;对小型无人平台,重现期可取为平台设计使用年限的2~3倍,但不宜小于30年。设计波高采用最大波高可能值$(H_{\max})_m$与破碎波临界波高 H_b 中的较小值。

设计波波高确定之后,其相应波浪周期取值应在如下范围内确定,用几个不同的值对平台结构应力进行估算,最终取使平台结构产生最大应力的值。

$$\sqrt{6.5(H_{\max})_m} < T < 20 \tag{6-112}$$

这是因为在一定的设计波高条件下,结构物的设计波浪力将随着设计波浪周期的不同而有所变化。若采用平均周期作为设计波浪周期,它并不一定会对结构物产生最大的波浪效应,而周期比平均周期大或小的波浪很有可能对结构物产生更大的波浪效应。

特征波分析法一般只适用于准静力计算,对于无需考虑结构动力响应及疲劳分析问题的结构物,可以采用该种方法。

6.7.2 谱分析法

所谓谱分析法,即由已知的海浪谱推求出作用于结构物上的波力谱,从而确定

不同累计概率的波浪力的方法。谱分析法适合于海浪与结构物的作用为线性时的波浪力计算。

如前所述，不规则波可以看作是由无数作简谐运动的组成波叠加而成的一个平稳随机过程。若海浪与受海浪作用的结构物的反应成线性关系，则可以利用平稳线性系统中平稳随机函数的变换，将这一平稳随机函数输入到结构物这一线性系统中，通过该系统对输入施行某种变换得到相应的输出，变为另一随机函数（例如结构物所受波浪力、结构物的位移、应力或浮体的升沉、摇摆等）。把输入(Input)的随机函数称为激励，把得到的相应的输出(Output)随机函数称为响应。则输入和输出之间满足如下关系

$$S_y(\omega) = |T(i\omega)|^2 S_\eta(\omega) \tag{6-113}$$

式中，$S_\eta(\omega)$ 为系统的输入谱密度（此处为海浪谱），$S_y(\omega)$ 为系统的输出谱密度（响应谱），$|T(i\omega)|^2$ 为系统的传递函数（频率响应函数）。它表明对于一个平稳的线性系统，随机函数的变换实质上是谱密度的变换，即输出的随机函数的谱密度等于输入的随机函数的谱密度乘以相应频率下系统的传递函数。因此，当已知海浪谱推求作用于结构物上的波力谱时，只需将海浪谱乘以相应频率下结构系统的传递函数便可得到。

下面推导作用在小直径圆柱上的波力谱。对如图 6-31 所示的直立柱体，作用于高度为 z 处单位柱体高度上的波浪力为

$$f(z) = \frac{1}{2}C_D\rho D u(t)|u(t)| + C_M\rho\frac{\pi D^2}{4}a(t) \tag{6-114}$$

式中，$u(t)$，$a(t)$ 分别为柱体上高度 z 处的水质点速度和加速度。

令

$$K_D = \frac{1}{2}C_D\rho D \tag{6-115}$$

$$K_I = C_M\rho\frac{\pi D^2}{4} \tag{6-116}$$

则式(6-114)简化为

$$f(t) = K_I a(t) + K_D u(t)|u(t)| \tag{6-117}$$

按照线性波理论，单个余弦组成波水质点的水平速度和水平加速度分别为

$$u(t) = \frac{\pi H}{T}\frac{\cosh kz}{\sinh kd}\cos(kx - \omega t) \tag{6-118}$$

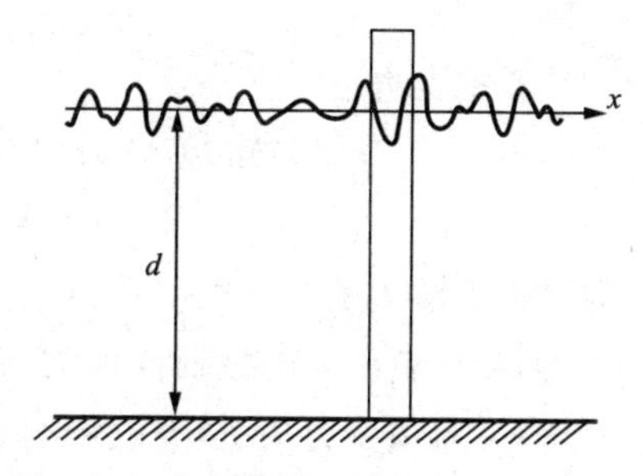

图 6-31　直立柱体上随机波浪力的作用

$$a(t) = \frac{2\pi^2 H}{T^2} \frac{\cosh kz}{\sinh kd} \sin(kx - \omega t) \tag{6-119}$$

考虑到波面方程 $\eta(t) = \frac{H}{2}\cos(kx - \omega t)$，则水平速度和水平加速度可以表示为

$$u(t) = \omega \frac{\cosh kz}{\sinh kd} \eta(t) \tag{6-120}$$

$$a(t) = \omega^2 \frac{\cosh kz}{\sinh kd} \eta(t) \tag{6-121}$$

则高度为 z 处的速度谱密度 $S_u(\omega)$ 为

$$S_u(\omega) = |T_u(i\omega)|^2 S_\eta(\omega) \tag{6-122}$$

式中，$T_u(i\omega)$ 为从波面到水质点速度的传递函数。

$$T_u(i\omega) = \omega \frac{\cosh kz}{\sinh kd} \tag{6-123}$$

高度为 z 处的加速度谱密度 $S_a(\omega)$ 为

$$S_a(\omega) = |T_a(i\omega)|^2 S_\eta(\omega) \tag{6-124}$$

式中，$T_a(i\omega)$ 为从波面到水质点速度的传递函数。

$$T_a(i\omega) = \omega^2 \frac{\cosh kz}{\sinh kd} \tag{6-125}$$

1. 惯性力谱

由公式(6-114)知，惯性力和加速度之间的关系为

$$f_I(t) = K_I a(t) \tag{6-126}$$

公式(6-126)为线性关系，于是得到惯性力谱密度表达式为

$$S_{fI}(\omega) = K_I^2 S_a(\omega) = K_I^2 |T_a(i\omega)|^2 S_\eta(\omega) \tag{6-127}$$

或者

$$S_{fI}(\omega) = |T_{fI}(i\omega)|^2 S_\eta(\omega) \tag{6-128}$$

式中，$T_{fI}(i\omega)$ 为从波面到惯性力的传递函数。

$$T_{fI}(i\omega) = C_M \rho \frac{\pi D^2}{4} \omega^2 \frac{\cosh kz}{\sinh kd} \tag{6-129}$$

2. 拖曳力谱

由公式(6-114)知，拖曳力和水平速度之间的关系为

$$f_D(t) = K_D u(t)|u(t)| \tag{6-130}$$

但是拖曳波力是非线性的，它与 $u(t)|u(t)|$ 成正比，也就是与波面高度的平方成正比，因而拖曳波力与波面高度之间不具有线性关系。因此，由海浪谱推导拖曳力谱时，需要对拖曳力项进行线性化处理。下面介绍美国柏尔格曼(Borgman,1958) 对拖曳力项的线性化处理。

假定以 $Cu(t)$（C 为常数）来替代 $u|u|$，并期望 $(u|u|-Cu)^2$ 的值为一小量。由于海浪水质点的水平速度 $u(t)$ 可视为平稳随机过程，遵从正态分布，即其概率分布密度函数为

$$p(u)=\frac{1}{\sqrt{2\pi}\sigma_u}\exp\left[-\frac{u^2}{\sigma_u^2}\right] \tag{6-131}$$

式中，σ_u^2 为水质点水平速度的方差，可由下式求得，即

$$\sigma_u^2=\int_0^{\infty}S_u(\omega)\mathrm{d}\omega \tag{6-132}$$

这样，为了使 $(|u|u-Cu)^2$ 的值为最小，常数 C 值可通过对式(6-133)求极值来确定。

$$Q=\int_{-\infty}^{\infty}(|u|u-Cu)^2p(u)\mathrm{d}u \tag{6-133}$$

公式(6-133)对系数 C 求导，并令导数等于 0，则

$$-\int_{-\infty}^{\infty}2u^2|u|p(u)\mathrm{d}u+2C\int_{-\infty}^{\infty}u^2p(u)\mathrm{d}u=0 \tag{6-134}$$

于是

$$C=\frac{\int_{-\infty}^{\infty}u^2|u|p(u)\mathrm{d}u}{\int_{-\infty}^{\infty}u^2p(u)\mathrm{d}u}=\frac{\sqrt{\frac{2}{\pi}}\sigma_u^3}{\frac{1}{2}\sigma_u^2}=\sqrt{\frac{8}{\pi}}\sigma_u \tag{6-135}$$

于是可将在圆柱高度 z 处单位高度上的拖曳波力线性化为

$$f_D(t)=K_D\sqrt{\frac{8}{\pi}}\sigma_u u(t) \tag{6-136}$$

则拖曳力谱密度表达式为

$$S_{fD}(\omega)=\left(K_D\sqrt{\frac{8}{\pi}}\sigma_u\right)^2S_u(\omega)=\left(K_D\sqrt{\frac{8}{\pi}}\sigma_u\right)^2|T_a(i\omega)|^2S_\eta(\omega) \tag{6-137}$$

或者

$$S_{fD}(\omega)=|T_{fD}(i\omega)|^2S_\eta(\omega) \tag{6-138}$$

式中，$T_{fD}(i\omega)$ 为从波面到拖曳力的传递函数。

$$T_{fD}(i\omega)=\frac{1}{2}C_D\rho D\omega\sqrt{\frac{8}{\pi}}\sigma_u\frac{\cosh kz}{\sinh kd} \tag{6-139}$$

将式(6-122)代入式(6-132)，得到

$$\sigma_u^2 = \int_0^\infty \left(\omega \frac{\cosh kz}{\sinh kd}\right)^2 S_\eta(\omega) \mathrm{d}\omega \tag{6-140}$$

3. 高度 z 处的总力谱

在分别得到拖曳力谱和惯性力谱后，就可以计算作用于柱体高度为 z 处的水平波浪力谱为

$$S_f(\omega) = \left(K_D \sqrt{\frac{8}{\pi}} \sigma_u \omega \frac{\cosh kz}{\sinh kd}\right)^2 S_\eta(\omega) + \left(K_I \omega^2 \frac{\cosh kz}{\sinh kd}\right)^2 S_\eta(\omega) \tag{6-141}$$

4. 作用于单柱体上的总波浪力谱

设 $z_1 \sim z_2$ 段的柱体截面积相同，下面讨论作用于该段柱体上的总波浪力谱。由公式(6-126)和(6-121)可知，单位柱高上的惯性力为

$$f_I(t) = K_I \omega^2 \frac{\cosh kz}{\sinh kd} \eta(t) \tag{6-142}$$

则 $z_1 \sim z_2$ 段的柱体上的惯性力为

$$\begin{aligned} F_I(t) &= \int_{z_1}^{z_2} f_I(t) \mathrm{d}z = \int_{z_1}^{z_2} K_I \omega^2 \frac{\cosh kz}{\sinh kd} \eta(t) \mathrm{d}z \\ &= K_I \frac{\omega^2}{k} \frac{\sinh kz_2 - \sinh kz_1}{\sinh kd} \eta(t) \end{aligned} \tag{6-143}$$

则 $z_1 \sim z_2$ 段的柱体上的惯性力谱为

$$S_{fI}(\omega) = \left| K_I \frac{\omega^2}{k} \frac{\sinh kz_2 - \sinh kz_1}{\sinh kd} \right|^2 S_\eta(\omega) \tag{6-144}$$

由公式(6-136)和(6-120)可知，单位柱高上的线性化拖曳力为

$$f_D(t) = K_D \sqrt{\frac{8}{\pi}} \sigma_u \omega \frac{\cosh kz}{\sinh kd} \eta(t) \tag{6-145}$$

则 $z_1 \sim z_2$ 段的柱体上的拖曳力为

$$\begin{aligned} F_D(t) &= \int_{z_1}^{z_2} f_D(t) \mathrm{d}z = \int_{z_1}^{z_2} K_D \sqrt{\frac{8}{\pi}} \sigma_u \omega \frac{\cosh kz}{\sinh kd} \eta(t) \mathrm{d}z \\ &= K_D \sqrt{\frac{8}{\pi}} \frac{\omega}{\sinh kd} \int_{z_1}^{z_2} \sigma_u(z) \cosh kz \mathrm{d}z \eta(t) \end{aligned} \tag{6-146}$$

则 $z_1 \sim z_2$ 段的柱体上的拖曳力谱为

$$S_{fD}(\omega) = \left| K_D \sqrt{\frac{8}{\pi}} \frac{\omega}{\sinh kd} \int_{z_1}^{z_2} \sigma_u(z) \cosh kz \mathrm{d}z \right|^2 S_\eta(\omega) \tag{6-147}$$

于是 $z_1 \sim z_2$ 段柱体上的总波浪力谱为

$$S_F(\omega) = \left| K_D \sqrt{\frac{8}{\pi}} \frac{\omega}{\sinh kd} \int_{z_1}^{z_2} \sigma_u(z) \cosh kz \mathrm{d}z \right|^2 S_\eta(\omega) + \left| K_I \frac{\omega^2}{k} \frac{\sinh kzx_2 - \sinh kz_1}{\sinh kd} \right|^2 S_\eta(\omega) \tag{6-148}$$

令 $z_1 = 0, z_2 = d$，则整个柱体上的总波浪力谱为

$$S_f(\omega) = \left| K_D \sqrt{\frac{8}{\pi}} \frac{\omega}{\sinh kd} \int_0^d \sigma_u(z) \cosh kz \mathrm{d}z \right|^2 S_\eta(\omega) + \left| K_I \frac{\omega^2}{k} \right|^2 S_\eta(\omega) \tag{6-149}$$

5. 波浪力的特征值

波力谱函数以非随机函数的形式较全面地描述了随机波浪力相对于频率的分布情况，但在工程设计中，有时还需要了解某些波力的特征值。这里讨论由波力谱推算某些波力特征值的方法。

如前所述，随机海浪可视为平稳随机过程。对于窄谱海浪，已经证明波面极大值符合瑞利分布。对线性化的 Morison 方程，波浪力与水质点速度和加速度，进而同波面都是线性化关系，因此波浪力的极值也符合瑞利分布。据此可按瑞利分布推算不同累积概率 $F(\%)$ 下的最大波力值(即波力极大值)。

最大总波力 F_m 的分布遵从瑞利分布，其概率分布密度为

$$p(F_m) = \frac{F_m}{4\sigma_F^2} \exp\left(-\frac{F_m^2}{2\sigma_F^2}\right) \tag{6-150}$$

对应的累积概率为

$$F(F_m) = p(F_m \geqslant (F_m)_{F\%}) = \exp\left[-\frac{{(F_m)_{F\%}}^2}{2\sigma_F^2}\right] \tag{6-151}$$

则对应累积概率 $F(\%)$ 的最大总波力为

$$(F_m)_{F\%} = \sqrt{-2\ln F(\%)}\,\sigma_F = k_\sigma \sigma_F \tag{6-152}$$

式中，σ_F 为总波力 F 的均方差，即

$$\sigma_F = \sqrt{m_0} = \left[\int_0^\infty S_F(\omega) \mathrm{d}\omega\right]^{1/2} \tag{6-153}$$

同样可得到累积概率 $F(\%)$ 的最大总拖曳波力 $(F_{Dm})_{F\%}$ 和最大总惯性波力 $(F_{\mathrm{Im}})_{F\%}$ 分别为

$$(F_{Dm})_{F\%} = k_\sigma \sigma_{FD} = k_\sigma \left[\int_0^\infty S_{FD}(\omega) \mathrm{d}\omega\right]^{1/2} \tag{6-154}$$

$$(F_{Im})_{F\%} = k_\sigma \sigma_{FI} = k_\sigma \left[\int_0^\infty S_{FI}(\omega) \mathrm{d}\omega\right]^{1/2} \tag{6-155}$$

式中，σ_{FD} 和 σ_{FI} 分别为总拖曳波力 F_D 和总惯性波力 F_I 的均方差。对应不同累积概率 $F(\%)$ 的 k_σ 值可查阅表 6-6。需要说明的是，表中累积概率 3.9% 对应的最大波

力相当于1/10大值的均值；累积概率13.5%对应的最大波力相当于有效值；而累积概率45.6%对应的最大波力相当于均值。

表 6-6 不同累积概率 F(%) 对应的 k_σ 值

F(%)	k_σ	F(%)	k_σ	F(%)	k_σ
0.1	3.70	10.0	2.15	60	1.01
0.5	3.25	13.5	2.00	70	0.85
1.0	3.04	20.0	1.79	80	0.67
2.0	2.79	30.0	1.56	90	0.45
3.0	2.64	40.0	1.35	95	0.30
3.9	2.55	45.6	1.25	100	0.00
5.0	2.44	50.0	1.18		

例 6.3

某单立柱海洋平台的立柱直径 $D = 9.0$ m，水深 $d = 24$ m，设计波高 $H_s = 6$ m，平均波长 $L = 135$ m。试确定作用于整个柱体上的累积概率1%对应的总波浪力 $(F_m)_{1\%}$。

解1 采用特征波法来求解。取设计波高 $H = H_{1\%} = 1.5H_s = 9.0$ m，设计波长 $L =$ 平均波长，$C_D = 1.2$，$C_M = 2.0$。按照线性波理论，波浪力计算公式如下。

最大总水平拖曳力为

$$F_{HD\max} = C_D \frac{\gamma D H^2}{2} K_1$$

最大总水平惯性力为

$$F_{HI\max} = C_M \frac{\gamma \pi D^2 H}{8} K_2$$

式中

$$K_1 = \frac{2k(z_2 - z_1) + \sinh 2kz_2 - \sinh 2kz_1}{8\sinh 2kd}$$

$$K_2 = \frac{\sinh kz_2 - \sinh kz_1}{\cosh kd}$$

将 $k = 2\pi/L = 0.046\,5$，$z_1 = 0$，$z_2 = d$，$d = 24$ m 代入上式中，得到 $K_1 = 0.185\,5$，$K_2 = 0.806\,5$。再将 $H = 9.0$ m，$C_D = 1.2$，$C_M = 2.0$，$D = 24$ m，$\rho = 1\,025$ kg/m^3 代入拖曳力和惯性力计算公式，得到

$$F_{HI\max} = 4\ 643.3\ \text{kN}$$

$$F_{HD\max} = 815.9\ \text{kN}$$

因为 $F_{HI\max}/F_{HD\max} = 5.69 > 2$，所以 $(F_m)_{1\%} = (F_{HI\max})_{1\%} = 4\ 643.3\ \text{kN}$。

解2 采用谱分析法来求解。因为最大波浪力等于最大惯性力，所以总波浪力谱等于总惯性力谱，即

$$S_F(\omega) = S_{FI}(\omega) = \left| K_I \frac{\omega^2}{k} \right|^2 S_\eta(\omega) = (K_I g \tanh kd)^2 S_\eta(\omega)$$

$$\sigma_F^2 = m_0 = \int_0^\infty S_F(\omega)\,\mathrm{d}\omega = \sum_{i=1}^{n} S_F(\omega_i)\Delta\omega$$

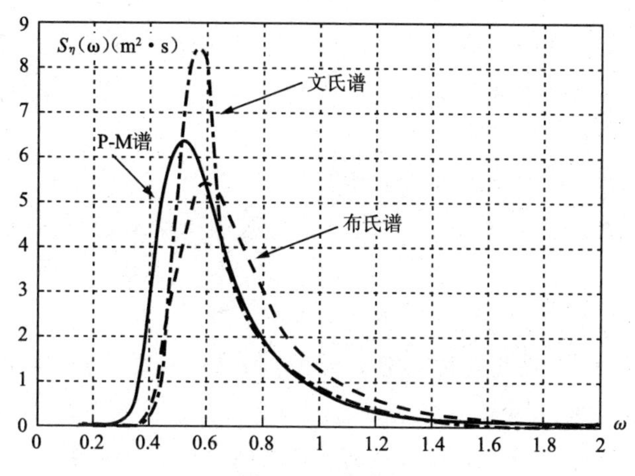

图 6-32　海浪谱

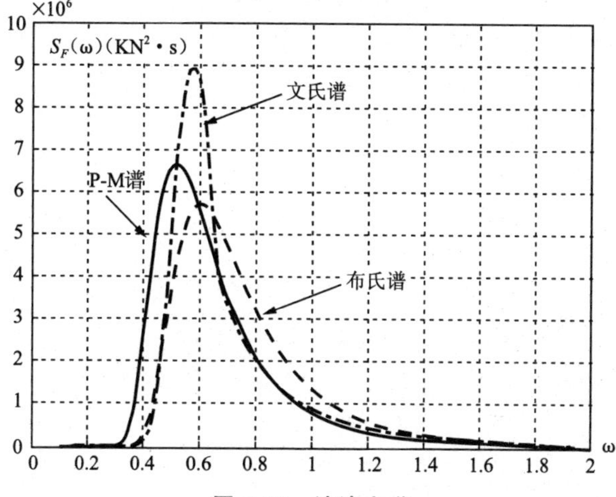

图 6-33　波浪力谱

采用布氏谱(公式5-99)、P-M谱(公式5-108)、文氏谱(公式5-121)进行数值计算。三种海浪谱曲线如图6-32所示。其中,P-M谱的谱峰频率为0.5 rad/s,布氏谱的谱峰频率为0.6 rad/s(采用了 $T_s = 10$ s),文氏谱的谱峰频率为0.57 rad/s。三种谱对应的波浪力谱如图6-33所示。根据波浪力谱计算得到的特征波浪力 $(F_m)_{1\%} = k_\sigma \sigma_F = 3.04\sigma_F$ 分别为4 692 KN,4 682 KN,4 637 KN。

思考题与习题

1. 定常水流绕过圆柱体的绕流力有哪些?分别是什么因素造成的?

2. 作用在小尺度柱体上的波浪力由哪两部分组成,分别与什么因素有关?

3. 理解Morison方程的理论缺陷。

4. 影响水动力系数的因素有哪些?

5. 海底管道上的作用力主要有哪些?

6. 假定位于海洋平台有四桩支撑,计算总波浪力应该注意什么?总波浪力是否等于单桩波的四倍?

7. 不规则波浪的作用力计算有哪些方法?

8. 某周期 $T = 5$ s的波浪在水深 $d = 1.5$ m海上向前传播,假设某直立柱体直径 $D = 0.3$m,试判断该柱体上波浪力的计算方式。

9. 某单立柱海洋平台的立柱直径 $D = 1.0$ m,水深 $d = 24$ m,设计波高 $H_s = 5$ m,平均波长 $L = 130$ m,试确定作用于整个柱体上的累积概率1%对应的总波浪力 $(F_m)_{1\%}$。

第7章　作用在大尺度结构物上的波浪力

在海洋工程结构中，如重力式平台、张力腿平台(TLP)、半潜式平台(Semi-submersible)以及单柱式平台(Spar)等，其结构尺度比(D/L)一般大于0.2。结构物的存在对波动场有显著影响，所以应该按照大尺度结构物来计算其波浪力。

对大尺度结构物，一般采用绕射理论(Mac Camy 和 Fuchs，1954)或 Froude-Kylov 理论来计算波浪力。Morison 方程假定，作用力由惯性力和阻力(黏性力)组成，当阻力占主要地位时，Morison 适用(小尺度结构物的情况)。当阻力很小，惯性力占主要地位，而且结构特征尺度相对较小时，可用 Froude-Kylov 理论。该理论用入射波压力在结构物表面的积分来计算波浪力。方便之处在于，对某些对称物体，波浪力用预定的形式给出，系数容易确定。当结构物的尺度相当大时，波浪受结构物的绕射效应必须计入，需要用绕射理论来计算。

7.1　绕射理论

7.1.1　绕射理论基本概念

绕射问题是指波浪向前传播遇到相对静止的结构物后，在结构表面将产生一个向外散射的波，入射波与散射波的叠加达到稳定时将形成一个新的波动场，这样的波动场对结构的荷载问题称为绕射问题，如图7-1所示。简言之，绕射问题是指入射波的波浪场与置于其中的相对静止的结构之间的相互作用问题。

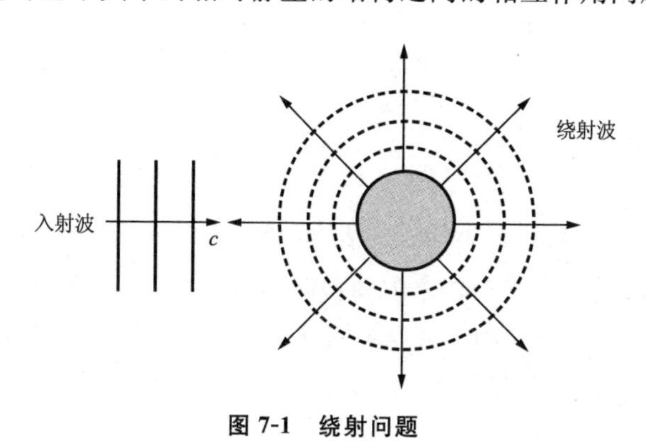

图7-1　绕射问题

在大尺度物体绕射问题中，必须考虑对入射波的散射效应和自由表面效应的影响，此时波浪对结构物的作用主要是附加质量效应和绕射效应，而黏滞效应是相对较小的，可以忽略不计。这样可以忽略流体的黏性，从而引入均匀、无黏性、不可压的理想流体假设，势流理论应运而生。进一步引入不同假设可简化结构物-流体相互作用的物理过程，如认为入射波是线性的，而且波浪与结构物的相互作用也是线性的，则称之为线性绕射问题。在此假定下，可以建立起合理的数学模型来求解作用力问题。

7.1.2 线性绕射问题的控制方程

如上图 7-1 所示，假设入射波是线性波，其速度势为 $\Phi_I(x,y,z,t)$ 表示。当入射波遇到障碍物时，在结构表面将产生一个散射波，其速度势为 $\Phi_D(x,y,z,t)$。入射波与散射波叠加达到稳定时将形成一个新的波动场（即受结构物扰动后的波浪场），其速度势为 $\Phi(x,y,z,t)$，则 $\Phi(x,y,z,t)$ 可表示为

$$\Phi(x,y,z,t)=\Phi_I(x,y,z,t)+\Phi_D(x,y,z,t) \tag{7-1}$$

对于线性问题，波浪运动是简谐的，可以将时间变量分离出来，即速度势 $\Phi(x,y,z,t)$ 可以表示为

$$\Phi(x,y,z,t)=\phi(x,y,z)\mathrm{e}^{-i\omega t}=[\phi_I(x,y,z)+\phi_D(x,y,z)]\mathrm{e}^{-i\omega t} \tag{7-2}$$

显然，总的速度势 $\Phi(x,y,z,t)$ 在整个波动场内满足拉普拉斯方程和相应的边界条件，即

$$\nabla^2\Phi=0 \tag{7-3a}$$

$$\left.\left(\frac{\partial\Phi}{\partial z}+\frac{1}{g}\frac{\partial^2\Phi}{\partial t^2}\right)\right|_{z=0}=0 \tag{7-3b}$$

$$\left.\frac{\partial\Phi}{\partial z}\right|_{z=-d}=0 \tag{7-3c}$$

$$\left.\frac{\partial\Phi}{\partial n}\right|_{S(x,y,z)=0}=0 \tag{7-3d}$$

$$\lim_{r\to\infty}\sqrt{r}\left(\frac{\partial\Phi_D}{\partial r}-ik\Phi_D\right)=0 \tag{7-3e}$$

式(7-3d)是物面条件，表明在结构物的表面（物面用 $S(x,y,z)=0$ 表示）上，流体的法向速度为零。式(7-3e) 为物体无穷远处的辐射边界条件（即 Sommerfeld 条件），r 为径向距离。式(7-3a)～(7-3e) 组成了线性绕射问题的基本方程和边界条件。

考虑到在式(7-2)中已经将时间变量和空间变量分离开来，式(7-3)也可以表示为

$$\nabla^2 \phi = 0 \tag{7-4a}$$

$$\left(\frac{\partial \phi}{\partial z} - \frac{\omega^2}{g}\phi\right)\bigg|_{z=0} = 0 \tag{7-4b}$$

$$\frac{\partial \phi}{\partial z}\bigg|_{z=-d} = 0 \tag{7-4c}$$

$$\frac{\partial \phi}{\partial n}\bigg|_{S(x,y,z)=0} = 0 \tag{7-4d}$$

$$\lim_{r\to\infty}\sqrt{r}\left(\frac{\partial \phi_D}{\partial r} - ik\phi_D\right) = 0 \tag{7-4e}$$

入射势在整个波动场中满足拉普拉斯方程和相应的海底与海面边界条件。根据第 2 章线性波理论可知，入射波的速度势（以复数形式表示）为

$$\phi_I = -i\frac{gH}{2\omega}\frac{\cosh kz}{\cosh kd}e^{ikx} \tag{7-5}$$

根据势流叠加原理，则绕射势在整个波动场中需要满足的方程和边界条件为

$$\nabla^2 \phi_D = 0 \tag{7-6a}$$

$$\left(\frac{\partial \phi_D}{\partial z} - \frac{\omega^2}{g}\phi_D\right)\bigg|_{z=0} = 0 \tag{7-6b}$$

$$\frac{\partial \phi_D}{\partial z}\bigg|_{z=-d} = 0 \tag{7-6c}$$

$$\frac{\partial \phi_D}{\partial n} = -\frac{\partial \phi_I}{\partial n}, S(x,y,z) = 0 \tag{7-6d}$$

$$\lim_{r\to\infty}\sqrt{r}\left(\frac{\partial \phi_D}{\partial r} - ik\phi_D\right) = 0 \tag{7-6e}$$

求解方程组(7-6)，可以得到线性绕射势 ϕ_D，代入(7-2)即可得到波动场的总速度势。

7.1.3　线性绕射波浪力

若求得波动场的速度势 Φ 后，代入到线性化的伯努利方程中，即可以得到波动场结构物表面上的波压强分布 p。

$$p = -\rho\frac{\partial \Phi}{\partial t} \tag{7-7}$$

最终可以得到作用在结构物上的波浪力和波浪力矩

$$F = \iint_S -p\mathbf{n}\mathrm{d}s \tag{7-8}$$

$$M = \iint_S -p(\mathbf{r}\times\mathbf{n})\mathrm{d}s \tag{7-9}$$

式中，**n** 为结构物表面某点的外法线矢量；**r** 为结构物表面某点到基点(取矩点)的径向矢量。

7.1.4 绕射系数

将波浪对结构的作用力表示成

$$F = F_K + F_d \tag{7-10}$$

式中，F_K 为未扰动入射波波压强对结构产生的Froude-Krylov力(简称F-K力)，F_d 为扰动波波压强对结构产生的扰动力(与绕射效应和附加质量效应有关)，称之为绕射力。

Froude-Krylov 假定

$$F = CF_K \tag{7-11}$$

式中 C 为绕射系数，其定义为

$$C = \frac{F}{F_K} = \frac{F + F_d}{F_K} \tag{7-12}$$

对于相对特征尺度 $D/L < 0.2$ 的结构物，结构物对入射波的绕射效应可以略去，所以由扰动波压强所产生的绕射力 F_d 便成为单纯反映附加质量效应的附加质量力。在这种情况下，有

$$C = \frac{\rho v_0 \dfrac{\mathrm{d}u}{\mathrm{d}t} + C_m \rho v_0 \dfrac{\mathrm{d}u}{\mathrm{d}t}}{\rho v_0 \dfrac{\mathrm{d}u}{\mathrm{d}t}} = 1 + C_m = C_M \tag{7-13}$$

可以看出，当结构物对入射波的绕射效应可略去不计时，绕射系数 C 即是质量系数 C_M。也就是说，绕射系数是质量系数的延伸。它包括由于结构物存在所引起的附加质量效应和绕射效应在内；而质量系数只表征由于结构物的存在所引起的附加质量效应。

7.2 大直径直立圆柱体波浪力分析

安置在海床上的大尺度直立圆柱是海洋工程中常见的结构形式，波浪作用力是其主要外部荷载，决定着海洋工程的结构强度和稳定性。7.1节给出了大尺度结构物绕射问题的控制方程和边界条件，但只有很少几种几何形状的结构物的绕射问题可以得到其解析解，其中最简单的就是截面积沿水深不变的直立圆柱。

对无限水深中的直立圆柱，Havelock(1940)对波浪绕射问题作了研究。对有

限水深中的直立圆柱，MacCamy 和 Fuchs(1954)得到了波浪绕射的解析解。本节仅对线性波浪作用下的大直径直立圆柱体上的一阶波浪力的计算作介绍。

7.2.1　控制方程及速度势的求解

假设直径为 $2a$ 的大直径圆柱体直立在水深为 d 的水中并穿出水面，水面上有波高为 H 的线性波向前传播并同结构物发生作用。建立如图 7-2 所示坐标系，其中 x 轴同波浪传播方向一致，z 轴位于圆柱体的轴线上并向上为正，坐标原点位于海底。考虑入射波是线性波，则大直径直立圆柱体的线性绕射问题的控制方程可以从方程(7-7) 得到。

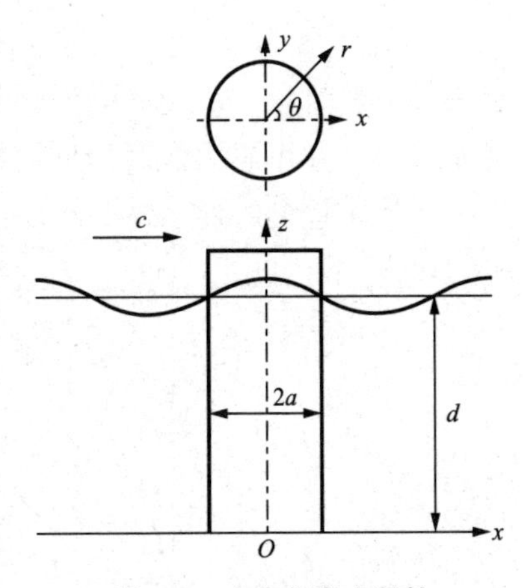

图 7-2　大直径直立圆柱波力计算的坐标系统

$$\nabla^2 \phi_D = 0 \tag{7-14a}$$

$$\frac{\partial \phi_D}{\partial z} - \frac{\omega^2}{g}\phi_D = 0 (\text{自由水面 } z = d) \tag{7-14b}$$

$$\frac{\partial \phi_D}{\partial z} = 0 (\text{水底 } z = 0) \tag{7-14c}$$

$$\frac{\partial \phi_D}{\partial r} = -\frac{\partial \phi_I}{\partial r} (\text{柱面 } r = a, 0 < z < d) \tag{7-14d}$$

$$\lim_{r\to\infty}\sqrt{r}\left(\frac{\partial \phi_D}{\partial r} - ik\phi_D\right) = 0 \tag{7-14e}$$

注意到式(7-14)中的物面条件为柱体坐标系中的表达式。物面法线速度为速度势函数沿径向 r 的导数。

由第 2 章线性波理论可知，沿 x 轴正向传播的入射波的速度势函数为

$$\Phi_I = -i\frac{gH}{2\omega}\frac{\cosh kz}{\cosh kd}\mathrm{e}^{i(kx-\omega t)} \tag{7-15}$$

其空间分量为

$$\phi_I = -i\frac{gH}{2\omega}\frac{\cosh kz}{\cosh kd}\mathrm{e}^{ikx} \tag{7-16}$$

对直立柱体上的绕射问题，采用如图 7-2 中所示的柱体坐标系(r,θ,z)更为方便。首先进行坐标变换，将入射波速度势表示成贝塞尔(Bessel)函数的级数形式

$$\Phi_I = -i\frac{gH}{2\omega}\frac{\cosh kz}{\cosh kd}\left[\sum_{m=0}^{\infty}\beta_m J_m(kr)\cos(m\theta)\right]\mathrm{e}^{-i\omega t} \tag{7-17}$$

其中在变换中用到了展开式

$$e^{ikx} = e^{ikr\cos\theta} = \sum_{m=0}^{\infty} \beta_m J_m(kr)\cos m\theta \tag{7-18}$$

式中

$$\beta_m = \begin{cases} 1, m = 0 \\ 2i^m, m > 0 \end{cases} \tag{7-19}$$

$J_m(kr)$ 是变量为 kr 的 m 阶第一类 Bessel 函数。图 7-3 为零阶、一阶、二阶和三阶 Bessel 函数图形。每一阶函数 $J_m(kr)$ 乘上相应的方向余弦和时间因子 $e^{-i\omega t}$ 都可以看成是一个从中心向四周传播的柱面波，因此式(7-15)坐标的变换结果意味着将一个具有平面波阵面的简单波动，用无限多个柱面波的和表示。

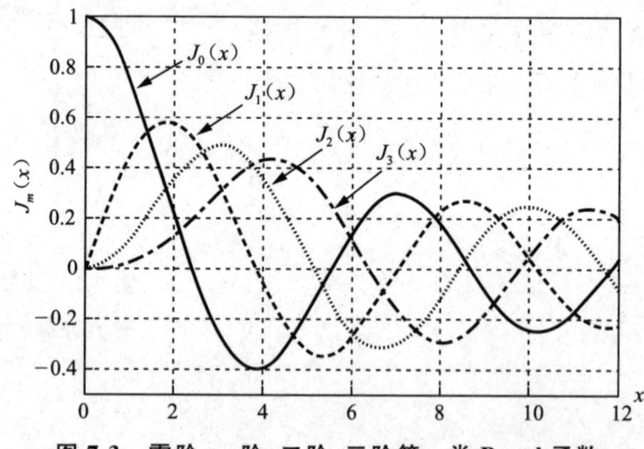

图 7-3　零阶、一阶、二阶、三阶第一类 Bessel 函数

当大直径圆柱存在于波场中，由于绕射效应，入射波的各个方向“入射”到柱面上将引起沿柱面的各个方向朝外发散的柱面波。柱面波在柱面处有一定的波幅，而在无穷远处，由于波阵面的不断发散，即使总的波能保持不变，柱面波的波幅亦将趋近于零。

绕射势满足拉普拉斯方程(7-14a)

$$\frac{\partial^2 \phi_D}{\partial r^2} + \frac{1}{r}\frac{\partial \phi_D}{\partial r} + \frac{1}{r^2}\frac{\partial^2 \phi_D}{\partial \theta^2} + \frac{\partial^2 \phi_D}{\partial z^2} = 0 \tag{7-20}$$

及相应的边界条件，其解的形式类似于式(7-16)，可将绕射势写为

$$\phi_D = -i\frac{gH}{2\omega}\frac{\cosh kz}{\cosh kd}\sum_{m=0}^{\infty}\beta_m B_m H_m(kr)\cos(m\theta) \tag{7-21}$$

式中，$H_m(kr)$ 为第一类 Hankel 函数。

$$H_m(kr) = J_m(kr) + iY_m(kr) \tag{7-22}$$

式中，$Y_m(kr)$ 为变量为 kr 的 m 阶第二类 Bessel 函数，如图 7-4 所示。B_m 为待定系数；将入射势(7-16)和绕射势(7-21)代入利用柱面边界条件式(7-14d)，则

$$B_m = -\frac{J'_m(ka)}{H'_m(ka)} \tag{7-23}$$

上式中，$J'_m(kr)$ 表示函数 $J_m(kr)$ 对变量 kr 的一阶导数。

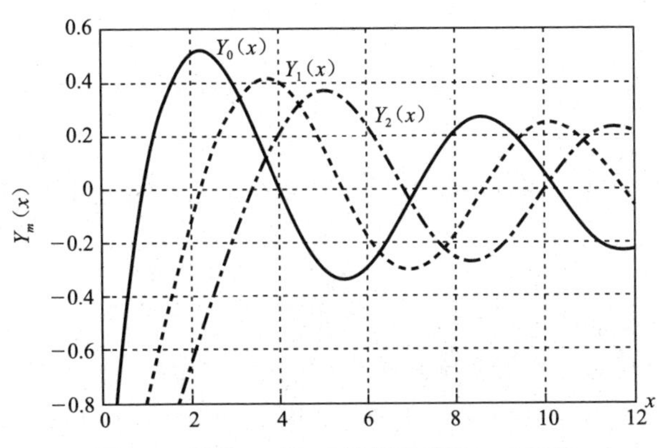

图 7-4　零阶、一阶、二阶第二类 Bessel 函数

则波动场的总速度势为

$$\Phi = -i\frac{gH}{2\omega}\frac{\cosh kz}{\cosh kd}\left\{\sum_{m=0}^{\infty}\beta_m\left[J_m(kr) - \frac{J'_m(ka)}{H'_m(ka)}H_m(kr)\right]\cos(m\theta)\right\}e^{-i\omega t} \tag{7-24}$$

将式(7-24)代入到 $\eta = -\frac{1}{g}\frac{\partial\Phi}{\partial t}\bigg|_{z=d}$ 中，则波面方程为

$$\eta(r,\theta,t) = \frac{H}{2}\left\{\sum_{m=0}^{\infty}\beta_m\left[J_m(kr) - \frac{J'_m(ka)}{H'_m(ka)}H_m(kr)\right]\cos(m\theta)\right\}e^{-i\omega t} \tag{7-25}$$

7.2.2　大直径柱体上的线性波浪力

一旦得到了考虑绕射效应的波动场的速度势，将之代入线性化伯努利方程 $p = -\rho\frac{\partial\Phi}{\partial t}$ 中，则波动场中的压强分布为

$$p(r,\theta,t) = \rho g\frac{H}{2}\frac{\cosh kz}{\cosh kd}\left\{\sum_{m=0}^{\infty}\beta_m\left[J_m(kr) - \frac{J'_m(ka)}{H'_m(ka)}H_m(kr)\right]\cos(m\theta)\right\}e^{-i\omega t} \tag{7-26}$$

将波动压强沿圆柱周线积分，从而得到高度 z 处单位柱高上的顺波向的波浪力为

$$f_{Hx} = -\int_0^{2\pi} p\bigg|_{r=a}\cos\theta\, a\,\mathrm{d}\theta \tag{7-27}$$

于是得到高度为 z 处顺波向的波浪力为

$$f_{Hx}(z) = -\frac{2\rho g H}{k}\frac{\cosh kz}{\cosh kd}A(ka)\sin(\omega t - \alpha) \tag{7-28}$$

式中

$$A(ka) = \frac{1}{\sqrt{[J'_1(ka)]^2 + [Y'_1(ka)]^2}} \tag{7-29}$$

$$\tan\alpha = \frac{J'_1(ka)}{Y'_1(ka)} \tag{7-30}$$

同理，作用在大直径圆柱任意高度 z 处单位高度柱体上垂直于波向的水平波浪力为

$$f_{Hy} = -\int_0^{2\pi} p_a \sin\theta \, a \, \mathrm{d}\theta = 0 \tag{7-31}$$

可见，如果不考虑柱后产生漩涡泄放而引起的横向力时，大直径圆柱上只有顺波向的波浪力。式(7-28)就是计算单个大直径圆柱上波浪力的 MacCamy-Fuchs 公式。$A(ka)$ 及 α 值与相对柱径 D/L 的关系如图 7-5 所示。

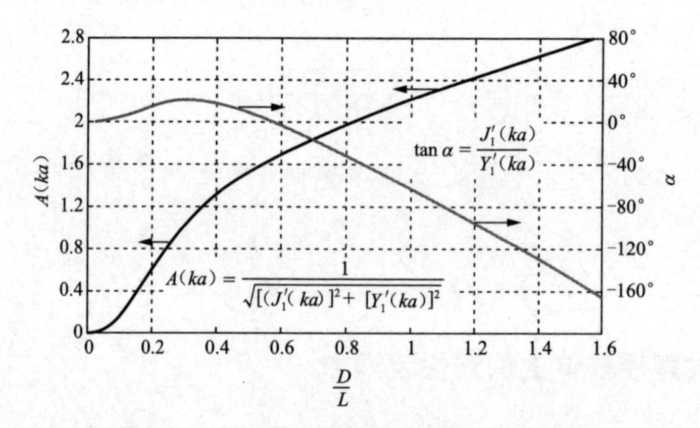

图 7-5　A(ka) 及 α 值与相对柱径 D/L 的关系

在通常计算中，为了方便起见，常将式(7-28)改写成同莫里森方程中水平惯性力项同样的形式，即

$$\begin{aligned} f_{Hx} &= C_M \rho \frac{\pi D^2}{4}\frac{\partial u_x}{\partial t} \\ &= -\frac{1}{8}C_M \rho g \pi H k D^2 \frac{\cosh kz}{\cosh kd}\sin\omega t \end{aligned} \tag{7-32}$$

将式(7-28)与式(7-32)加以对照，若不考虑波力的位相滞后角 α，有

$$C_M = \frac{4A(ka)}{\pi(ka)^2} \tag{7-33}$$

C_M 称为等效质量系数。等效质量系数 C_M 值与 D/L 的关系如图 7-6 和表 7-1 所示。

当 $ka \to 0$ 时，贝塞尔函数的渐近值为

$$\left.\begin{aligned} J_1'(ka) &\approx \frac{1}{2} \\ Y_1'(ka) &\approx \frac{2}{\pi(ka)^2} \end{aligned}\right\} \tag{7-34}$$

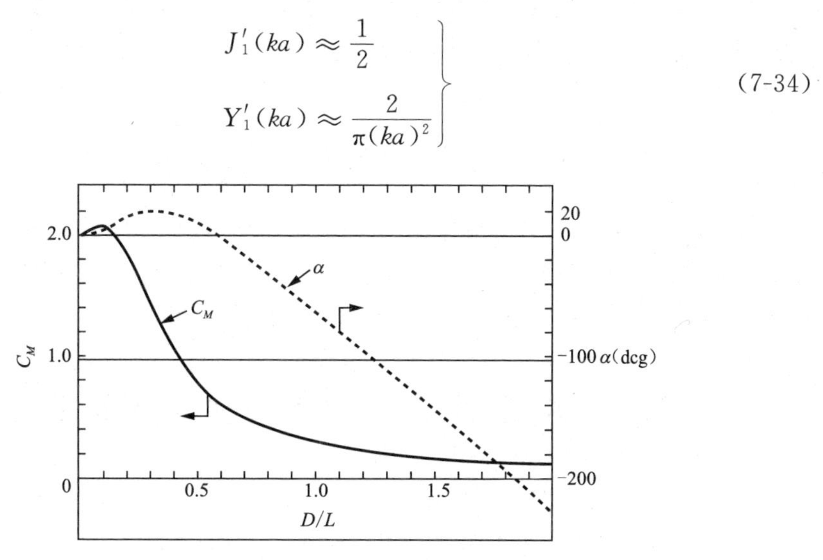

图 7-6　C_M 及 α 值与相对柱径 D/L 的关系

表 7-1　圆柱体的等效质量系数 C_M

D/L	0.01	0.05	0.10	0.20	0.30	0.4
ka	0.031 4	0.157	0.314	0.628	0.942	1.256
C_M	1.980	2.400	2.070	1.890	1.456	1.061
D/L	0.500	0.600	0.700	0.800	0.900	1.000
ka	1.570	1.884	2.198	2.512	2.826	3.140
C_M	0.792	0.613	0.488	0.402	0.336	0.288

则式(7-33)的等效质量系数 $C_M \to 2.0$，这就是小直径圆柱质量系数 C_M 的理论值。由此可见，当 C_M 取为 2.0 时，小直径圆柱下 MacCamy 公式与 Morison 方程中的惯性波力项的表达式完全相同，其原因是当 $ka \to 0$ 时，圆柱对入射波的扰动趋近于零，这是 Morison 方程的基本假定。所以 Morison 方程中惯性波力项的表达式实际上乃是 MacCamy 公式 ka 趋近于零的极限情况。

为了得到作用在大直径圆柱的水平总波力 F_H，取式(7-28)沿柱的高度进行积分。在线性波的情况下，可近似地从 $z_1 = 0$ 积分到 $z_2 = d$。于是得

$$\begin{aligned} F_H &= \int_0^d f_H \mathrm{d}z = -\int_0^d \frac{2\rho g H}{k} \frac{\cosh kz}{\cosh kd} A(ka)\sin(\omega t - \alpha)\mathrm{d}z \\ &= -\frac{2\rho g H}{k^2} \tanh kd A(ka)\sin(\omega t - \alpha) \end{aligned} \tag{7-35}$$

水平总波力矩为

$$M_H = \int_0^d f_H z \, dz = -\frac{2\rho g H}{k^2} \frac{A(ka)}{\cosh kd} [kd \sinh kd - \cosh kd + 1] \sin(\omega t - \alpha) \quad (7\text{-}36)$$

水平总波力 F_H 作用点离海底的距离为

$$e = \frac{M_H}{F_H} = -\frac{1}{k}\left(\frac{kd \sinh kd - \cosh kd + 1}{\sinh kd}\right) \quad (7\text{-}37)$$

以上讲述了从水底到海面延伸的大直径直立圆柱体上线性波浪力的计算。对坐底水平半圆柱体、坐底半球、垂直截断柱体以及垂直柱群的波浪绕射问题，读者可以查阅李远林(1999)、李玉成和滕斌(2002)的著作。

7.3 任意形状三维结构物上的波浪力

如前所述，只有极少数比较规则的物体可以基于绕射理论求解其作用力的解析解。但在实际工程中，结构物的形状是非常复杂的。对于任意形状的大型海洋结构物，应用绕射理论计算波浪作用力是相当困难的，即使仅求解一阶问题，能得到解析解的结构形式也十分少，大量的海洋结构物都必须采用数值方法求解。在海洋工程领域，迄今得到普遍采用的数值方法是有限基本解方法和有限元法等。其中有限元方法处理的是流域，而有限基本解处理的是边界，对于求解作用在结构上的波浪力而言，仅要求边界上的状态即可。因此，采用有限基本解方法处理有较大优势。本节着重介绍有限基本解方法。

所谓有限基本解方法，通常又称为源汇分布方法。其基本思想是，在物体淹湿表面 S 分布有满足 Laplace 方程、自由表面条件、底部条件和远方散射条件的点源(汇)，并且其基本解以 Green 函数为特征，点源的强度 f 由物面条件来确定。单位强度的点波源对波动场中某一点 q 所引起的扰动势(或称源势)为 G，这样若求得源强度为 f，则其对 q 点的源势为 $f \cdot G$，考虑 f 在结构物表面上的分布是连续的，故在波动场中任一点 q 的扰动势可认为是由结构物表面上所有点波源对 q 点所引起的源势之和，从而得到绕射问题的解。针对二维物体和三维物体，又有二维源汇分布法和三维源汇分布法，其基

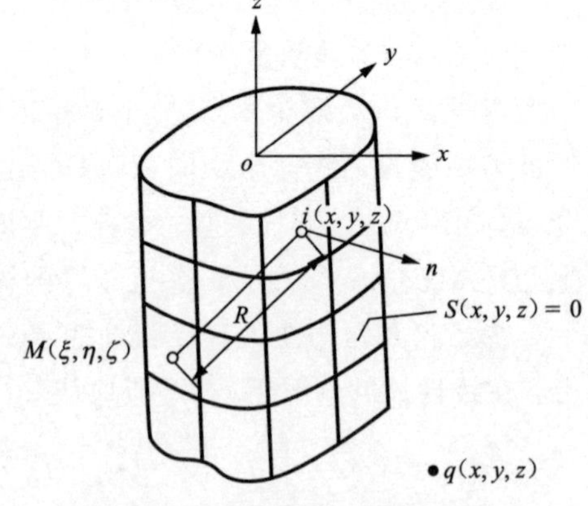

图 7-7 任意形状大尺度结构物波浪力计算的坐标系统

本原理相同。此处仅对三维源汇分布法作一简单介绍。根据 7.1 节知，考虑结构物对入射波的扰动后的波动场的总速度势函数可表示为

$$\begin{aligned}\Phi(x,y,z,t) &= \Phi_I + \Phi_D = \phi(x,y,z)\mathrm{e}^{-i\omega t} \\ &= [\phi_I(x,y,z) + \phi_D(x,y,z)]\mathrm{e}^{-i\omega t}\end{aligned} \tag{7-38}$$

式中，Φ_I 是入射波势，满足 Laplace 方程、自由表面条件和底部条件；对线性入射波，Φ_I 可根据第二章得到。Φ_D 是由于物体的存在而产生的绕射势（散射势）。绕射势可根据物面适当分布强度待定的源汇，使其满足物面条件以确定源强度，从而解得。这样，在波动场中某一点 $q(x,y,z)$ 的绕射势可认为是由结构物表面上所有点波源对 q 点所引起的源势之和，表示为

$$\Phi_D = \phi_D \mathrm{e}^{-i\omega t} \tag{7-39}$$

$$\phi_D(x,y,z) = \frac{1}{4\pi}\iint_S f(\xi,\eta,\zeta)G(x,y,z;\xi,\eta,\zeta)\mathrm{d}S \tag{7-40}$$

式中，S 为物体淹湿表面；$f(\xi,\eta,\zeta)$ 是物面上分布的待定源强度函数；$G(x,y,z;\xi,\eta,\zeta)$ 是 Green 函数。由上式可知，求解波动场的绕射势 Φ_D，需要确定未知的源强度分布函数和格林函数。

7.3.1　格林函数 $G(x,y,z;\xi,\eta,\zeta)$

格林函数满足 Laplace 方程和相应的边界条件，即

$$\nabla^2 G(x,y,z;\xi,\eta,\zeta) = 0 \tag{7-41}$$

$$\frac{\partial G}{\partial z} - \frac{\omega^2}{g}G = 0（自由水面\ z = 0） \tag{7-42}$$

$$\frac{\partial G}{\partial z} = 0（水底\ z = -d） \tag{7-43}$$

$$\lim_{r\to\infty}\sqrt{r}\left(\frac{\partial G}{\partial r} - ikG\right) = 0 \tag{7-44}$$

根据 Wehausen 和 Laitone(1960)给出的 Green 函数的表达式，有积分形式和级数形式两种。

积分形式

$$\begin{aligned}G(x,y,z;\xi,\eta,\zeta) &= \\ \frac{1}{R} + \frac{1}{R'} &+ 2\mathrm{P.V.}\int_0^\infty \frac{(\mu+\upsilon)\mathrm{e}^{-\mu d}\cosh[\mu(\zeta+d)]\cosh[\mu(z+d)]}{\mu\sinh(\mu d) - \upsilon\cosh(\mu d)}J_0(\mu r)d\mu \\ &+ 2\pi i\frac{(k^2-\upsilon^2)\cosh[k(\zeta+d)]\cosh[k(z+d)]}{(k^2-\upsilon^2)d+\upsilon}J_0(kr)\end{aligned} \tag{7-45}$$

级数形式

$$G(x,y,z;\xi,\eta,\zeta)=$$

$$\frac{2\pi(\upsilon^2-k^2)}{(k^2-\upsilon^2)d+\upsilon}\cosh\left[k(\zeta+d)\right]\cosh\left[k(z+d)\right]\left[Y_0(kr)-iJ_0(kr)\right] \quad (7\text{-}46)$$

$$+4\sum_{m=1}^{\infty}\frac{\mu_m^2+\upsilon^2}{(\mu_m^2+\upsilon^2)d-\upsilon}\cos[\mu_m(\zeta+d)]\cos[\mu_m(z+d)]K_0(\mu_m r)$$

式中，符号 P. V. 表示 Cauchy 积分主值；$\upsilon=\omega^2/g=k\tanh kd$；$J_0$，$Y_0$ 分别是零阶第一类和第二类贝塞尔函数；K_0 是零阶的第二类修正贝塞尔函数；μ_m 是方程 $\mu_m\tan(\mu_m d)+\upsilon=0$ 的正实根。

$$R=\left[(x-\xi)^2+(y-\eta)^2+(z-\zeta)^2\right]^{1/2} \quad (7\text{-}47a)$$

$$R'=\left[(x-\xi)^2+(y-\eta)^2+(z+\zeta+2d)^2\right]^{1/2} \quad (7\text{-}47b)$$

$$r=\left[(x-\xi)^2+(y-\eta)^2\right]^{1/2} \quad (7\text{-}47c)$$

上述积分形式和级数形式的 Green 函数对不同频率 ω 的入射波都是有效的。对于低频入射波，当$\frac{\omega^2}{g}\to 0$时，自由表面边界条件式(7-42)简化为$\frac{\partial G}{\partial z}=0$。1973 年 Garrison 和 Berklite 给出了 $\omega\to 0$ 时 Green 函数的渐近形式。

7.3.2 源强度函数 $f(\xi,\eta,\zeta)$ 的确定

Green 函数 $G(x,y,z;\xi,\eta,\zeta)$ 确定后，现在来确定式(7-40)中的源强度函数 $f(\xi,\eta,\zeta)$。将式(7-40)代入物面条件(7-14d)，注意到物面上绕源汇的相应积分将为 $-\frac{1}{2}f(x,y,z)$，便可得到如下的积分方程

$$\left.\frac{\partial\phi_D}{\partial n}\right|_S=-\frac{1}{2}f(x,y,z)+\frac{1}{4\pi}\iint_S f(\xi,\eta,\zeta)\frac{\partial G(x,y,z;\xi,\eta,\zeta)}{\partial n}\mathrm{d}S=\left.\frac{\partial\phi_I}{\partial n}\right|_S \quad (7\text{-}48)$$

或

$$-f(x,y,z)+\frac{1}{2\pi}\iint_S f(\xi,\eta,\zeta)\frac{\partial G(x,y,z;\xi,\eta,\zeta)}{\partial n}\mathrm{d}S=2u_n(x,y,z) \quad (7\text{-}49)$$

式中，$u_n=-\frac{\partial\phi_I}{\partial n}=-\left(\frac{\partial\phi_I}{\partial x}n_x+\frac{\partial\phi_I}{\partial y}n_y+\frac{\partial\phi_I}{\partial z}n_z\right)$为入射波引起的物面法向流体速度；$\frac{\partial G}{\partial n}=\nabla G\cdot\mathbf{n}=\frac{\partial G}{\partial x}n_x+\frac{\partial G}{\partial y}n_y+\frac{\partial G}{\partial z}n_z$。

这就是有名的三维 Fredholm 积分方程。若已知入射势 ϕ_I 和 Green 函数 G，则可求解出结构物表面上所有点的源强度分布函数 f，然后再由式(7-40) 求解出结构物表面所有点(x,y,z) 的散射势 ϕ_D，进而可得到结构物表面上波压强 p 的分布以及作用在结构物上的总波力 F 和总波力矩 M。

7.3.3　Fredholm 积分方程的数值解

在积分方程式(7-48)或(7-49)中，$\frac{\partial G}{\partial n}$ 是个复杂的函数，所以难以求解析积分，只能采用“离散化”的办法进行数值积分。

将结构物表面划分成 N 个小平面单元，如图 7-8 所示。其面积为 $\Delta S_j(j=1,2,3,\cdots,N)$。每一小平面单元的形心点作为控制点 i，其坐标为 (x_i,y_i,z_i)，假定每一个面元上的源强度是一常数，这样只要求在每一小平面单元形心点处满足积分方程式(7-49)即可。对应一个控制点建立一个方程，于是积分方程式(7-49)便可列出 N 个线性方程，即

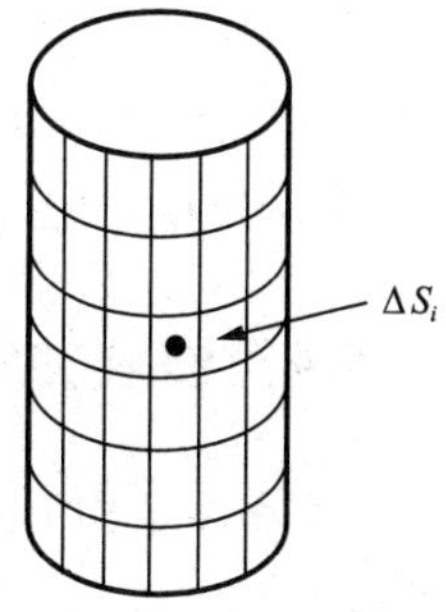

图 7-8　三维物体湿表面单元的划分示意图

$$-f_i(x_i,y_i,z_i)+\frac{1}{2\pi}\iint_S f_j(\xi_j,\eta_j,\zeta_j)\frac{\partial G(x_i,y_i,z_i;\xi_j,\eta_j,\zeta_j)}{\partial n}\mathrm{d}S = 2u_{ni}(x_i,y_i,z_i) \tag{7-50}$$

由于假定源强度 f 在每一 ΔS_j 上均匀分布，其数值等于每一平面单元形心点处的 f，则可把 f 移到积分号外

$$-f_i+\sum_{j=1}^{N}a_{ij}f_j=2u_{ni}\quad i,j=1,2,3,\cdots,N \tag{7-51}$$

式中

$$a_{ij}=\frac{1}{2\pi}\iint_{\Delta S_j}\frac{\partial G(x_i,y_i,z_i;\xi_j,\eta_j,\zeta_j)}{\partial n}\mathrm{d}S \tag{7-52}$$

由入射波速度势

$$\phi_I=-i\frac{gH}{2\omega}\frac{\cosh kz}{\cosh kd}\mathrm{e}^{ikx} \tag{7-53}$$

得到

$$b=u_n=i\frac{gH}{2\omega}k\,\mathrm{e}^{ikx}\left(i\frac{\cosh kz}{\cosh kd}n_x+\frac{\sinh kz}{\cosh kd}n_z\right) \tag{7-54}$$

也可以把式(7-51)写成矩阵形式

$$\{f\}=2[\alpha-I]^{-1}\{b\} \tag{7-55}$$

式中，I 表示单位矩阵。一旦计算出系数矩阵 $[\alpha]$ 和列矢量 $\{b\}$，就可以由式(7-55)求解出源强度 f。

同样，把式(7-40)写成离散形式，结构物表面控制点 i 处散射势为

$$\phi_{Di}=\sum_{j=1}^{N}\beta_{ij}f_j\quad i,j=1,2,3,\cdots,N \tag{7-56}$$

式中

$$\beta_{ij}=\frac{1}{4\pi}\iint_{\Delta S_j}G(x_i,y_i,z_i;\xi_j,\eta_j,\zeta_j)\mathrm{d}S \tag{7-57}$$

式(7-56)的矩阵形式为

$$\{\phi_D\}=[\beta]\{f\} \tag{7-58}$$

需要注意的是,在计算系数矩阵$[\alpha]$和$[\beta]$时,需要计算 Green 函数 G 及其导数。积分形式的 Green 函数和级数形式的 Green 函数分别含有无穷积分和无穷级数,如何计算,读者可查阅相关文献。

7.3.4 波浪力的计算

作用在结构上的波浪力,可根据 Bernoulli 方程计算。物体淹湿表面上任一点的压力可表示为

$$p(x_i,y_i,z_i,t)=-\rho\frac{\partial\Phi}{\partial t}=i\rho\omega[\phi_I(x_i,y_i,z_i)+\phi_D(x_i,y_i,z_i)]\mathrm{e}^{-i\omega t} \tag{7-59}$$

于是,沿淹湿物面上的压力积分便可得到作用在结构上的波浪力的水平和垂向分量,以及倾覆力矩:

$$F_x(t)=\iint_S p(x,y,z,t)n_x\mathrm{d}S \tag{7-60}$$

$$F_y(t)=\iint_S p(x,y,z,t)n_y\mathrm{d}S \tag{7-61}$$

$$M_z(t)=\iint_S p(x,y,z,t)(xn_y-yn_x)\mathrm{d}S \tag{7-62}$$

一般认为,作用在物体上的波浪力与物面的分块的多少有关。在三种分量中,比较而言,力矩对分块的数量稍稍敏感一些。

7.4 大尺度水下潜体上的波浪力

对大尺度潜体上的波浪力可用上一节中介绍的数值计算方法进行计算,但目前工程设计中仍然广泛采用弗汝德-克雷洛夫(Froude-krylov)假定法进行计算。这是因为它虽然是一种近似的方法,但是简单,又基于模型试验,可以得到一定精度的计算结果。尤其适用于结构特征尺度与波长比(D/L)中等且足够大,以致惯性力比阻力大很多,但又并不大到必须仔细考虑绕射影响程度的情况。

7.4.1　弗汝德-克雷洛夫假定法

所谓弗汝德-克雷洛夫(Froude-Krylov)假定法,就是假定入射波动场原来的波压强分布不因潜体的存在而改变。先计算出未受扰动的入射波压强对潜体上的作用力,再乘以反映附加质量效应和绕射效应的绕射系数 C 进行修正(绕射系数需要通过模型试验给予确定)。

采用 F-K 假定,则作用在整个潜体上的波浪力一般表达式为

$$F = CF_K \tag{7-63}$$

式中的 F_K 可以用 $F_K = \rho V_0 \left(\frac{\mathrm{d}u_x}{\mathrm{d}t}\right)_a$ 表示。其中 $\left(\frac{\mathrm{d}u_x}{\mathrm{d}t}\right)_a$ 是指当潜体不存在时,在排水体积 V_0 内未扰动水体的平均全加速度。因为排水体积 V_0 内各未扰动入射波水质点的加速度是不同的,所以一般是直接通过在潜体表面上任一点的未扰动入射波波压强在整个潜体表面上的积分而得到。所以作用在整个潜体上的水平波力和垂直波力可分别表示为

$$F_x = C_H \iint_S p_x \mathrm{d}S \tag{7-64}$$

$$F_z = C_V \iint_S p_z \mathrm{d}S \tag{7-65}$$

式中,p_x 为潜体表面任一点上未扰动入射波的波压强在水平面 x 轴方向的分量,p_z 为潜体表面任一点未扰动入射波的波压强在垂直方向的分量;$\mathrm{d}S$ 为潜体基元表面积;S 为潜体总表面积;C_H 为水平绕射系数;C_V 为垂直绕射系数。

若入射波采用线性波,则未扰动入射波在潜体表面上任一点的波压强为

$$p = \frac{\rho g H}{2} \frac{\cosh kz}{\cosh kd} \cos(kx - \omega t) \tag{7-66}$$

将上式代入式(7-64)和式(7-65)进行积分,再选定适宜的绕射系数便可得到作用在潜体上的波浪力。下面分别对几种常见的理想形状潜体,例如长方(正方)潜体、圆柱潜体、半球潜体、水平柱体上的波浪力进行计算。

总的来说,Froude-Krylov 理论假定认为结构周围的波浪场不因物体的存在而改变,这是一种相当苛刻的假定,一般与实际不符。不过,在海洋结构设计的论证阶段,结构尺度的大致范围可通过了解波浪力的数量概念进行确定。此时,采用最简洁而又有一定准确度的方法进行估算是相当好的方法,也是优秀工程人员最常用的方法。Froude-Krylov 力正好适合此种情形。一般认为,当结构尺度与波长相比较变化很小时,作用在其上的波浪力将与 Froude-Krylov 力成正比,并可通过引

入某种系数进行修正得到实际波浪力。

7.4.2 长方潜体上的波浪力

设有一尺度为 l_1,l_2 和 l_3 的方形潜体(l_1 为潜体沿波向的长度,l_2 为潜体的宽度,l_3 为潜体的高度)位于水深为 d 的海中,潜体的中心至海底的距离为 s,如图 7-9 示。波高为 H 的入射波沿 x 方向传播,x 轴沿波浪传播方向为正,z 轴向上为正。

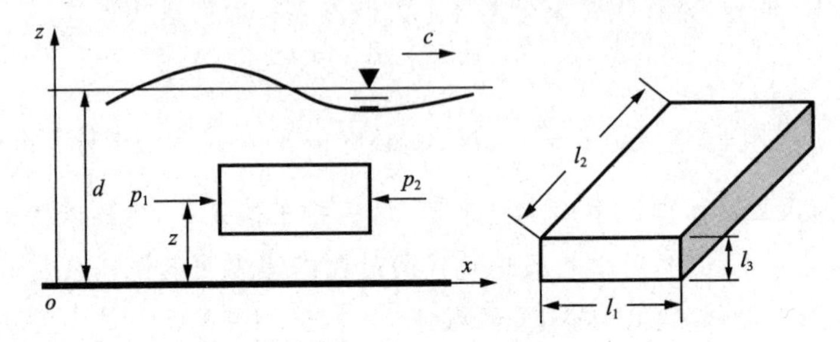

图 7-9 长方潜体水平波力计算的坐标系统

作用在长方潜体迎波面($x = x_1$)上的动压力为

$$
\begin{aligned}
F_1 &= C_H \iint_S p_x \mathrm{d}S \\
&= C_H l_2 \left[\int_{s-l_3/2}^{s+l_3/2} p_x(x_1, z, t) \mathrm{d}z \right] \\
&= C_H \frac{\rho g H l_2}{2k} \frac{\cos(kx_1 - \omega t)}{\cosh kd} \left[\sinh k\left(s + \frac{l_3}{2}\right) - \sinh k\left(s - \frac{l_3}{2}\right) \right]
\end{aligned} \tag{7-67}
$$

利用三角恒等式,则上式可以写为

$$
F_1 = C_H \frac{\rho g H l_2 l_3}{2} \frac{\cos(kx_1 - \omega t)}{\cosh kd} \cosh ks \frac{\sinh(kl_3/2)}{kl_3/2} \tag{7-68}
$$

同理,作用在长方潜体背波面($x = x_1 + l_1$)上的动压力为

$$
\begin{aligned}
F_2 &= C_H l_2 \left[\int_{s-l_3/2}^{s+l_3/2} p_x(x_1 + l_1, z, t) \mathrm{d}z \right] \\
&= C_H \frac{\rho g H l_2 l_3}{2} \frac{\cos[k(x_1 + l_1) - \omega t]}{\cosh kd} \cosh ks \frac{\sinh(kl_3/2)}{kl_3/2}
\end{aligned} \tag{7-69}
$$

于是作用在长方潜体上的水平波力为

$$
F_x = C_H \frac{\rho g H k l_1 l_2 l_3}{2} \frac{\cosh ks}{\cosh kd} \frac{\sinh(kl_3/2)}{kl_3/2} \frac{\sin(kl_1/2)}{kl_1/2} \sin[k(x_1 + l_1/2) - \omega t] \tag{7-70}
$$

注意到在方形潜体中心($x = x_1 + l_1/2, z = s$)处的加速度为

$$\frac{\partial u_x}{\partial t}=\frac{gHk}{2}\frac{\cosh ks}{\cosh kd}\sin[k(x_1+l_1/2)-\omega t] \tag{7-71}$$

于是方形潜体上水平波浪力同样也可以写为

$$F_x=C_H\rho V\frac{\sinh(kl_3/2)}{kl_3/2}\frac{\sin(kl_1/2)}{kl_1/2}\frac{\partial u_x}{\partial t} \tag{7-72}$$

当结构物的尺寸相比波长非常小时，存在如下关系

$$\left.\frac{\sinh(kl_3/2)}{kl_3/2}\frac{\sin(kl_1/2)}{kl_1/2}\right|_{l_1,l_3\to 0}\to 1 \tag{7-73}$$

公式(7-72)即退化为小直径柱体上惯性力计算公式。

类似地，可以计算得到潜体垂直方向上的波浪力为

$$F_z=C_V\rho V\frac{\sinh(kl_3/2)}{kl_3/2}\frac{\sin(kl_1/2)}{kl_1/2}\frac{\partial u_z}{\partial t} \tag{7-74}$$

需要注意的是，如果潜体落在不透水的海底上，底面上不受波浪力的影响，则此时潜体垂直方向上的波浪力为

$$F_z=-C_V\rho V\frac{\coth(kl_3)}{kl_3}\frac{\sin(kl_1/2)}{kl_1/2}\frac{\partial u_z}{\partial t} \tag{7-75}$$

位于海底的长方潜体，其所受到的垂直波力具体如下。

(1) 潜体位于透水层上，其底面受波浪的作用，此时作用在长方潜体上的垂直波力为

$$F_z=-C_V\frac{\rho gHl_2}{k}\frac{(\cosh kl_3-1)}{\cosh kd}\sin\frac{1}{2}kl_1\cos[k(x_1+l_1/2)-\omega t] \tag{7-76}$$

(2) 潜体位于不透水层上，底面不受波浪的作用，此时作用在长方潜体上的垂直波力为

$$F_z=-C_V\frac{\rho gHl_2}{k}\frac{\cosh kl_3}{\cosh kd}\sin\frac{1}{2}kl_1\cos[k(x_1+l_1/2)-\omega t] \tag{7-77}$$

由式(7-76)和式(7-77)可以看出，位于海底上的潜体底面受到波浪作用，使潜体垂直方向的受力情况得到改善。鉴于潜体底面受到的波浪作用将随透水土层的透水性不同而有所变化。故在工程设计中，从结构物的安全角度出发，通常多按底面不受波浪作用的情况计算位于海底上潜体的垂直波力。

作用在位于海底的长方潜体上的水平波力矩为

$$M_H=-C_H\frac{\rho gHl_2}{k}\frac{\sinh kl_3}{\cosh kd}\left(l_3-\frac{\cosh kl_3-1}{k\sinh kl_3}\right)\sin\frac{1}{2}kl_1\sin[k(x_1+l_1/2)-\omega t] \tag{7-78}$$

于是长方潜体的水平波力作用点离海底的距离为

$$\mathrm{e}=\frac{M_H}{F_H}=l_3-\frac{\cosh kl_3-1}{k\sinh kl_3} \tag{7-79}$$

长方潜体的水平绕射系数 C_H 和垂直绕射系数 C_V 值需通过模型试验确定。对于一定相对尺度(相对长度 l_1/L 和相对高度 l_3/L)的长方潜体来说，相对水深 d/L 和波陡 H/L 对 C_H，C_V 均有一定的影响，但 C_H 和 C_V 值主要决定于潜体本身的相对尺度。从国内外的模型试验来看，由于试验条件不完全相同，所以得到的 C_H 和 C_V 的数值也有较大差别。

Herbich，J. B. (1974)建议长方潜体的 $C_H = 1.8 \sim 2.0$，$C_V = 2.7$。美国《近海活动式钻井平台建造与入级规范》(1980)建议坐底长方潜体的 C_H 为

$$C_H = \left(1.0 + \frac{2l_3}{l_1}\right)\frac{(l_2/l_3)^2}{1+(l_2/l_3)^2} \tag{7-80}$$

7.4.3 直立圆柱潜体上的波浪力

考虑一半径为 a、高度为 l_3 的圆柱体位于水深为 d 的波浪场中，圆柱体中心至海底的距离为 s，圆柱体及坐标系如图 7-10 所示。引入圆柱坐标系统(r,θ,z)，则圆柱面上任一点的柱坐标为

$$\begin{cases} x = a\cos\theta \\ y = a\sin\theta \\ z = z \end{cases} \tag{7-81}$$

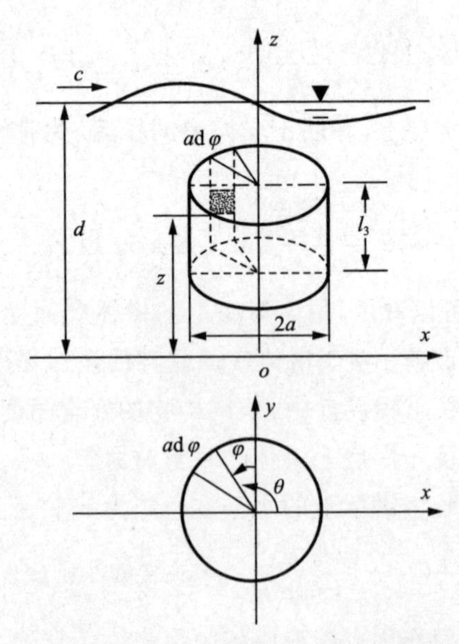

图 7-10 圆柱潜体水平波浪力计算的坐标系统

令 $\theta = \frac{\pi}{2} + \varphi$，此时未扰动入射波在圆柱面上任一点的波压强为

$$\begin{aligned} p &= \frac{\rho g H}{2} \frac{\cosh kz}{\cosh kd} \cos(ka\cos\theta - \omega t) \\ &= \frac{\rho g H}{2} \frac{\cosh kz}{\cosh kd} [\cos(ka\sin\varphi)\cos\omega t - \sin(ka\sin\varphi)\sin\omega t] \end{aligned} \tag{7-82}$$

对位于高度 z 处的小微元 $\mathrm{d}s = a\mathrm{d}\varphi\mathrm{d}z$，作用于小微元上的波压力为 pds，则作用在圆柱体上的水平波浪力为

$$\begin{aligned} F_H &= C_H \iint_S p_x \mathrm{d}s \\ &= C_H \int_{s-l_{3/2}}^{s+l_3/2} \int_0^{2\pi} -p\cos\theta a\,\mathrm{d}\theta\mathrm{d}z \\ &= C_H \int_{s-l_{3/2}}^{s+l_3/2} \int_0^{2\pi} p\sin\varphi a d\varphi\mathrm{d}z \\ &= C_H \frac{\rho g H a}{2\cosh kd} \int_{s-l_{3/2}}^{s+l_3/2} \cosh kz\mathrm{d}z \int_0^{2\pi} [\cos(ka\sin\varphi)\cos\omega t - \sin(ka\sin\varphi)\sin\omega t]\sin\varphi\mathrm{d}\varphi \\ &= C_H \frac{\pi\rho g H a}{k\cosh kd} 2\cosh ks\sinh(kl_3/2) J_1(ka)\sin\omega t \end{aligned} \tag{7-83}$$

引入水下柱体的体积及柱体中心处的水质点水平加速度

$$V = \pi a^2 l_3, \frac{\partial u_x}{\partial t} = \frac{gHk}{2} \frac{\cosh ks}{\cosh kd} \sin(\omega t) \tag{7-84}$$

则作用在圆柱体上的水平波浪力为

$$F_H = C_H \rho V \frac{2J_1(ka)}{ka} \frac{\sinh(kl_3/2)}{kl_3/2} \frac{\partial u_x}{\partial t} \tag{7-85}$$

类似地，可以求出垂直波力和水平波浪力矩。Hogben，N. 和 Standing，R. G(1975)给出了如下形式的水平和垂直绕射力系数。

$$C_H = 1 + 0.75\left(\frac{l_3}{D}\right)^{1/3}\left[1 - 0.3\left(\frac{\pi D}{L}\right)^2\right] \tag{7-86}$$

$$C_V = 1 + 0.74\left(\frac{\pi D}{L}\right)^2 \frac{l_3}{D},\quad \frac{\pi l_3}{L} < 1 \tag{7-87}$$

$$C_V = 1 + \frac{\pi D}{2L},\quad \frac{\pi l_3}{L} > 1 \tag{7-88}$$

Hogben，N 和 Standing，R G(1974)通过模型试验得到圆柱潜体的 C_H 和 C_V 值，如表 7-2 所列。

表 7-2　圆柱潜体的 C_H 和 C_V

圆柱相对半径 ka	相对水深 $\frac{d}{a}$	圆柱高宽比 $\frac{l_3}{2a}$	相对柱高 $\frac{l_3}{d}$	水平绕射系数 C_H	垂直绕射系数 C_V
0.1	5	0.75	0.30	1.70	1.01
	5	1.75	0.70	1.89	1.02
	10	0.75	0.15	1.70	1.01
0.2	2.5	0.50	0.40	1.63	1.02
	2.5	0.75	0.60	1.76	1.03
	2.5	1.00	0.80	1.87	1.06
	5	0.25	0.10	1.44	1.01
	5	0.50	0.20	1.60	1.02
	5	0.75	0.30	1.70	1.03
	5	1.25	0.50	1.81	1.05
	5	1.75	0.70	1.89	1.08
	5	2.25	0.90	1.98	1.15
	8	1.75	0.44	1.89	1.08
	8	2.25	0.56	1.89	1.09
0.5	2.5	0.50	0.40	1.60	1.12
	2.5	0.75	0.60	1.71	1.20
	2.5	1.00	0.80	1.85	1.42
	5	0.25	0.10	1.42	1.04
	5	0.50	0.20	1.57	1.10
	5	0.75	0.30	1.66	1.15
	5	1.25	0.50	1.74	1.23
	5	1.75	0.70	1.78	1.28
	5	2.25	0.90	1.90	1.63
	8	1.75	0.44	1.78	1.28
	8	2.25	0.56	1.80	1.27
1	2.5	0.25	0.20	1.34	1.17
	2.5	0.50	0.40	1.44	1.33
	2.5	0.75	0.60	1.49	1.43
	2.5	1.00	0.80	1.54	1.57
	5	0.75	0.30	1.54	1.43
	5	1.00	0.40	1.58	1.48
	5	1.25	0.50	1.59	1.49
	5	1.50	0.60	1.59	1.48
	5	1.75	0.70	1.58	1.46
	7	1.50	0.43	1.62	1.52
	7	1.75	0.50	1.63	1.53

7.4.4 水平圆柱潜体上的波浪力

考虑一水平放置的柱体，完全淹没在波浪场中。假定柱体足够长，端部影响可忽略，问题可化为二维问题。柱体半径为 a，长为 l，柱体轴距海底的高度为 s_0，如图 7-11 所示。波向垂直于柱体轴线。建立坐标系如下，波浪方向为 x 轴正向，y 轴平行于柱体轴线，z 轴竖直向上，坐标原点在海底。引入柱坐标系 (r,θ,y)，则柱坐标与直角坐标系的转换关系为

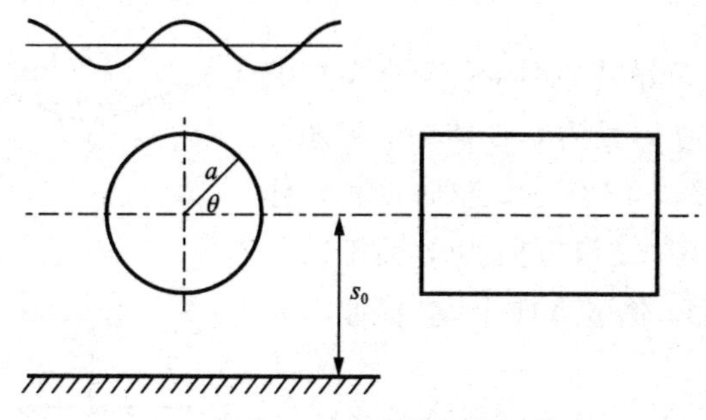

图 7-11 水平圆柱体

$$\begin{cases} x = a\cos\theta \\ y = y \\ z = a\sin\theta + s_0 \end{cases} \tag{7-89}$$

在圆柱体上取长度为 l 的面元，则 $\mathrm{d}S$ 可表示为 $\mathrm{d}S = al\mathrm{d}\theta$，于是圆柱体上的压强和水平波力分别为

$$p = \frac{\rho g H}{2}\frac{\cosh kz}{\cosh kd}\cos(ka\cos\theta - \omega t) \tag{7-90}$$

$$F_x = C_H\frac{\rho g Hal}{2\cosh kd}\int_0^{2\pi}\cosh k(a\sin\theta + s_0)\cos(ka\cos\theta - \omega t)\cdot\cos\theta\mathrm{d}\theta \tag{7-91}$$

经过计算可以得到

$$F_x = C_H\frac{\rho g Hal}{2\cosh kd}ka\pi\cosh ks_0\sin\omega t \tag{7-92}$$

引入柱体体积 $V = \pi a^2 l$ 和柱体轴上水质点的水平加速度

$$\frac{\partial u_x}{\partial t} = \frac{gkH}{2}\frac{\cosh ks_0}{\cosh kd}\sin\omega t \tag{7-93}$$

则

$$F_x = C_H\rho V\frac{\partial u_x}{\partial t} \tag{7-94}$$

类似地，可以得到作用与水平柱体上的垂向波力为

$$F_z = -C_V\rho V\frac{\partial u_z}{\partial t} \tag{7-95}$$

其中当 ka 处于 0～1.0 之间时，如果波高不太大且圆柱体离开海底至少一个半径的距离，绕射系数 C_H 可取为 2.0，C_V 可取为 2.0。当 $ka>1$ 时，绕射系数可能会非常大。

7.4.5 水平半圆柱潜体上的波浪力

考虑一水平放置的半柱体，完全淹没在波浪场中。柱体半径为 a，长为 l，柱体中心轴距海底的高度为 s_0，如图 7-12 所示。波向垂直柱体轴。建立坐标系如下，波浪方向为 x 轴正向，y 轴平行于柱体轴线，z 轴竖直向上，坐标原点在海底。

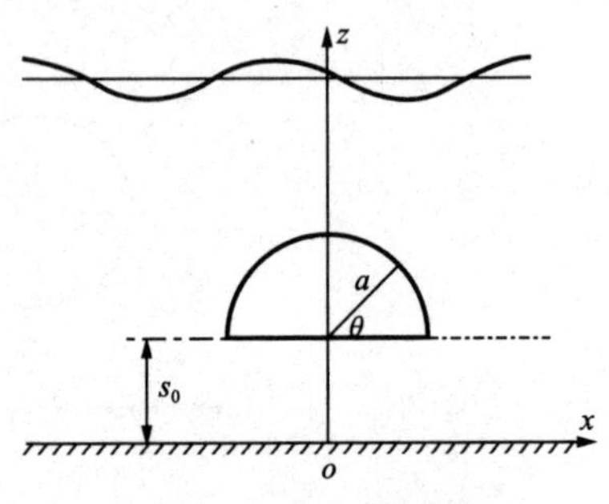

图 7-12 水平半圆柱体

同作用于圆柱体上的波浪力求解方式类似，作用于半圆柱体上的水平波力为

$$F_x = C_H\frac{\rho gHal}{2\cosh kd}\int_0^{\pi}\cosh k(a\sin\theta+s_0)\cos(ka\cos\theta-\omega t)\cdot\cos\theta\mathrm{d}\theta \tag{7-96}$$

经过计算可以得到

$$F_x = C_H\frac{\pi\rho gHka^2l}{4\cosh kd}[\cosh ks_0+C_1(ka)\sinh ks_0]\sin\omega t \tag{7-97}$$

式中

$$C_1(ka)=\frac{2}{\pi}\left[\frac{\cos(ka)}{ka}-\frac{\sin(ka)}{(ka)^2}+\int_0^{ka}\frac{\sin\alpha}{\alpha}\mathrm{d}\alpha\right] \tag{7-98}$$

引入半柱体的体积 $V=\pi a^2l/2$ 及柱体轴上水质点的水平加速度和垂向速度

$$\frac{\partial u_x}{\partial t}=\frac{gkH}{2}\frac{\cosh ks_0}{\cosh kd}\sin\omega t \tag{7-99}$$

$$u_z=\frac{gkH}{2\omega}\frac{\sinh ks_0}{\cosh kd}\sin\omega t \tag{7-100}$$

则作用于半圆柱体上的水平波力可以写为

$$F_x = C_H\rho V\left[\frac{\partial u_x}{\partial t}+C_1(ka)u_z\omega\right] \tag{7-101}$$

当半圆柱体坐底时，$s_0=0$，$u_z=0$，则公式(7-101)可以简化为

$$F_x = C_H\rho V\frac{\partial u_x}{\partial t} \tag{7-102}$$

具有与水平圆柱体相同的公式。类似地，可以得到作用于半圆柱体上的垂向波浪力为

$$F_z = C_V \frac{\pi \rho g H k a^2 l}{4\cosh kd}[\sinh ks_0 + C_2(ka)\cosh ks_0]\cos \omega t \tag{7-103}$$

式中

$$C_2(ka) = \frac{2}{\pi}\left[\frac{\cos(ka)}{ka} + \frac{\sin(ka)}{(ka)^2} + \int_0^{ka} \frac{\sin \alpha}{\alpha} d\alpha\right] \tag{7-104}$$

引入半柱体轴上水质点的水平速度和垂向加速度分量

$$u_x = \frac{gkH}{2\omega}\frac{\cosh ks_0}{\cosh kd}\cos \omega t \tag{7-105}$$

$$\frac{\partial u_z}{\partial t} = -\frac{gkH}{2}\frac{\sinh ks_0}{\cosh kd}\cos \omega t \tag{7-106}$$

则作用于半圆柱体上的垂向波力可以写为

$$F_z = C_V \rho V\left[\frac{\partial u_z}{\partial t} + C_2(ka)u_x\omega\right] \tag{7-107}$$

其中当 ka 处于 0～1.0 之间时，如果波高不太大且半圆柱体离开海底至少一个半径的距离，绕射系数 C_H 可取为 2.0，C_V 可取为 1.1。

7.4.6 半球潜体上的波浪力

半径为 a 的半球淹没于水深为 d 的波浪场中，半球的圆心与海底的距离为 s_0。为了便于半球面积分，引入球坐标(r,θ,α)，如图 7-13 所示，则半球面上任一点的坐标为

$$\begin{cases} x = a\sin \theta\cos \alpha \\ y = a\cos \theta\sin \alpha \\ z = a\cos \theta + s_0 \end{cases} \tag{7-108}$$

对球面上的一个小微元，其面积和法线方向余弦分别为

$$\begin{cases} \mathrm{d}s = a \cdot \mathrm{d}\theta \cdot a\sin \theta \cdot \mathrm{d}\alpha \\ n_x = \sin \theta\cos \alpha \\ n_y = \cos \theta \end{cases} \tag{7-109}$$

则未扰动入射波在半球面上任一点的波压强为

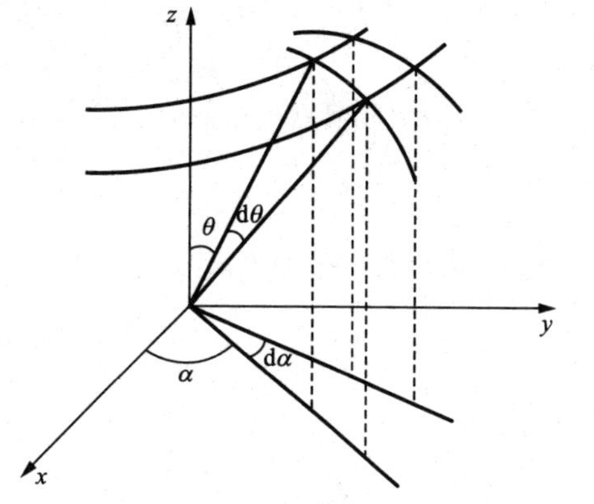

图 7-13 球体坐标系

$$p = \frac{\rho g H}{2}\frac{\cosh[k(a\cos \theta + s_0)]}{\cosh kd}\cos(ka\sin \theta\cos \alpha - \omega t) \tag{7-110}$$

于是作用于半球上的 x 方向水平波浪力为

$$F_x = C_H \iint_S p n_x \mathrm{d}s$$

$$= C_H \frac{\rho g H a^2}{2\cosh kd} \int_0^{\pi/2} \cosh k(a\cos\theta + s_0)\sin^2\theta \times \quad (7\text{-}111)$$

$$\left[\int_0^{2\pi} \cos(ka\sin\theta\cos\alpha - \omega t)\cdot\cos\alpha \mathrm{d}\alpha\right]\mathrm{d}\theta$$

对上式进行积分,可以得到

$$F_x = C_H \frac{\pi\rho g H k a^3}{3\cosh kd}[\cosh ks_0 + C_3(ka)\sinh ks_0]\sin\omega t \quad (7\text{-}112)$$

式中

$$C_3(ka) = \frac{3}{ka}\int_0^{\pi/2} \sinh(ka\cos\theta) J_1(ka\sin\theta)\sin^2\theta \mathrm{d}\theta \quad (7\text{-}113)$$

上式也可以写成级数形式如下

$$C_3(ka) = 3\sum_{n=0}^{\infty} \frac{2^n n!}{(2n+1)!}(ka)^{n-1} J_{n+2}(ka) \quad (7\text{-}114)$$

引入半球体的体积 $V = 2\pi a^3/3$ 及球体中心处的水平加速度和垂向速度

$$\frac{\partial u_x}{\partial t} = \frac{gkH}{2}\frac{\cosh ks_0}{\cosh kd}\sin\omega t \quad (7\text{-}115)$$

$$u_z = \frac{gkH}{2\omega}\frac{\sinh ks_0}{\cosh kd}\sin\omega t \quad (7\text{-}116)$$

则作用于半球体上的水平波力可以写为

$$F_x = C_H \rho V\left[\frac{\partial u_x}{\partial t} + C_3(ka) u_z \omega\right] \quad (7\text{-}117)$$

当半球体坐底时,$s_0 = 0, u_z = 0$,则公式(7-117)可以简化为

$$F_x = C_H \rho V \frac{\partial u_x}{\partial t} \quad (7\text{-}118)$$

同理,可以得到 y 项作用力为

$$F_y = C_H \frac{\pi\rho g H k a^3}{3\cosh kd}[\sinh ks_0 + C_4(ka)\cosh ks_0]\cos\omega t \quad (7\text{-}119)$$

式中

$$C_4(ka) = \frac{3}{ka}\int_0^{\pi/2} \cosh(ka\cos\theta) J_1(ka\sin\theta)\sin\theta\cos\theta \mathrm{d}\theta \quad (7\text{-}120)$$

或者写为级数形式如下

$$C_4(ka) = 3\sum_{n=0}^{\infty} \frac{2^n n!}{(2n)!}(ka)^{n-2} J_{n-1}(ka) \quad (7\text{-}121)$$

考虑到半球体的体积及球体中心处的水平加速度和垂向速度，公式(7-119)也可以写为

$$F_y = C_H \rho V\left[\frac{\partial u_z}{\partial t} + C_4(ka)u_x\omega\right] \tag{7-122}$$

其中当ka处于0～0.8之间时，如果波高不太大且球体离开海底一个半径的距离，绕射系数C_H可取为1.5，C_V可取为1.1。

不同ka时的积分函数C_1～C_4参见表7-3所示。

表7-3 积分函数$C_1(ka)$～$C_4(ka)$的值

ka	$C_1(ka)$	$C_2(ka)$	$C_3(ka)$	$C_4(ka)$
0.1	0.037	15.019	0.042	12.754
0.2	0.075	7.537	0.085	6.409
0.3	0.112	5.056	0.127	4.308
0.4	0.149	3.825	0.169	3.268
0.5	0.186	3.093	0.210	2.652
0.6	0.223	2.612	0.252	2.249
0.7	0.259	2.273	0.292	1.966
0.8	0.295	2.024	0.332	1.760
0.9	0.330	1.836	0.372	1.603
1.0	0.365	1.685	0.411	1.482
1.5	0.529	1.273	0.591	1.156
2.0	0.673	1.105	0.745	1.034
2.5	0.792	1.031	0.867	0.989
3.0	0.886	0.999	0.957	0.971
3.5	0.955	0.989	1.015	0.978
4.0	1.000	0.987	1.045	0.985
4.5	1.025	0.990	1.054	0.993
5.0	1.034	0.994	1.047	0.998

7.5 固定物体上的二阶波浪力

前面讲述的波浪对大尺度固定结构物上的波浪力都是具有波浪频率的线性波浪力(即一阶波浪力)。在波浪作用中，不仅线性波浪力(一阶波浪力)是重要的，而且非线性波浪力也具有不可忽视的重要性。因为非线性波浪力的作用频率与一阶波浪力的频率是不同的，可能与结构的自然频率更为接近。在非线性波浪力中，以二阶波浪力尤为吸引人们的注意力，因为不规则波二阶波浪力含有低频和高频两部分，低频部分与系泊浮体的纵荡（横荡）等运动固有周期接近，可引起系泊浮体大幅值运动；高频部分则与张力腿平台垂荡运动固有周期接近，引起张力腿平台的高频弹振（Springing），造成结构的疲劳破坏。对规则波，以上两部分二阶波浪力成为二阶定常力和倍频力。

7.5.1 二阶绕射问题控制方程

假设流体为理想不可压缩流体，运动无旋。考虑结构物的存在对入射波的干扰后的稳定波动场的速度势函数用 $\Phi(x,y,z,t)$ 来表示，则速度势函数 $\Phi(x,y,z,t)$ 在整个波动场内满足以下控制方程和边界条件

$$\nabla^2\Phi = \frac{\partial^2\Phi}{\partial x^2} + \frac{\partial^2\Phi}{\partial y^2} + \frac{\partial^2\Phi}{\partial z^2} = 0 \tag{7-123a}$$

$$\left.\frac{\partial\Phi}{\partial z}\right|_{z=\eta} = \frac{\partial\eta}{\partial t} + \left.\frac{\partial\eta}{\partial x}\frac{\partial\Phi}{\partial x}\right|_{z=\eta} + \left.\frac{\partial\eta}{\partial y}\frac{\partial\Phi}{\partial y}\right|_{z=\eta} \tag{7-123b}$$

$$\left.\frac{\partial\Phi}{\partial t}\right|_{z=\eta} + \frac{1}{2}\left.(\nabla\Phi\cdot\nabla\Phi)\right|_{z=\eta} + g\eta = 0 \tag{7-123c}$$

$$\left.\frac{\partial\Phi}{\partial z}\right|_{z=-d} = 0 \tag{7-123d}$$

$$\left.\frac{\partial\Phi}{\partial n}\right|_{S(x,y,z)=0} = 0 \tag{7-123e}$$

$$\lim_{r\to\infty}\sqrt{r}\left(\frac{\partial\Phi_D}{\partial r} - ik\Phi_D\right) = 0 \tag{7-123f}$$

式(7-123e)是物面条件，表明在结构物的表面（物面用 $S(x,y,z)=0$ 表示）上，流体的法向速度为零。式(7-123f)为物体无穷远处的辐射边界条件（即 Sommerfeld 条件），r 为径向距离。式(7-123a)至式(7-123f)组成了绕射问题的基本方程和边界条件。

将速度势做摄动展开，分解为一阶势 $\Phi^{(1)}$ 加二阶势 $\Phi^{(2)}$，即

$$\Phi = \Phi^{(1)} + \Phi^{(2)} + \cdots \tag{7-124}$$

同时将一阶势 $\Phi^{(1)}$ 和二阶势 $\Phi^{(2)}$ 分解为入射势和绕射势之和，即

$$\begin{aligned}\Phi^{(1)} &= \Phi_I^{(1)} + \Phi_D^{(1)} \\ &= [\phi_I^{(1)}(x,y,z) + \phi_D^{(1)}(x,y,z)]e^{-i\omega t}\end{aligned} \tag{7-125}$$

$$\begin{aligned}\Phi^{(2)} &= \Phi_I^{(2)} + \Phi_D^{(2)} \\ &= [\phi_I^{(2)}(x,y,z) + \phi_D^{(2)}(x,y,z)]e^{-i\omega t}\end{aligned} \tag{7-126}$$

由 3.1 节已经得到了一阶入射势 $\Phi_I^{(1)}$ 和二阶入射势 $\Phi_I^{(2)}$ 的表达式。将式(7-125)和式(7-126)代入绕射问题的基本方程和边界条件中，采用同 3.1 节类似的方法，即可以将上述问题分解为一阶绕射问题和二阶绕射问题(邹志利,2005)。

一阶问题：

$$\nabla^2 \phi_D^{(1)} = 0 \tag{7-127a}$$

$$\frac{\partial \phi_D^{(1)}}{\partial z} - \frac{\omega^2}{g}\phi_D^{(1)} = 0(z = 0) \tag{7-127b}$$

$$\frac{\partial \phi_D^{(1)}}{\partial z} = 0(z = -d) \tag{7-127c}$$

$$\frac{\partial \phi_D^{(1)}}{\partial n} = -\frac{\partial \phi_I^{(1)}}{\partial n}(\text{物面 } S(x,y,z) = 0) \tag{7-127d}$$

$$\lim_{r\to\infty}\sqrt{r}\left(\frac{\partial \phi_D^{(1)}}{\partial r} - ik\phi_D^{(1)}\right) = 0 \tag{7-127e}$$

式(7-127e)为 Sommerfeld 辐射条件式，即一阶绕射波是由物面上法向速度 $-\partial\phi_I^{(1)}/\partial n$ 所产生。该法向速度属局部扰动，其产生的波浪应向四周传播。

二阶问题：

$$\nabla^2 \phi_D^{(2)} = 0 \tag{7-128a}$$

$$\frac{\partial \phi_D^{(2)}}{\partial z} - 4\frac{\omega^2}{g}\phi_D^{(2)} = F_d(z = 0) \tag{7-128b}$$

$$\frac{\partial \phi_D^{(2)}}{\partial z} = 0(z = -d) \tag{7-128c}$$

$$\frac{\partial \phi_D^{(2)}}{\partial n} = -\frac{\partial \phi_I^{(2)}}{\partial n}(\text{物面 } S(x,y,z) = 0) \tag{7-128d}$$

$$\text{辐射条件}, r \to \infty \tag{7-128e}$$

式中 F_d 为二阶自由表面条件非齐次项。求解方程组(7-127)和(7-128)，可以分别得到一阶和二阶绕射势 $\phi_D^{(1)}$ 和 $\phi_D^{(2)}$，代入式(7-125)和式(7-126)，从而得到波动场总的一阶势 $\Phi^{(1)}$ 和二阶势 $\Phi^{(2)}$。

7.5.2 作用在结构物上的波浪力

若求得波动场的一阶势 $\Phi^{(1)}$ 和二阶势 $\Phi^{(2)}$ 后，代入非定常无旋运动的伯努利方程(1.23)中，即可以得到波动场中结构物表面上的波压强分布 p。

$$p = -\rho g z - \rho \frac{\partial \Phi}{\partial t} - \frac{\rho}{2}(\nabla\Phi \cdot \nabla\Phi) \tag{7-129}$$

最终可以得到作用在结构物上的波浪力和波浪力矩分别为

$$F = \iint_S - p\mathbf{n}\mathrm{d}s \tag{7-130}$$

$$M = \iint_S - p(\mathbf{r} \times \mathbf{n})\mathrm{d}s \tag{7-131}$$

式中，S 为结构物的瞬时湿表面；$\mathbf{n}$ 为结构物外表面的单位法向矢量；$\mathbf{r}$ 为结构物表面 S 上的某点到力矩点的径向矢量。需要注意的是，物体的瞬时湿表面 S 是随着波面而随时变化的(对绕射问题，物体静止不动，瞬时湿表面 S 的变化仅由波面变化引起；对辐射问题，物体运动也会造成瞬时湿表面 S 的变化)。记 $S = S_0 + \Delta S$，其中 S_0 为平均湿表面，ΔS 为瞬时湿表面 S 与平均湿表面 S_0 的差。计算一阶波浪力时不需要考虑 ΔS，而计算二阶波浪力时，则需要考虑压强在 ΔS 上的积分。

类似于速度势的摄动展开，波浪力也可以展开为

$$F = F^{(0)} + \varepsilon F^{(1)} + \varepsilon^2 F^{(2)} + \cdots \tag{7-132}$$

将速度势的摄动展开代入(7-129)并将压力沿湿表面积分，即可得到各阶波浪作用力。

零阶波浪力即为流体的静浮力

$$F_j^{(0)} = -\rho g \iint_{S_0} z n_j \mathrm{d}s, j = 1,2,3 \tag{7-133}$$

积分得到

$$F^{(0)} = (0, 0, \rho g V_0) \tag{7-134}$$

式中，V_0 为结构物的平均淹没体积。

一阶波浪力表达式

$$F_j^{(1)} = -\rho \iint_{S_0} \frac{\partial \Phi^{(1)}}{\partial t} n_j \mathrm{d}s, j = 1,2,3 \tag{7-135}$$

将(7-125)代入，则一阶波浪力的空间分量表达式为

$$F_j^{(1)} = \mathrm{Re}\{f_j^{(1)} \mathrm{e}^{-i\omega t}\} \tag{7-136}$$

$$f_j^{(1)} = -i\rho\omega \iint_{S_0} [\phi_I^{(1)} + \phi_D^{(1)}] n_j \mathrm{d}s \tag{7-137}$$

此即为波浪的线性激振力(Exciting Force)的表达式。右端第一项为入射波产生的波浪力(F-K 力)，第二项为绕射波产生的波浪力(绕射力)。

二阶波浪力表达式为

$$F_j^{(2)}=-\rho\iint_{S_0}\left[\frac{\partial\Phi^{(2)}}{\partial t}+\frac{1}{2}(\nabla\Phi^{(1)})^2\right]n_j\mathrm{d}s+\iint_{\Delta S}\left[-\frac{1}{\varepsilon^2}\rho g z-\frac{\rho}{\varepsilon}\frac{\partial\Phi^{(1)}}{\partial t}\right]n_j\mathrm{d}s$$

$$=-\rho\iint_{S_0}\left[\frac{\partial\Phi^{(2)}}{\partial t}+\frac{1}{2}(\nabla\Phi^{(1)})^2\right]n_j\mathrm{d}s+\frac{\rho}{2g}\int_{\Gamma}\left(\frac{\partial\Phi^{(1)}}{\partial t}\right)^2 n_j\mathrm{d}l \tag{7-138}$$

式中，Γ 为平均湿表面 S_0 与静水面的交线。可见，绕射问题的二阶力由三部分组成，即：① 二阶势引起；② 伯努利方程中速度的平方项引起；③ 物体瞬时湿表面变化引起。

对规则波，二阶波浪力包括两部分，即

$$F_j^{(2)}=\mathrm{Re}\{\overline{f}_j^{(2)}+f_j^{(2)}\mathrm{e}^{-i2\omega t}\} \tag{7-139}$$

式中二阶平均漂移力为

$$\overline{f}_j^{(2)}=-\frac{\rho}{4}\iint_{S_0}\nabla\phi^{(1)}\cdot\nabla\phi^{(1)*}n_j\mathrm{d}s-\frac{\rho\omega^2}{4g}\int_{\Gamma}\phi^{(1)}\phi^{(1)*}n_j\mathrm{d}l \tag{7-140}$$

二阶倍频力为

$$f_j^{(2)}=\rho\iint_{S_0}2i\omega\phi^{(2)}-\frac{1}{2}(\nabla\phi^{(1)})^2 n_j\mathrm{d}s-\frac{\rho\omega^2}{4g}\int_{\Gamma}(\phi^{(1)})^2 n_j\mathrm{d}l \tag{7-141}$$

可见，对规则波，二阶速度势仅对二阶倍频力产生贡献，对平均漂移力不产生任何影响。即二阶定常力的计算只需知道线性波浪的结果，二阶倍频力的计算不但依赖于线性波浪的结果，而且依赖于二阶速度势，即需要求解二阶绕射问题。

7.5.3　二阶波浪力

如前所述，二阶波浪力中包含平均漂移力(Steady Drift Force)和慢漂力(Slow Varying Drift Force)。平均漂移力会引起浮体平衡位置的改变，而慢漂力则容易造成浮体长周期大幅值运动。二阶波浪力的产生有多方面的原因，其中之一就是伯努利方程的速度平方项，考虑一单一频率的线性波，其水质点速度为

$$u=u_0\cos\omega t \tag{7-142}$$

则由于伯努利方程的速度平方项

$$u^2=u_0^2\cos^2\omega t=\frac{1}{2}u_0^2(1+\cos 2\omega t) \tag{7-143}$$

可以看出，式(7-143)右端第一项产生的是平均漂移力，第二项对应二倍频力。对包含多个频率成分的随机波，波浪作用力中还包括其他二阶力成分，这可以通过一个包括两个频率组成波的波浪来阐述。

假设速度场为

$$u_x=u_{x1}\cos\omega_1 t+u_{x2}\cos\omega_2 t \tag{7-144}$$

$$u_z = u_{z1}\sin\omega_1 t + u_{z2}\sin\omega_2 t \tag{7-145}$$

则速度平方项造成的波压力为

$$\begin{aligned} p &= \frac{1}{2}\rho[u_x^2 + u_z^2] \\ &= \frac{1}{2}\rho\Big[\frac{1}{2}(u_{x1}^2 + u_{x2}^2 + u_{z1}^2 + u_{z2}^2) \\ &\quad + (u_{x1}^2 - u_{z1}^2)\cos 2\omega_1 t + (u_{x2}^2 - u_{z2}^2)\cos 2\omega_2 t \\ &\quad + (u_{x1}u_{x2} - u_{z1}u_{z2})\cos(\omega_1+\omega_2)t + (u_{x1}u_{x2} + u_{z1}u_{z2})\cos(\omega_1-\omega_2)t\Big] \end{aligned} \tag{7-146}$$

由此可见,对多种频率组成的波浪,波浪力中会出现定常力、倍频力、差频力及和频力。

7.6 作用在大型浮体上的波浪力

本章前面论述的绕射问题中,结构物是固定不动的,此时固定物体的存在对入射波流场的扰动即产生绕射势,这就是固定结构物存在引起的波浪绕射问题。波浪在固定结构物上的作用力称之为波浪激振力(Exciting Force),包括 F-K 力和绕射力两部分。在实际海洋工程中,大型的浮式结构物,如 SPAR,TLP,FPSO 等,在波浪的作用下都会产生运动,此时波浪和结构物之间的相互作用不仅存在波浪绕射力,还存在结构物振荡产生的辐射力。即浮式结构物的水动力作用可以分解为如图 7-14 所示的两个方面(Faltinsen O M,1990)。

(1) 作用在固定结构物的波浪力。即假设结构物固定不动时的入射波的作用问题,此时产生的水动力载荷称之为波浪激振力,包括 F-K 力和绕射力两部分。

(2) 结构物以波激频率作刚体强迫振荡时的辐射力。此时不存在入射波,结构物本身作六个自由度的小振幅谐振会产生辐射波(Radiation Wave)。辐射波对结构物的作用力即为辐射力,常用附加质量系数、附加阻尼系数以及静水回复力、力矩来表示。

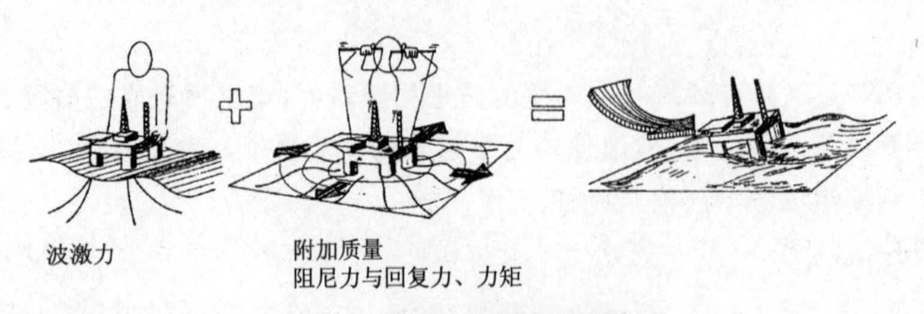

图 7-14 波激力和辐射力的叠加

7.6.1 坐标系

在进行水动力学问题描述前,先确定坐标系和刚体的运动模态。选定固定在物体平均位置上的右手坐标系(x,y,z),z 轴垂直向上穿过物体的重心,原点在未受扰动的自由液面上。通常假设 x-z 平面为物体的对称面。x,y,z 方向相对原点的线位移分别为 ζ_1,ζ_2 和 ζ_3。ζ_1 为纵荡(Surge),ζ_2 为横荡(Sway),ζ_3 为垂荡(Heave)。绕 x,y,z 轴转动的角位移分别为 α_1,α_2 和 α_3。α_1 为横摇(Roll),α_2 为纵摇(Pitch),α_3 为首摇(Yaw)。坐标系以及线位移和角位移的规定如图 7-15 所示。

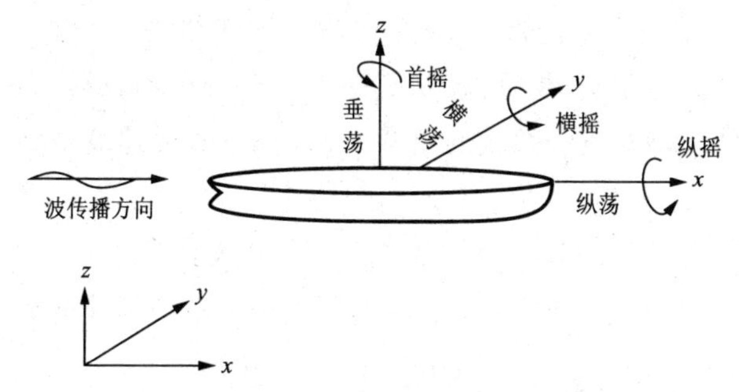

图 7-15 坐标系、刚体运动和波浪传播方向的定义

物体上任一点的运动可以写为

$$\mathbf{s} = \zeta_1\mathbf{i} + \zeta_2\mathbf{j} + \zeta_3\mathbf{k} + \boldsymbol{\alpha} \times \mathbf{r} \tag{7-147}$$

$$\boldsymbol{\alpha} = \alpha_1\mathbf{i} + \alpha_2\mathbf{j} + \alpha_3\mathbf{k} \tag{7-148}$$

$$\mathbf{r} = x\mathbf{i} + y\mathbf{j} + z\mathbf{k} \tag{7-149}$$

式中 $\mathbf{i},\mathbf{j},\mathbf{k}$ 分别为 x,y,z 方向的单位向量。由此可见

$$\mathbf{s} = (\zeta_1 + z\alpha_5 - y\alpha_6)\mathbf{i} + (\zeta_2 + z\alpha_4 - x\alpha_6)y\mathbf{i} + (\zeta_3 + y\alpha_4 - x\alpha_5)\mathbf{k} \tag{7-150}$$

应注意 ζ_1,ζ_2,ζ_3 不必一定是物体重心的平移运动。

7.6.2 线性势流理论

势流理论是目前最常用的计算结构物湿表面上的波浪力的方法,它设定速度势存在并满足 Laplace 方程和四类边界条件:自由面条件、海底条件、物体湿表面条件和辐射条件(无穷远处边界条件)。根据拉普拉斯方程和边界条件可以唯一地确定出速度势,然后按伯努利公式计算物体湿表面上的压力。

假定流体为理想不可压缩流体,运动无旋,则稳定后的波动场的速度势函数 Φ 满足

$$\nabla^2 \Phi = 0 \tag{7-151a}$$

$$\frac{\partial^2 \Phi}{\partial t^2} + g\frac{\partial \Phi}{\partial z} = 0(z = 0) \tag{7-151b}$$

$$\frac{\partial \Phi}{\partial z} = 0(z = -d) \tag{7-151c}$$

$$\left.\frac{\partial \Phi}{\partial n}\right|_{S(x,y,z)=0} = u_n \tag{7-151d}$$

辐射条件 (7-151e)

其中方程(7-151d)为物面条件，u_n 为物体湿表面上某点的法向运动速度。

对大型浮体上的波浪力问题，流场会出现三种速度势，即：① 入射势 Φ_I，表征了入射波的贡献；② 绕射势（Φ_D），表征了浮体存在对流场扰动的贡献；③ 辐射势（Φ_R），表征了浮体运动对流场扰动的贡献。则流场的总的速度势函数为

$$\begin{aligned}\Phi &= \Phi_I + \Phi_D + \Phi_R \\ &= \mathrm{Re}\{[\phi_I(x,y,z) + \phi_D(x,y,z) + \phi_R(x,y,z)]e^{-i\omega t}\}\end{aligned} \tag{7-152}$$

由第 2 章线性波理论可知，沿 x 轴正向传播的入射波的速度势函数为

$$\phi_I = -i\frac{ga}{\omega}\frac{\cosh k(z+d)}{\cosh kd}e^{ikx} \tag{7-153}$$

则一阶绕射问题控制方程和定解条件分别为

$$\nabla^2 \phi_D = 0 \tag{7-154a}$$

$$\frac{\partial \phi_D}{\partial z} - \frac{\omega^2}{g}\phi_D = 0 \quad (海面\ z = 0) \tag{7-154b}$$

$$\frac{\partial \phi_D}{\partial z} = 0 \quad (海底\ z = -d) \tag{7-154c}$$

$$\frac{\partial \phi_D}{\partial n} = -\frac{\partial \phi_I}{\partial n} \quad (物面上) \tag{7-154d}$$

$$\lim_{r\to\infty}\sqrt{r}\left(\frac{\partial \phi_D}{\partial r} - ik\phi_D\right) = 0 \tag{7-154e}$$

一阶辐射问题控制方程和定解条件为

$$\nabla^2 \phi_R = 0 \tag{7-155a}$$

$$\frac{\partial \phi_R}{\partial z} - \frac{\omega^2}{g}\phi_R = 0 \quad (海面\ z = 0) \tag{7-155b}$$

$$\frac{\partial \phi_R}{\partial z} = 0 \quad (海底\ z = -d) \tag{7-155c}$$

$$\frac{\partial \phi_R}{\partial n} = -i\omega\mathbf{n}\cdot(\boldsymbol{\zeta} + \boldsymbol{\alpha}\times\mathbf{r}) \quad (物面上) \tag{7-155d}$$

$$\lim_{r\to\infty}\sqrt{r}\left(\frac{\partial \phi_R}{\partial r}-ik\phi_R\right)=0 \tag{7-155e}$$

式中，$\mathbf{n}=(n_1,n_2,n_3)$ 是物面的外法线向量。为了简化描述，常常将各个运动幅度重新简化表述

$$\zeta_i=\zeta_i,i=1,2,3 \tag{7-156a}$$

$$\zeta_i=\alpha_{i-3},i=4,5,6 \tag{7-156b}$$

则基于刚体运动速度势的辐射势可表述为

$$\phi_R=\sum_{i=1}^{6}\zeta_i\phi_i \tag{7-157}$$

式中，函数 ϕ_i 代表第 i 种单位幅值刚体模态引起的速度势。同样需要满足自由水面条件、海底条件、远场辐射条件及物面条件。引入 $\mathbf{n}=(n_1,n_2,n_3)$，$\mathbf{r}\times\mathbf{n}=(n_4,n_5,n_6)$，则物面条件(7-155d)可以写为

$$\frac{\partial \phi_i}{\partial n}=i\omega n_i,\quad i=1,\cdots,6 \tag{7-158}$$

7.6.3　波浪作用力

如前所述，波浪场中浮式结构物的作用力问题可以分解为入射势、绕射势和辐射势的边值问题，采用合适的方法求解即可以得到相应的速度势。一旦得到速度势，物体湿表面的压力分布可以利用线性化的伯努利方程得到，即

$$\begin{aligned} p&=-\rho gz-\rho\frac{\partial \Phi}{\partial t}\\ &=-\rho gz-\rho\left(\frac{\partial \Phi_I}{\partial t}+\frac{\partial \Phi_D}{\partial t}+\frac{\partial \Phi_R}{\partial t}\right)\end{aligned} \tag{7-159}$$

最终可以得到作用在结构物上的波浪力和波浪力矩

$$\mathbf{F}=\iint_S -p\mathbf{n}ds \tag{7-160}$$

$$\mathbf{M}=\iint_S -p(\mathbf{r}\times\mathbf{n})\mathrm{d}s \tag{7-161}$$

如果引入 $\mathbf{n}=(n_1,n_2,n_3)$，$\mathbf{r}\times\mathbf{n}=(n_4,n_5,n_6)$，则波浪力和波浪力矩可以统一写为

$$F_j(t)=\rho\iint_S\left(gz+\frac{\partial \Phi_I}{\partial t}+\frac{\partial \Phi_D}{\partial t}+\frac{\partial \Phi_R}{\partial t}\right)n_j\mathrm{d}s,\quad j=1,\cdots,6 \tag{7-162}$$

即

$$
\begin{aligned}
F_j(t) &= \iint_S -pn_j\,\mathrm{d}s \\
&= \rho g\iint_S zn_j\,\mathrm{d}s \\
&\quad -\rho\mathrm{Re}\left\{\sum_{j=1}^{6} i\omega\zeta_j \mathrm{e}^{-i\omega t}\iint_S \phi_j n_j\,\mathrm{d}s\right\} \\
&\quad -\rho\mathrm{Re}\left\{i\omega\mathrm{e}^{-i\omega t}\iint_S(\phi_I+\phi_D)n_j\,\mathrm{d}s\right\}
\end{aligned}
\tag{7-163}
$$

从式(7-163)中可以看出，大型浮体上的总的作用力和力矩由以下几部分组成，分别代表不同水动力分量对总体力和力矩的贡献。① 第一个积分为由于随结构振荡的湿表面 S 产生的静水力分量(F_{HS})；② 第二个积分代表辐射分量(F_R)，可以得到附加质量和阻尼系数；③ 最后一个积分表征了线性波激力和力矩(F_{EX})。

1. 静水恢复力、力矩

静水恢复力 F_{HS} 是由于结构运动时静水压的变化及湿表面的变化引起的。可以写为

$$
\mathbf{F}_{HS} = -\mathbf{K}\{\zeta\} \tag{7-164}
$$

式中，$\{\zeta\}$ 为(7-156)定义的浮体的运动；$\mathbf{K}$ 为静水恢复力系数矩阵。定义如下

$$
\begin{aligned}
K_{33} &= \rho g A_w \\
K_{34} &= \rho g A_w y_f \\
K_{35} &= -\rho g A_w x_f \\
K_{44} &= \rho g(S_{22}+\forall z_b) - mgz_g \\
K_{45} &= -\rho g S_{12} \\
K_{46} &= -\rho g\forall x_b + mgx_g \\
K_{55} &= \rho g(S_{11}+\forall z_b) - mgz_g \\
K_{56} &= -\rho g\forall y_b + mgy_g \\
K_{43} &= K_{34},K_{53} = K_{35},K_{45} = K_{54}
\end{aligned}
$$

式中，$\forall$ 为平均淹没体积；A_w 为水线面面积；x_f, y_f 为浮心在水平面内的坐标；x_g，y_g，z_g 为中心坐标。$S_{11}=\iint_{S_0} x^2\,\mathrm{d}s$，$S_{22}=\iint_{S_0} y^2\,\mathrm{d}s$，$S_{12}=\iint_{S_0} xy\,\mathrm{d}s$

2. 辐射力、力矩

考虑到式(7-158)和(7-160)，(7-161)，则辐射力项可以表示为

$$
\mathbf{F}_R = \mathrm{Re}[\mathbf{f}\cdot\{\zeta\}] \tag{7-165}
$$

式中

$$f_{ij} = \begin{cases} -i\omega\rho\iint\limits_S n_i\phi_j \mathrm{d}s & i=1,2,3 \\ -i\omega\rho\iint\limits_S (r\times n)_i\phi_j \mathrm{d}s & i=4,5,6 \end{cases} \tag{7-166}$$

$$= -\rho\iint\limits_S \frac{\partial\phi_i}{\partial n}\phi_j \mathrm{d}s$$

系数 f_{ij} 表示的是结构在自由度 j 上的单位位移引起的自由度 i 上的力。该系数是一个复数，且其虚部和实部与入射波的频率 ω 相关。f_{ij} 可表述为

$$f_{ij} = -\omega^2 M_{ij}^a - i\omega C_{ij} \tag{7-167}$$

式中，M_{ij}^a，C_{ij} 分别为附加质量系数和附加阻尼系数。其表达式为

$$M_{ij}^a = \rho\mathrm{Re}\left\{\iint\limits_S \frac{\partial\phi_i}{\partial n}\phi_j \mathrm{d}s\right\} \tag{7-168}$$

$$C_{ij} = \rho\mathrm{Im}\left\{\iint\limits_S \frac{\partial\phi_i}{\partial n}\phi_j \mathrm{d}s\right\} \tag{7-169}$$

附加质量系数和阻尼系数为一个 6×6 的矩阵。附加质量系数和阻尼系数是平台形状、振动频率的函数，流场的深度对附加质量系数和阻尼系数也有一定的影响。

3. 波激力、力矩

在规则入射波中，波激载荷是指当结构物的摇荡受约束时物体上的力和力矩，其由 Froude-Krylov 力和波浪绕射力及力矩组成。

$$\begin{aligned} \mathbf{F}_{EX} &= -\rho\mathrm{Re}\left\{i\omega \mathrm{e}^{-i\omega t}\iint\limits_S (\phi_I + \phi_D) n_j \mathrm{d}s\right\} \\ &= \mathrm{Re}\left\{-\rho \mathrm{e}^{-i\omega t}\iint\limits_S (\phi_I + \phi_D)\frac{\partial\phi_j}{\partial n}\mathrm{d}s\right\} \end{aligned} \tag{7-170}$$

7.6.4　波浪力作用下浮体结构运动方程

根据牛顿第二运动定律，浮体结构 6 自由度运动方程为

$$\sum_{k=1}^{6} M_{jk}\ddot{x}_k = \mathbf{F}_{HS} + \mathbf{F}_{EX} + \mathbf{F}_R + \mathbf{F}_M \tag{7-171}$$

式中，$\mathbf{F}_M$ 为系泊力。将前述的各个作用力表达式(未考虑系泊力) 代入方程(7-171)，则

$$\sum_{k=1}^{6} \left[(M_{jk} + M_{jk}^a)\ddot{x}_k + C_{jk}^a\dot{x}_k + K_{jk}x_k\right] = \mathbf{F}_{EX} \tag{7-172}$$

上式即为波浪中浮体结构运动微分方程，一般情况下为相互耦合的联立方程，可以采用频域或时域方法求解得到浮体 6 个自由度的运动响应。

思考题与习题

1. 阐述大尺度固定结构物和浮体上作用力的区别。

2. 大尺度固定结构物上波浪力的计算方法是什么？

3. 大尺度结构物上二阶波浪力产生的原因有哪些？

4. 绕射问题与辐射问题中，结构物的物面条件是否相同？

5. 假设海面上有波高为 5 m、周期为 8 s 的波浪向前传播，试确定图中方形厚板上的最大垂向力。

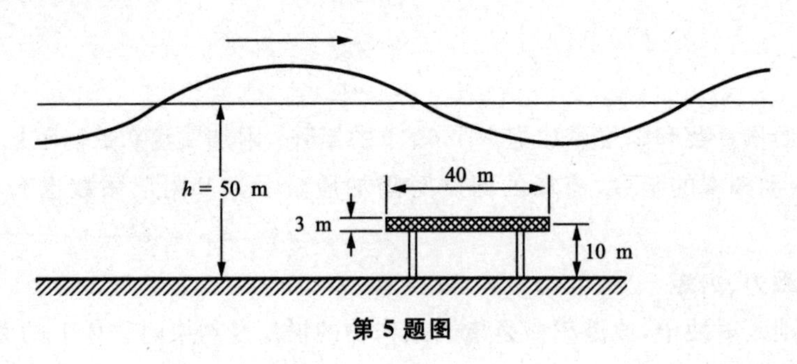

第 5 题图

附　录

附录 A　泰勒级数

对连续函数 $f(x)$，$f(x,y)$，其泰勒级数分别为

$$f(x_0+\Delta x)=f(x_0)+\frac{\mathrm{d}f(x_0)}{\mathrm{d}x}\Delta x+\frac{1}{2!}\frac{d^2 f(x_0)}{\mathrm{d}x^2}(\Delta x)^2+\cdots \tag{A-1}$$

$$f(x_0+\Delta x,y)=f(x_0,y)+\frac{\partial f(x_0,y)}{\partial x}\Delta x+\frac{1}{2!}\frac{\partial^2 f(x_0,y)}{\partial x^2}(\Delta x)^2+\cdots \tag{A-2}$$

$$\begin{aligned}f(x_0+\Delta x,y_0+\Delta y)=&f(x_0,y_0)+\frac{\partial f(x_0,y_0)}{\partial x}\Delta x+\frac{\partial f(x_0,y_0)}{\partial y}\Delta y\\&+\frac{1}{2!}\frac{\partial^2 f(x_0,y_0)}{\partial x^2}(\Delta x)^2+\frac{1}{2!}\frac{\partial^2 f(x_0,y_0)}{\partial y^2}(\Delta y)^2+\cdots\end{aligned} \tag{A-3}$$

附录 B　三角函数

三角函数常用的关系如下

$$\sin^2 x+\cos^2 x=1 \tag{B-1}$$

$$\sin(x\pm y)=\sin x\cos y\pm\cos x\sin y \tag{B-2}$$

$$\cos(x\pm y)=\cos x\cos y\mp\sin x\sin y \tag{B-3}$$

$$\sin(2x)=2\sin x\cos x \tag{B-4}$$

$$\cos(2x)=1-2\sin^2 x=2\cos^2 x-1=\cos^2 x-\sin^2 x \tag{B-5}$$

$$\sin x+\sin y=2\sin\frac{x+y}{2}\cos\frac{x-y}{2} \tag{B-6}$$

$$\sin x-\sin y=2\cos\frac{x+y}{2}\sin\frac{x-y}{2} \tag{B-7}$$

$$\cos x+\cos y=2\cos\frac{x+y}{2}\cos\frac{x-y}{2} \tag{B-8}$$

$$\cos x-\cos y=-2\sin\frac{x+y}{2}\sin\frac{x-y}{2} \tag{B-9}$$

附录 C　双曲函数

双曲正弦函数：$\sinh x = \dfrac{e^x - e^{-x}}{2} = -\sinh(-x)$

双曲余弦函数：$\cosh x = \dfrac{e^x + e^{-x}}{2} = \cosh(-x)$

双曲正切函数：$\tanh x = \dfrac{e^x - e^{-x}}{e^x + e^{-x}} = \dfrac{\sinh x}{\cosh x}$

双曲余切函数：$\coth x = \dfrac{\cosh x}{\sinh x}$

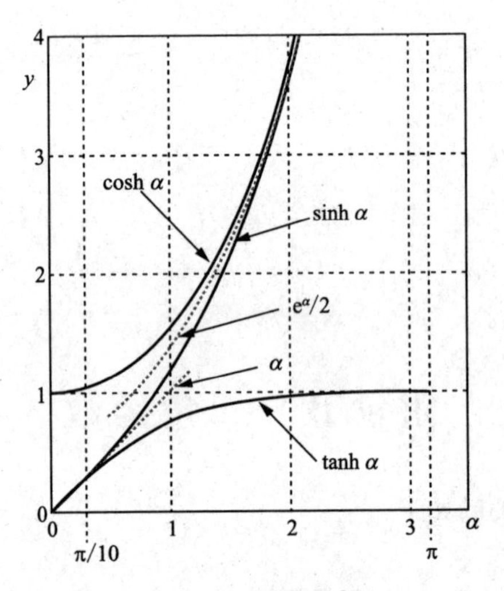

图 C-1　双曲函数

双曲函数具有以下性质

$$\cosh^2 x - \sinh^2 x = 1 \tag{C-1}$$

$$\cosh 2x = 2\sinh^2 x + 1 = 2\cosh^2 x - 1 = \cosh^2 x + \sinh^2 x \tag{C-2}$$

$$\sinh 2x = 2\sinh x\cosh x \tag{C-3}$$

$$\sinh(x \pm y) = \sinh x\cosh y \pm \cosh x\sinh y \tag{C-4}$$

$$\cosh(x \pm y) = \cosh x\cosh y \pm \sinh x\sinh y \tag{C-5}$$

双曲正弦和双曲余弦函数的级数形式如下

$$\sinh x = x + \frac{x^3}{3!} + \frac{x^5}{5!} + \cdots \tag{C-6}$$

$$\cosh x = 1 + \frac{x^2}{2!} + \frac{x^4}{4!} + \cdots \tag{C-7}$$

附录 D　雅可比椭圆函数

雅可比椭圆函数(Jacobi elliptical function)有 sn,cn,tn 和 dn 等函数。

椭圆函数的名称来源于求椭圆的周长。设椭圆的坐标为

$$x = a\cos\varphi, y = a\sin\varphi(a > b) \tag{D-1}$$

线单元 ds 为

$$\mathrm{d}s = \sqrt{\mathrm{d}x^2 + \mathrm{d}y^2} = a\sqrt{1 - \mathrm{e}^2\cos^2\varphi}\,\mathrm{d}\varphi \tag{D-2}$$

其中 $\mathrm{e}^2 = (a^2 - b^2)/a^2$。令 $t = \cos\varphi$,则得到线段的长度为

$$s = a\int\frac{\sqrt{1 - e^2t^2}}{\sqrt{1 - t^2}}\mathrm{d}t = a\int_0^t\frac{1 - e^2t^2}{\sqrt{(1 - t^2)(1 - e^2t^2)}}\mathrm{d}t \tag{D-3}$$

公式(D-3)中出现了 Jacobi 椭圆函数,即第一类椭圆积分

$$z = \int_0^t\frac{1}{\sqrt{(1 - t^2)(1 - \kappa^2t^2)}}\mathrm{d}t \tag{D-4}$$

κ 称为模数,$0 < \kappa < 1$。雅可比椭圆函数的反函数即为椭圆正弦函数

$$t = \mathrm{sn}z = \mathrm{sn}(z, \kappa) \tag{D-5}$$

椭圆正弦函数是双周期函数,其周期 T 和 T' 为

$$T = 4K(\kappa) = 4\int_0^{\frac{\pi}{2}}\frac{1}{\sqrt{1 - \kappa^2\sin^2\theta}}\mathrm{d}\theta \tag{D-6}$$

$$T' = 2iK'(\kappa) = 2i\int_0^{\frac{\pi}{2}}\frac{1}{\sqrt{1 - \kappa'^2\sin^2\theta}}\mathrm{d}\theta \tag{D-7}$$

其中 $K(\kappa)$ 为第 1 类完全椭圆积分;$\kappa' = \sqrt{1 - \kappa^2}$。

椭圆余弦函数 cn$z$,椭圆正切 tn$z$ 及 dn$z$ 的定义如下

$$\mathrm{cn}u = \sqrt{1 - \mathrm{sn}^2u} \tag{D-8}$$

$$\mathrm{tn}z = \frac{\mathrm{sn}z}{\mathrm{cn}z} \tag{D-9}$$

$$\mathrm{dn}z = \sqrt{1 - \kappa^2\mathrm{sn}^2z} \tag{D-10}$$

椭圆函数的关系如下

$$\mathrm{sn}^2z + \mathrm{cn}^2z = 1 \tag{D-11}$$

$$\kappa^2\mathrm{sn}^2z + \mathrm{dn}^2z = 1 \tag{D-12}$$

$$\mathrm{dn}^2z - \kappa^2\mathrm{cn}^2z = 1 - \kappa^2 \tag{D-13}$$

附录E 贝塞尔函数

二阶微分方程

$$x^2 \frac{dy^2}{dx^2} + x\frac{dy}{dx} + (x^2 - n^2)y = 0 \tag{E-1}$$

其通解为

$$y = AJ_n(x) + BY_n(x) \tag{E-2}$$

式中，$J_n(x)$ 为 n 阶第一类贝塞尔函数，$Y_n(x)$ 为 n 阶第二类贝塞尔函数。

n 为整数时，$J_n(x)$ 可以写成无穷级数形式如下

$$J_n(x) = \sum_{k=0}^{\infty} \frac{(-1)^k (x/2)^{2k+n}}{k!(k+n)!} \tag{E-3}$$

$J_n(x)$ 具有如下关系

$$J_{-n}(x) = (-1)^n J_n(x) \tag{E-4}$$

$Y_n(x)$ 与 $J_n(x)$ 的关系如下

$$Y_n(x) = \begin{cases} \dfrac{J_n(x)\cos n\pi - J_{-n}(x)}{\sin n\pi} & n\text{ 不为整数时} \\ \lim\limits_{v\to n} \dfrac{J_v(x)\cos v\pi - J_{-v}(x)}{\sin v\pi} = \dfrac{1}{\pi}\left\{\dfrac{\partial J_v}{\partial v} - (-1)^n \dfrac{\partial J_{-v}}{\partial v}\right\}_{v\to n} & n\text{ 为整数时} \end{cases} \tag{E-5}$$

$Y_n(x)$ 的级数表达式为

$$\begin{aligned} Y_n(x) = {} & \frac{2}{\pi}J_n(x)\ln\frac{x}{2} - \frac{1}{\pi}\sum_{k=0}^{n-1}\frac{(n-k-1)!}{k!}\left(\frac{x}{2}\right)^{2k-n} \\ & - \frac{1}{\pi}\sum_{k=0}^{\infty}\frac{(-1)^k}{k!(n+k)!}[\Psi(n+k+1) + \Psi(k+1)]\left(\frac{x}{2}\right)^{2k+n} \end{aligned} \tag{E-6}$$

附录F Matlab 函数

```
function[Kr,alpha]=refra(d,T,alpha_o)
%……………………………………………………………………………………………………
%计算平直岸线且等深线相互平行海滩上传播的波浪折射系数与入射角(波峰线与等深线夹角)
%  alpha_o =入射角(度)
%  T       =周期  (秒)
```

```
%  d       =水深  (米)
%  Kr      =折射系数
%  alpha   =浅水波向角(度)
%--------------------------------------------------------------------------
L=ldis(d,T);%弥散关系求解函数
alpha_o=alpha_o*pi/180;%角度至弧度
k=2*pi/L;
if(0<=alpha_o&alpha_o<=pi/2)
  alpha=asin(tanh(k*d)*sin(alpha_o));%弧度
  Kr=sqrt(cos(alpha_o)/cos(alpha));
elseif(pi/2<alpha_o  &alpha_o<=pi)
  alpha_o=pi-alpha_o
  alpha=asin(tanh(k*d)*sin(alpha_o));%弧度
  Kr=sqrt(cos(alpha_o)/cos(alpha));
  alpha=pi-alpha;
else
  Kr=0;alpha=0;     %波浪向深水传播
end
alpha=alpha*180/pi;%弧度至角度

function Ks=shoal(d,T)
%--------------------------------------------------------------------------
%    计算浅水系数
%    T=波周期
%    d=水深
%--------------------------------------------------------------------------
L=ldis(d,T);                          %波长
k=2*pi/L;                             %波数
n=1/2*(1+2*k*d/sinh(2*k*d));
Ks=sqrt(coth(k*d)/(2*n));             %浅水系数

function[L]=ldis(d,T)
%  利用线性弥散关系计算波长
%L=波长
```

```
%d=水深
%T=波周期
g=9.8;          %重力加速度 m/s^2
sigma=2*pi/T;
y=sigma^2*d/g;
%
d1=0.6666666666;
d2=0.3555555555;
d3=0.1608465608;
d4=0.0632098765;
d5=0.0217540484;
d6=0.0065407983;
%
Tem=y/(1+d1*y+d2*y^2+d3*y^3+d4*y^4+d5*y^5+d6*y^6)+y^
2;
kd=sqrt(Tem);
k=kd/d;
L1=2*pi/k;
tol=0.001;        %精度
Lo=g*T^2/(2*pi);
L=Lo*tanh(2*pi*d/L1);
while abs(L/L1-1)>tol;
    L1=(L+L1)/2;
    L=Lo*tanh(2*pi*d/L1);
end

function eta=stokes_5th_order(k,T,d,x,t,lamda)
%  wave elevation of 5th order stokes wave
%  k————————wave number
%  T————————wave period(s)
%  d————————water depth(m)
%  x————————length of wave
%  t—————————time instant
%  eta———————————wave elevation
```

```
% Wang Shuqing on 2006.6.10
%
c=cosh(k*d);s=sinh(k*d);
A11=1/s;
A13=-c^2*(5*c^2+1)/(8*s^5);
A15=-(1184*c^10-1440*c^8-1992*c^6+2641*c^4-249*c^2+18)/
(1536*s^11);
A22=3/(8*s^4);
A24=(192*c^8-424*c^6-312*c^4+480*c^2-17)/(768*s^10);
A33=(13-4*c^2)/(64*s^7);
A35=(512*c^12+4224*c^10-6800*c^8-12808*c^6+16704*c^4-3154
*c^2+107)/(4096*s^13)/(6*c^2-1);
A44=(80*c^6-816*c^4+1338*c^2-197)/(1536*s^10)/(6*c^2-1);
A55=-(2880*c^10-72480*c^8+324000*c^6-432000*c^4+163470*c^
2-16245)/(61440*s^11)/(6*c^2-1)/(8*c^4-11*c^2+3);

B22=(2*c^2+1)*c/4/s^3;
B24=c*(272*c^8-504*c^6-192*c^4+322*c^2+21)/384/s^9;
B44=c*(768*c^10-488*c^8-48*c^6+48*c^4+106*c^2-21)/384/s^
9/(6*c^2-1);
B33=3*(8*c^6+1)/64/s^6;
B35=(88128*c^14-208224*c^12+70848*c^10+54000*c^8-21816*c^6
+6264*c^4-54*c^2-81)/12288/s^12/(6*c^2-1);
B55=(192000*c^16-262720*c^14+83680*c^12+20160*c^10-7280*c^8
+7160*c^6-1800*c^4-1050*c^2+225)/12288/s^10/(6*c^2-1)/(8*c^4-
11*c^2+3);

c1=(8*c^4-8*c^2+9)/8/s^4;
c2=(3840*c^12-4096*c^10+2592*c^8-1008*c^6+5944*c^4-1830*c
^2+147)/512/s^10/(6*c^2-1);
C0s=9.8*tanh(k*d);
wc=sqrt(C0s*(1+lamda^2*c1+lamda^4*c2)/k);
omega=2*pi/T;
eta=zeros(1,length(x));
```

```
theta=(k. * x-omega. * t);
E(1)=lamda/k;
E(2)=(lamda^2 * B22+lamda^4 * B24)/k;
E(3)=(lamda^3 * B33+lamda^5 * B35)/k;
E(4)=lamda^4 * B44/k;
E(5)=lamda^5 * B55/k;
eta=0;
for n=1:5
  eta=eta+E(n) * cos(n * theta);
end

function F=myfun(x)
%      solution for wave number k and coefficient lamda
%      Wang Shuqing on 2006.6.10
%
global d T H
% k=x(1);
% lamda=x(2);
c=cosh(x(1) * d);s=sinh(x(1) * d);
B33=3 * (8 * c^6+1)/64/s^6;
B35=(88128 * c^14-208224 * c^12+70848 * c^10+54000 * c^8-21816 * c^6
+6264 * c^4-54 * c^2-81)/12288/s^12/(6 * c^2-1);
B55=(192000 * c^16-262720 * c^14+83680 * c^12+20160 * c^10-7280 * c^8
+7160 * c^6-1800 * c^4-1050 * c^2+225)/12288/s^10/(6 * c^2-1)/(8 * c^4-
11 * c^2+3);
C1=(8 * c^4-8 * c^2+9)/8/s^4;
C2=(3840 * c^12-4096 * c^10+2592 * c^8-1008 * c^6+5944 * c^4-1830 * c
^2+147)/512/s^10/(6 * c^2-1);

f1=x(1) * H/2-x(2)-B33 * x(2)^3-(B35+B55) * x(2)^5;
f2=4 * pi^2/9.8/T^2/x(1)-tanh(x(1) * d) * (1+C1 * x(2)^2+C2 * x(2)^4);

F=[f1;f2];
```

参考文献

[1] 陈士荫,顾家龙,吴宋仁. 海岸动力学[M]. 北京:人民交通出版社,1995.

[2] 李玉成,滕斌. 波浪对海上建筑物的作用[M]. 北京:海洋出版社,2002.

[3] 李远林,近海结构水动力学[M]. 广东:华南理工大学出版社,1999.

[4] 邱大洪. 波浪理论及其在工程中的应用[M]. 北京:高等教育出版社, 1985.

[5] 邵利民. 入、反射波浪的分离与反射系数的研究[D]. 大连理工大学博士学位论文,2003.

[6] 孙意卿. 海洋工程环境条件及其荷载[M]. 上海交通大学出版社,1989.

[7] 文圣常,余宙文. 海浪理论与计算原理[M]. 北京:科学出版社,1984.

[8] 吴宋仁. 海岸动力学[M]. 北京:人民交通出版社,2004.

[9] 杨景芳. 流体力学基础[M]. 大连理工大学出版社,1994.

[10] 俞聿修,柳淑学. 海浪方向谱的现场观测与分析[J],海洋工程,1994 12(2):1-11.

[11] 俞聿修. 随机波浪及其工程应用[M]. 大连理工大学出版社,2000.

[12] 赵今声,赵子丹,秦崇仁. 海岸河口动力学[M]. 北京:海洋出版社,1993.

[13] 中国船级社. 海上移动平台入级与建造规范[S]. 北京:人民交通出版社,2005.

[14] 中华人民共和国石油天然气行业标准. SY/T 10050—2004 环境条件与环境荷载规范[S] ,国家发展和改革委员会,2004.

[15] 竺艳蓉. 海洋工程波浪力学[M]. 天津大学出版社,1991.

[16] 竺艳蓉. 几种波浪理论适用范围的分析[J],海岸工程,1983,2(2):11-27.

[17] 邹志利. 海岸动力学[M]. 北京:人民交通出版社,2009.

[18] 邹志利. 水波理论及其应用[M]. 北京:科学出版社,2005.

[19] Bernard Molin. 海洋工程水动力学[M]. 刘水庚译. 北京:国防工业出版社,2012.

[20] Airy G B. Tides and waves[A]. Encyclopaedia metropolitana, 1842, 192:241-396.

[21] Berkhoff J C W. Computation of combined refraction-diffraction[A]. Pro-

ceedings of the 13th international conference on coastal engineering[C]. American Society of Civil Engineers, 1972, Vol 1: 471-490.

[22] Bidde D D. Wave forces on a circular pile due to eddy shedding[M]. University of California (Berkeley), Hydraulic Engineering Lab Report, No. HEL 9-16. June, 1970.

[23] Blevins R D. Flow-induced vibration [M]. 2nd Edition. New York: Van Nostrand Reinhold, 1990.

[24] Booij N, Holthuijsen L H, Ris R C. The SWAN wave model for shallow water[A]. In: Proceedings of 24th international conference on coastal engineering[C]. Orlando, 1996, vol. 1: 668-678.

[25] Borgman L E. Risk criteria[J]. Journal of Waterway and Harbours Division, ASCE, 1963, 89 (WW3): 1-35.

[26] Borgman L E. Computation of ocean wave forces on inclined cylinders[J]. Trans, American Geophysical Union, 1958, 39(5): 885-888.

[27] Boussinesq J. Theory of wave and swells propagated in a long horizontal canal and imparting to the liquid contained in this canal[J]. Journal de Mathenatiquespures et Appliquees, 1872, 17(2): 55-108.

[28] Bretschneider C L. Wave variability and wave spectra for wind generated gravity waves[A]. Technical report, Beach Erosion Board, Corps of Engieers, 1959: 118(Technical Memo).

[29] Chakrabarti S K. Hydrodynamics of offshore structures[M]. Springer, Berlin, 1987.

[30] Chakrabarti S K. Handbook of offshore engineering[M]. Elsevier Science Ltd, 2005.

[31] Dean R G. Relative validities of water wave theories[J]. Journal of the Waterways, Harbors and Coastal Engineering Division, 1970, Vol. 96, No. 1: 105-119.

[32] Dean R G. Stream function representation of nonlinear ocean waves[J]. Journal of the Geophysical Research, Vol. 70, No. 18, Sept. 1965a.

[33] Dean R G. Stream function wave theory, validity and application [A]. Proceedings of the Santa Barbara Specialty Conference[C], Ch. 12, Oct. 1965b.

[34] Dean R G, Dalrymple R A. Water wave mechanics for engineers and scientists[M]. World Scientific Publishing, 1991.

[35] DNV-RP-C205. Environmental conditions and environmental loads[S]. Det Norske Veritas, 2007.

[36] Donelan M A, Hamilton J, Hui W H. Directional spectra of wind generated waves[J]. Phil. Trans. R. Soc. Lond. 1985, A314: 509-562.

[37] Faltinsen O M. Sea loads on ships and offshore structures[M]. Cambridge Univeristy Press, 1990.

[38] Fan Fei, Bingchen Liang, Xiuli Lu. Study of wave models of parabolic mild slope equation and boussinesq equation. Applied Mechanics and Materials, 2012, 204: 2334-2340.

[39] Galvin C J. Waves breaking in shallow water. In: Waves on beaches and resulting sediment transport. Edited by R E Meyer. Academic Press, Inc. New York and London, 1972.

[40] Garrison C J, and P Y, Chow. Wave forces on submerged bodies[J]. Proc, ASCE, Vol. 98, No. WW3, August, 1972: 375-392.

[41] Gerstner F. Theorie der wellen: Abhandlungen der koniglichen bohmischen gesellschaft der wissenschaften[J]. Prague, also Gilbert's-Annalen der Physik, vol. 32, 1802: 412-445.

[42] Goda. A comparative review on the functional forms of diretional wave spectrum[J]. Coastal engineering Journal, 1999, 41(1):1-20.

[43] Hasselmann K, Barnett T P, Bouws E, et al. Mesurements of wind wave growth and swell decay during the Joint North Sea Wave Project[J]. Deutsche Hydrographische Zeitschrift, 1973, Vol. 8, No. 12.

[44] Havelock T H. The pressure of water waves upon a fixed obstacle[M]. In: Proc. Of the Royal Society of London, 1940, Series A, No. 963, 175: 409-421.

[45] Hogben N. Wave loads on structures, behavior of offshore structures (BOSS) [M]. Norvegian Institute of Technology, Oslo, 1976.

[46] Hogben N, R G Standing. Experience in computing wave loads on large bodies[A]. Seventh Offshore Technology Conference[C], Houston, Paper No. OTC 2189, May, 1975: 413-431.

[47] Holthuijsen L H, Booij N, R C Ris, I J G Haagsma, A T M M Kieftenburg, E E Kriezi, M Zijlema, A J van der Westhuysen. Swan User Manual (Cycle Ⅲ version 40.31)[S]. Delft University of Technology, Delft, 2004.

[48] Huang N E. A unified two parameter wave spectral model for a general sea state[M]. Journal of fluid mechanics, 1981, 112: 203-224.

[49] Iribarren C R, Nogales C. Protection des ports[M]. XVIIth International Navigation Congress, Section Ⅱ. Communication,1949: 31- 80.

[50] Keller J B. The solitary wave and periodic waves in shallow water[M]. Commun. Appl. Math 1948, Vol 1, p323-339.

[51] Keulegan G H, Patterson G W. Mathematical theory of irrotational translation waves[M]. Res. Jour. Natl. Bur. Stand, 1940, 24: 47-101.

[52] Korteweg D J, De Vries G. On the change of form of long waves advancing in a rectangular canal, and on a new type of stationary waves[M]. Phil. Mag,1895, 39(5):422-443.

[53] Laitone E V. Higher approximation to non-linear water waves and the limiting heights of cnoidal, solitary and stokes waves[A]. U S Army, Corps of Engineers, Beach Erosion Board, Washington, D C, TM-133, 1963.

[54] Le Mehaute B. An introduction to hydrodynamics and water waves[A]. Water Wave Theories, U. S. Department of Commerce, ESSA, Washington, D. C. Vol. Ⅱ, TR ERL 118-POL-3-2, 1969.

[55] Lienhard J H. Synopsis of lift, drag and vortex frequency for rigid circular cylinders[A]. Washington State Univ. Coll. Eng. Res. Div. Bull., 300, 1966.

[56] Longuet-Higgins M. S. On the joint distribution of the periods and amplitudes of sea waves[J]. Journal of Geophysical Research, 1975, 80(18): 2688-2694.

[57] MacCamy R C, R A. Fuchs. Wave forces on piles: A diffraction theory[A]. U S Army, Beach Erosion Board, Technical Memorandum No. 69, 1954.

[58] McCowan J. On the solitary wave[J]. Philosophical Magazine, 1891, Vol. 32: 45-58.

[59] Miche R. Mouvements ondulatoires des mers en profundeur constante on decroisante[A]. Annales des Ponts et Chaussees, 1944.

[60] Michell J H. The highest waves in water[J]. Philos. Mag. 1893, 5: 430-437.

[61] Morison J R, O'Brien M P, Johnson J W, Schaaf S A. The force exerted by surface waves on piles[J]. Petroleum Transactions. American Institute of Mining Engineers, 1950, 189: 149-154.

[62] Mitsuyasu H. Observations of the directional spectrum of ocean wave using a cloveleaf buoy[J]. Journal of Physical Oceanograghy, 1975, 5(4): 750-760.

[63] Mitsuyasu H. Observations of the power spectrum of ocean wave using a cloveleaf buoy[J]. Journal of Physical Oceanograghy, 1980, 10(2):286-296.

[64] Munk W H. The solitary wave theory and its application to surf problems, ocean surface waves[A]. Annals of the New York Academy of Sciences, 1949, 51(3): 376-424.

[65] Nemann G. On wind-generated ocean waves with special reference to the problem of wave forecasting[A]. New York University, College of Engineering Research Division, Department of Meteorolgy and Oceanography, Prepared for the Naval Res. , 1952.

[66] Ochi M K, Hubble E N. Six parameter wave spectra[A]. Proc. 15th Coastal engineering conference, 1976: 301-328.

[67] Peregrine D H. Equations for water waves and the approximation behind them[A]. In: waves on beaches and resulting sediment transport, edited by R E Meyer, Academic Press, Inc. New York and London, 1972.

[68] Pierson W J, L Moskowitz. A proposed spectral form for fully developed wind seas based on the similarity theory of S. A. Kitaigorodsku[J]. Journal of Geophysical Research, 1964, 69(24):5181-5190.

[69] Sarpkaya T. Foces on rough-walled circular cylinders[A]. Proceedings of the International Conference on Coastal Engineering[C], No. 15, 1976.

[70] Sarpkaya T. In line and transfer forces on smooth and sand-roughened cylinders in oscillatory flow at high reynolds numbers[J]. Naval Post Graduate School Technical Report No: NPS-69L76062, Monterey CA, USA. 1976.

[71] Sarpkaya T. Isaacson, M. Mechanics of wave forces on offshore structures [M]. New York: Van Nostrand Reinhold, 1981.

[72] Scott J R. A sea spectrum for model tests and long-term ship prediction[J]. Journal of ship research, 1965, 9(13): 145-152.

[73] Skjelbreia L. Gravity waves, Stokes' third order approximation: Tables of functions[A]. Berkeley, California. The Engineeering Foundation Council on Wave Research, 1958.

[74] Skjelbreia L, Hendrickson J. Fifth order gravity wave theory[A]. Proceedings of 7th international Conference on Coastal Engineering[C], 1960, Vol. I: 184-196.

[75] Stoker J J. Water waves: The mathematical theory with applications[M]. Interscience Publishers, New York, 1957.

[76] Stoker J J. Water waves: The mathematical theory with applications [M]. Wiley-Interscience Publishers, New York. 1992.

[77] Stokes G G. On the theory of oscillatory wave[J], Trans. Camb. Phil. Soc., 1847, 8: 441-455.

[78] Tolman H L. The numerical model WAVEWATHCH: a third generation model for the hindcasting of wind waves on tides in shelf seas[A]. Communication on Hydraulic and Geotechnical Engineering, Delft University of Technology, 1989, Report No. 89-2.

[79] Ursell. The long-wave paradox in the theory of gravity waves[A]. Proceedings of the Cambridge Philosophical Society[C], 1953, 49(4): 685-694.

[80] US Army Corps of Engineers, Coastal Engineering Manual. http://smos.ntou.edu.tw/CEM.htm

[81] WAMDI Group. The WAM model-a third generation ocean wave prediction model[J]. Journal of Physical Oceanography, 1998, 18: 1775-1810.

[82] Wiegel R L. A Presentation of cnoidal wave theory for practical application [J]. Journal of Fluid Mechanics, 1960, Vol. 7: 273-286.